本书实用干货案例内容预览

二维图形的绘制

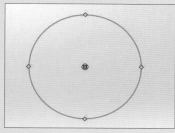

▶绘制圆

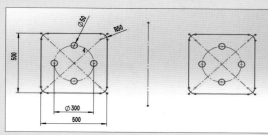

▶将草图转换为构造元素

▶边线的转换引用

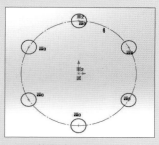

▶圆周草图阵列

▶皮带轮效果

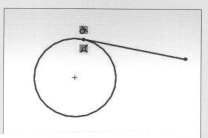

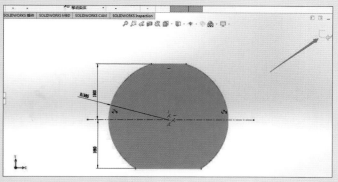

▶标注尺寸

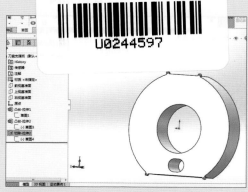

▶刀盘支撑零件图

三维建模基础

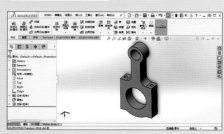

▶发动机曲柄连杆

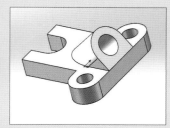

▶零件模型

▶连接头三维图

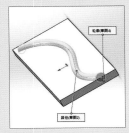
▶扫描切除

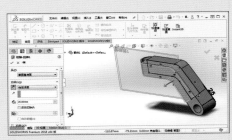
▶拉伸切除

▶发动机连接杆三维图

曲线及曲面设计

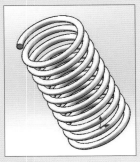
▶弹簧模型

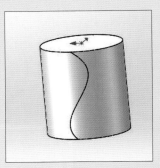
▶分割线

▶旋转曲面

▶放样曲面

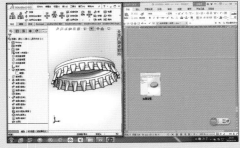
▶瓶盖模型

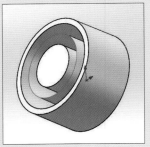
▶中面

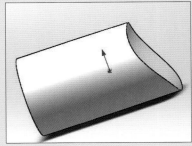
▶替换面

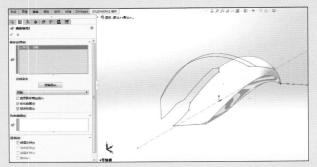
▶曲面填充

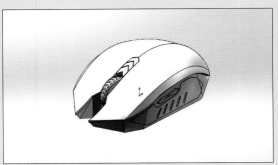
▶绘制鼠标

三维实体编辑

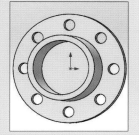

▶零件模型

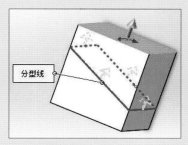

▶等半径圆角 ▶分型线拔模

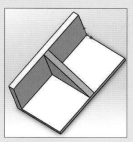

▶筋特征

分型线

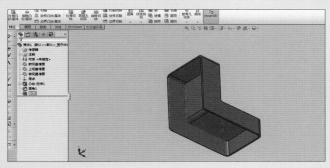

▶壳体零件图

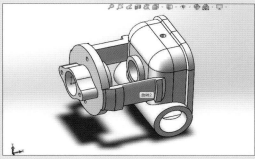

▶泵头壳体零件图

钣金设计

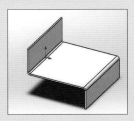

▶基体法兰

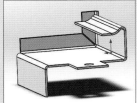

▶斜接法兰

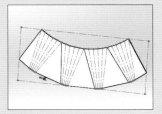

▶放样折弯

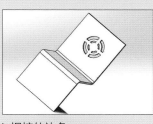

▶焊接的边角

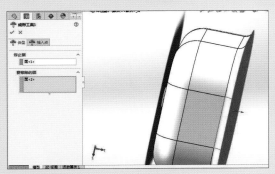

▶成型工具

▶绘制钣金脸盆

焊件设计

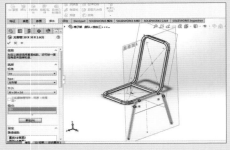

▶结构构件

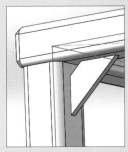

▶椅子焊接支架零件图

▶角撑板

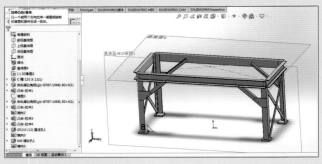

▶蒸发器支架零件图

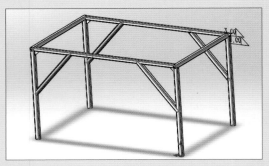

▶桌子支架图

模具设计

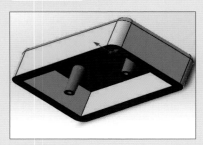

▶拔模分析

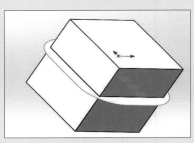

▶切削分割

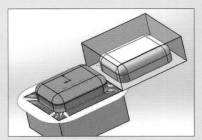

▶型芯和型腔分离

▶分型面

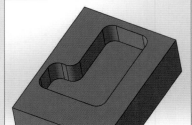

▶型腔零件模型

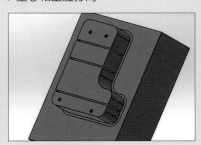

▶型芯零件模具

装配体设计

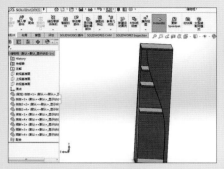

▶储物柜装配体

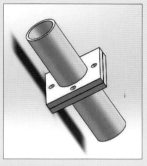

▶镜像零部件

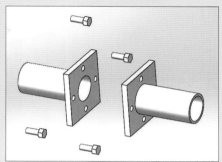

▶爆炸视图

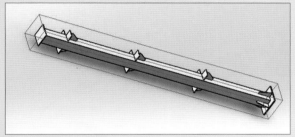

▶装配体效果图

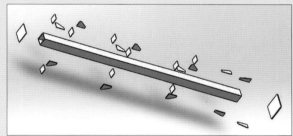

▶装配体爆炸视图

工程图设计

3	切割清单项目3	2		8	
2	切割清单项目2	2		1	
1	切割清单项目1	4		1	
序号	代号	数量	长度		角度1
标记	处数	分区	更改文件号	签名	年月日
			阶段标记	重量	比例
设计		标准化		46.109	1.1

▶切割清单表

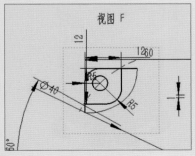

▶剪裁视图

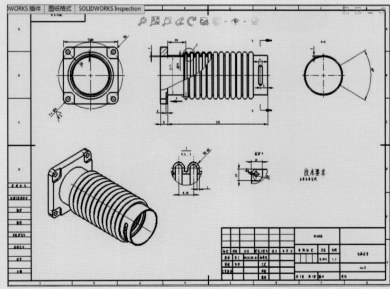

▶金属软管工程图

渲染与动画

▶ 布景调整

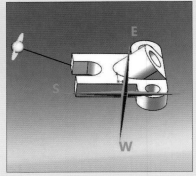

▶ 添加阳光

▶ 机器人的渲染

制作小黄人卡通模型

▶ 绘制图片轮廓

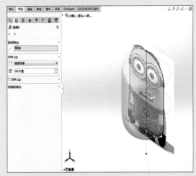

▶ 旋转草图

▶ 拉伸草图

▶ 曲面放样

▶ 小黄人卡通模型

创建机器人模型

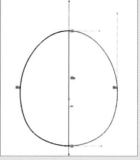

▶绘制闭环草图

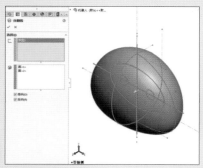

▶分割放样曲线

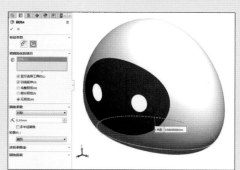

▶为头部进行圆角处理

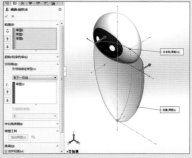

▶放样曲线操作

▶放样曲面

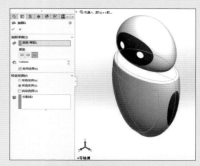

▶机器人的模型效果

创建订书机装配体

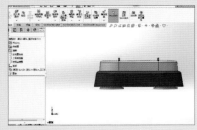

▶零件固定

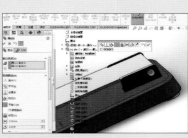

▶添加同心配合

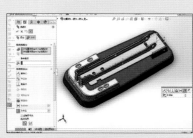

▶添加右视基准面角度配合

▶插入零件

▶将零件和装配体右视基准面重合

▶订书机装配体的组成图

制作发动机装配图

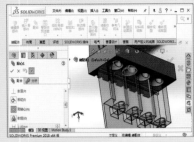

▶同轴心约束

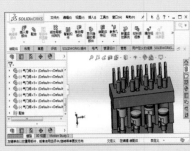

▶插入气门阀零部件

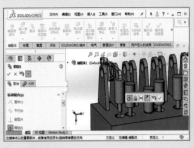

▶约束面相切

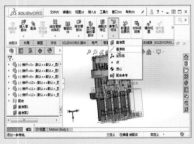

▶参考几何体

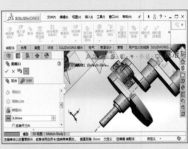

▶距离约束

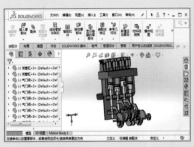

▶发动机装配

绘制电脑机箱电源盒

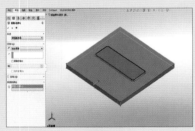

▶拉伸切除

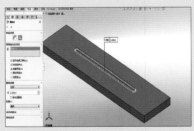

▶圆角操作

▶条状成型模具效果

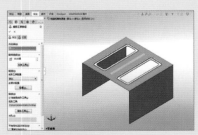

▶置入条状成型模具

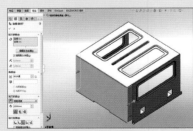

▶边线法兰操作

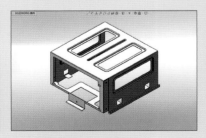

▶电脑机箱电源盒效果图

SolidWorks 2018 中文版

从入门到精通

陆明 / 著

中国青年出版社

图书在版编目（CIP）数据

SolidWorks 2018中文版从入门到精通／陆明著. — 北京：中国青年出版社，2018.12
ISBN 978-7-5153-5340-1
Ⅰ.①S… Ⅱ.①陆… Ⅲ.①计算机辅助设计-应用软件 Ⅳ.①TP391.72
中国版本图书馆CIP数据核字（2018）第232567号

策划编辑　张　鹏
责任编辑　张　军

SolidWorks 2018中文版从入门到精通
陆明／著

出版发行：**中国青年出版社**
地　　址：北京市东四十二条21号
邮政编码：100708
电　　话：（010）50856188／50856199
传　　真：（010）50856111
企　　划：北京中青雄狮数码传媒科技有限公司
印　　刷：湖南天闻新华印务有限公司
开　　本：787 x 1092 1/16
印　　张：24
版　　次：2019年3月北京第1版
印　　次：2019年3月第1次印刷
书　　号：ISBN 978-7-5153-5340-1
定　　价：69.90元
（附赠独家秘料，含语音教学视频＋案例素材文件＋应用标准件）

本书如有印装质量等问题，请与本社联系
电话：（010）50856188／50856199
读者来信：reader@cypmedia.com
投稿邮箱：author@cypmedia.com
如有其他问题请访问我们的网站：http://www.cypmedia.com

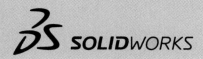
首先感谢您选择并阅读本书!

软 件 介 绍

SolidWorks软件是SolidWorks公司面向个人和中小企业用户推出的一款基于Windows操作系统开发的三维CAD集成设计软件。该软件以参数化特征造型为基础,具有功能强大、易学易用以及创新性等特点,能够提供不同的设计方案,减少设计过程中的错误,帮助广大工程设计人员极大地提高了设计效率。

随着新产品的不断升级和改进,新一代的SolidWorks 2018在功能实用性上有了很大的飞跃,使得产品在设计上更省时,设计效果更好,性能也更佳,已逐渐成为主流的3D机械设计的第一选择。

本 书 内 容

本书基于SolidWorks 2018中文版,详细介绍了该软件在机械设计中的应用方法和操作技巧,在具体介绍过程中突出了实用性和技巧性,采用通俗易懂、由浅入深的讲解方法,对SolidWorks的基础知识、草图绘制、建模方法、钣金设计、焊件设计、模具设计、装配体设计以及工程图设计等内容进行了具体介绍。全书解说详实,图文并茂,建议读者结合软件,循序渐进地进行学习。本书大致内容介绍如下。

章 节	内 容 概 要
Chapter 01	主要对SolidWorks 2018软件进行介绍,包括功能概述、启动与退出方法、工作界面介绍、常用工具命令介绍以及操作环境设置等
Chapter 02	主要对SolidWorks 2018二维草图绘制的相关操作进行介绍,包括草图绘制的概念、草图绘制工具的应用、绘制草图曲线的方法、草图的编辑操作、尺寸标注以及几何关系的应用等
Chapter 03	主要对SolidWorks 2018三维建模的基础操作进行介绍,包括拉伸凸台/基本体特征、拉伸切除特征、旋转特征、扫描特征、放样特征以及几何体创建等操作
Chapter 04	主要对SolidWorks 2018三维实体编辑的相关进行介绍,包括阵列特征、圆角特征、倒角特征、孔特征、镜像特征以及抽壳特征等操作
Chapter 05	主要对SolidWorks 2018曲线及曲线设计的相关操作进行介绍,包括曲线的创建、曲面的创建以及曲面的编辑等
Chapter 06	主要对SolidWorks 2018钣金设计的相关操作进行介绍,包括钣金的基础知识、钣金的生成以及创建钣金零件的方法等
Chapter 07	主要对SolidWorks 2018焊件设计的相关操作进行介绍,包括焊件的基础知识、焊件的特征以及焊件的建模步骤等
Chapter 08	主要对SolidWorks 2018模具设计的相关操作进行介绍,包括模具设计简介、模具设计步骤、拔模分析、底切分析、添加拔模、创建分型面以及生成切削装配体等操作
Chapter 09	主要对SolidWorks 2018工程图设计的相关操作进行介绍,包括工程图的基本操作、图纸属性设置、标准工程视图操作、派生工程视图操作、出详图的应用、表格的应用以及焊件工程图等

章　节	内　容　概　要
Chapter 10	主要对SolidWorks 2018装配体设计的相关操作进行介绍，包括装配体概述、装配体的基本操作、零部件的定位、零部件的编辑以及装配体的检查等操作
Chapter 11	主要对SolidWorks 2018渲染和动画应用的相关操作进行介绍，包括模型的显示、模型的渲染输出以及动画制作方法等
Chapter 12	通过创建小黄人卡通形象、创建机器人模型、绘制订书机装配体、绘制发动机装配体以及创建电脑机箱电源盒模型等实例的介绍，使读者对SolidWorks各功能模块有更全面的认识，从而具备独立完成产品设计的能力

读 者 对 象

本书对SolidWorks 2018软件的应用进行了全面详细地介绍，适用于SolidWorks初学者和期望提高机械产品设计效率的读者。具体使用读者对象如下：

- 大中专院校工业设计、机械设计等相关专业的师生；
- 参加计算机辅助设计培训的学员；
- 机械设计或工业设计行业的相关设计师；
- 想快速掌握SolidWorks软件并应用于实际工作的初学者。

随书附赠的超值资料中包含了本书所有实例的源文件，超长实用的语音教学视频对本书重点案例的实现过程进行了详细讲解，帮助读者轻松自如地学习本书中介绍的重点、难点内容。本书由吉林工商学院陆明老师编写，全书共计约56万字，在编写过程中力求严谨，但由于时间和精力有限，书中纰漏和考虑不周之处在所难免，敬请广大读者予以批评、指正。

编　者

SOLIDWORKS

Chapter 05 曲线与曲面设计

钣金设计

Chapter 09 装配体设计

Chapter

01

SolidWorks 2018
轻松入门

本章概述

在目前市场上所见到的三维CAD解决方案中，SolidWorks是设计过程比较简便而且方便的软件之一。在强大的设计功能和易学易用的操作协同下使用SolidWorks，整个产品设计是可编辑的，零件设计、装配设计和工程图之间是相互关联的。SolidWorks 2018在原有版本的基础上，增强和改进了许多功能。本章将从基础操作、界面功能及操作环境设置等方面逐一进行介绍。

核心知识点

- SolidWorks 2018的启动与退出
- SolidWorks 2018的文件操作
- SolidWorks 2018的操作环境

1.1 认识SolidWorks 2018

本节将从简介、功能概述、启动与退出、文件操作等内容分别进行介绍，让读者对SolidWorks有一个初步的了解。

1.1.1 SolidWorks简介

SolidWorks软件是世界上第一个基于Windows开发的三维CAD系统，技术创新符合CAD技术的发展潮流和趋势。SolidWorks遵循易用、稳定和创新三大原则。由于使用了Windows OLE技术、直观式设计技术、先进的parasolid内核以及良好的与第三方软件的集成技术，SolidWorks成为全球装机量最大、最好用的软件。SolidWorks涉及航空航天、机车、食品、机械、国防、交通、模具、电子通信、医疗器械、娱乐工业、日用品/消费品、离散制造等各个行业。

1.1.2 SolidWorks功能概述

SolidWorks的主要模块有零件建模、曲面建模、钣金设计、帮助文件、数据转换、高级渲染、图形输出、特征识别等。包含了为产品设计团队提供的所有必要的设计、验证、运动模拟、数据管理和交流工具。

1. 零件建模

零件建模包括单个零件的特征建模和多个零件的装配建模，图1-1所示为多个零件的装配建模。

图1-1 装配建模

2. 曲面建模

曲面建模不同于实体建模，不是完全参数化的特征。如图1-2所示。

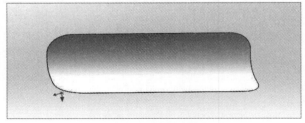

图1-2 曲面建模

3. 钣金设计

钣金是一种针对金属薄板的综合冷加工工艺，特征是同一零件厚度相同，如图1-3所示。

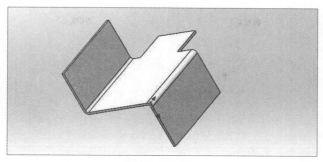

图1-3 钣金设计

1.1.3 SolidWorks 2018的启动与退出

使用一款软件，首先要知道该软件在操作系统中是如何启动和退出的。SolidWorks 2018软件的启动和退出方法和微软其他软件相同。

1. 启动SolidWorks 2018

常用的启动SolidWorks 2018软件的方法有以下3种。

方法1：直接双击桌面上的快捷方式图标🔲，打开SolidWorks 2018软件，如图1-4所示。

方法2：单击【开始】按钮，在列表中选择【所有程序>SolidWorks 2018】选项，启动SolidWorks 2018应用程序，如图1-5所示。

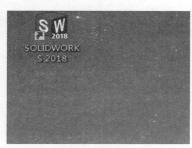

图1-4 双击SolidWorks 2018图标　　　图1-5 【开始菜单】启动

方法3：双击带有如.sldprt、.sldasm或者.slddrw后缀格式的文件，可以直接打开SolidWorks 2018应用程序。

2. 退出SolidWorks 2018

常用的退出SolidWorks 2018软件的方式有以下两种。

方法1：单击SolidWorks 2018界面右上角的 × 按钮，退出SolidWorks 2018应用程序。

方法2：单击【文件】菜单，选择【退出】命令，退出SolidWorks 2018应用程序。

1.1.4 SolidWorks 2018的文件操作

SolidWorks 2018的文件操作一般包括新建文件、打开文件、保存文件等，下面分别进行介绍。

1. 新建文件

单击SolidWorks主窗口左上角的【新建】按钮🗋，或者执行【文件】|【新建】命令，即可弹出【新建SOLIDWOKS文件】对话框，在该对话框中选择【零件】文件模版🗋，如图1-6所示。

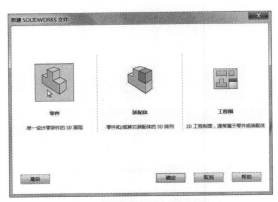

图1-6 新建SolidWorks文件

单击【确定】按钮即可进入SolidWorks新建零件工作界面。用户也可用此种方法新建一个装配体或者工程图类型的文件。新建零件的工作界面如图1-7所示。

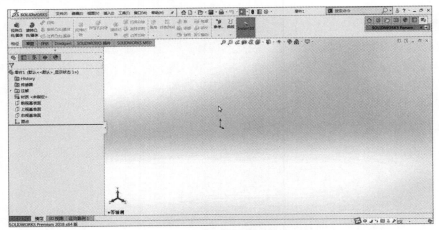

图1-7 新建零件的工作界面

2. 打开文件

单击【文件】按钮，选择【打开】命令，弹出【打开】对话框，在查找范围选择文件所在的文件夹。在文件类型中选择SOLIDWORKS 文件 (*.sldprt; * ▾格式，在列表中选择【轴】文件，如图1-8所示。单击【打开】按钮，显示【轴】文件，如图1-9所示。

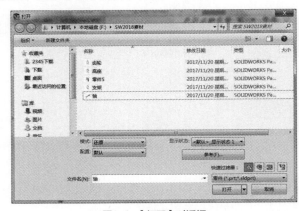

图1-8 【打开】对话框

图1-9 显示【轴】零件

3. 保存文件

当一个零件设计完成后，执行【文件】|【保存】命令。在弹出的【另存为】对话框中输入要保存的文件名如【轮毂】，以及设置文件保存的路径，然后单击【保存】按钮即可，如图1-10所示。另外也可以执行【文件】|【另存为】命令，将文件保存为新的文件名，而不替换激活的文件。

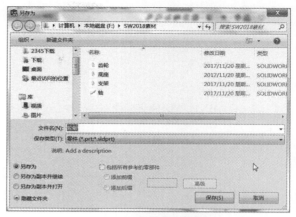

图1-10 保存文件的名称及路径

1.2 SolidWorks 2018界面功能介绍

打开一个已经绘制好的SolidWorks零件，会进入到零件的绘制工作界面。SolidWorks 2018的工作界面一般由菜单栏、常用工具栏（Command Manager工具栏）、前导视图工具栏、控制区、绘图区、状态栏等组成。

在操作的过程中系统会自动弹出关联的工具栏和快捷菜单，可根据提示进行相关操作。

1.2.1 工作界面

图1-11为SolidWorks 2018的工作界面，图中显示了各工作区的分布。

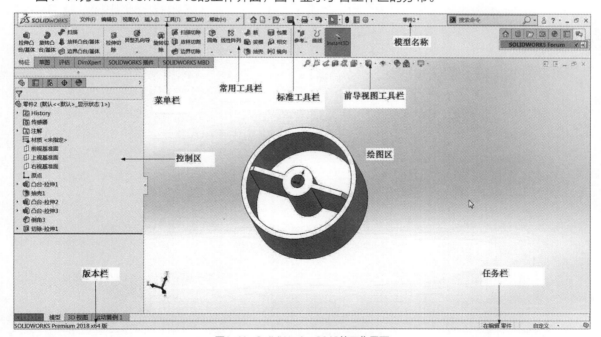

图1-11 SolidWorks 2018的工作界面

19

1.2.2 常用工具命令

设计中最常用的工具包括：菜单栏、常用工具栏、标准工具栏、控制区、前导视图工具栏等。下面将详细介绍每种工具的内容和功能。

1. 菜单栏

菜单栏中可以使用绝大部分的SolidWorks命令。菜单栏一般包括【文件】、【编辑】、【视图】、【插入】、【工具】、【窗口】和【帮助】等菜单，如图1-12所示。最右侧的 ⤸ 标志，单击之后变成 ⤫ 标志，表示将菜单栏固定。

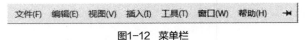

图1-12 菜单栏

（1）【文件】菜单

单击【文件】按钮，弹出下拉菜单，如图1-13所示。可以对SolidWorks文件进行新建、打开、关闭、保存、打印、退出等操作。

（2）【编辑】菜单

单击【编辑】按钮，弹出如图1-14所示的下拉菜单。通过【编辑】菜单可以进行撤销、剪切、复制、退回、外观编辑等操作。

（3）【视图】菜单

单击【视图】按钮，弹出如图1-15所示的下拉菜单。通过【视图】菜单可以进行显示、修改、隐藏/显示、全屏等操作。

图1-13 【文件】菜单

图1-14 【编辑】菜单

图1-15 【视图】菜单

（4）【插入】菜单

单击【插入】按钮，弹出如图1-16所示的下拉菜单。通过【插入】菜单可以进行凸台/基体、特征、参考几何体、钣金、焊件、模具、3D草图、设计算例等操作。

（5）【工具】菜单

单击【工具】按钮，弹出如图1-17所示的下拉菜单。通过【工具】菜单可以进行SolidWorks应用程序、选择、套索选取、选择所有、比较、草图工具、块等操作。

图1-16　【插入】菜单　　　图1-17　【工具】菜单

（6）【窗口】菜单

单击【窗口】按钮，弹出如图1-18所示的下拉菜单。通过【窗口】菜单可以对打开的文件进行排列、横向平铺、层叠等操作。

（7）【帮助】菜单

单击【帮助】按钮，弹出如图1-19所示的下拉菜单。通过【帮助】菜单中的命令了解SolidWorks并查看提供的帮助。

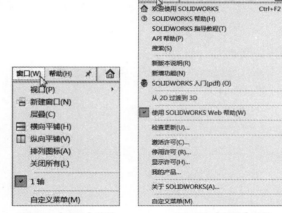

图1-18　【窗口】菜单　　　图1-19　【帮助】菜单

2. 常用工具栏

常用工具栏又叫CommandManager工具栏。常见的工具栏由特征、草图、评估、DimXpert、SOLIDWORKS插件、SOLIDWORKS MBD组成，如图1-20所示。相当于工具栏的一个整体组合，可根据自己的设计习惯添加诸如钣金、焊件等选项卡命令。

图1-20　CommandManager工具栏组成

（1）【特征】选项卡

切换至【特征】选项卡，显示如图1-21所示的一系列操作命令。可以对SolidWorks零件的特征进行拉伸凸台/基体、扫描、放样凸台、拉伸切除、旋转切除等操作。

图1-21 【特征】选项卡组成

（2）【草图】选项卡

切换至【草图】选项卡，显示如图1-22的一系列操作命令。可以对SolidWorks进行草图设计，包括画圆、直线、矩形、剪裁、镜像等操作。

图1-22 【草图】选项卡组成

（3）【DimXpert】选项卡

切换至【DimXpert】选项卡，如图1-23所示。可提供形位公差、基准等方面的命令。

图1-23 【DimXpert】选项卡组成

（4）【SOLIDWORKS插件】选项卡

切换至【SOLIDWORKS插件】选项卡，如图1-24所示。可加载各种插件，如SOLIDWORKS Simulation用于零件或装配体的有限元分析。

图1-24 【SOLIDWORKS插件】选项卡组成

（5）【SOLIDWORKS MBD】选项卡

切换至【SOLIDWORKS MBD】选项卡，如图1-25所示。可提供形位公差、基准等方面的命令。SOLIDWORKS MBD（基于模型的定义）是一个集成于SOLIDWORKS内部的、无图纸化的制造解决方案。SOLIDWORKS MBD 直接以3D方式而不是使用传统的2D工程图来指导制造过程，这可帮助简化生产、缩短周期时间、减少错误和支持行业标准。

图1-25 【SOLIDWORKS MBD】选项卡组成

3. 标准工具栏

该工具栏主要包括新建、打开、保存、打印、撤销等命令，如图1-26所示。

图1-26 标准工具栏

4. 前导视图工具栏

该工具栏可对视图调整和操控，包括整屏显示全图、局部放大、剖面视图、视图定向、编辑外观、应用布景、视图设定等功能，如图1-27所示。

图1-27 前导视图工具栏

5. 控制区

控制区包括FeatureManager设计树、PropertyManager属性管理器、ConfigurationManager配置管理器、DimXpertManager尺寸管理器和DisplayManager外观管理器，如图1-28所示。下面就常用的两种进行详细介绍。

（1）FeatureManager设计树

FeatureManager设计树是SolidWorks软件窗口中最常用的部分。它可以很方便地查看零件、装配体的构造特征。并且可以通过鼠标右键，对上述特征进行编辑操作，如图1-29所示。FeatureManager设计树和图形区域的每一个特征都是动态链接的，如图1-30所示。

图1-28 SolidWorks控制区

图1-29 右键菜单

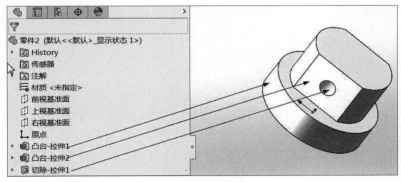

图1-30 动态链接

FeatureManager记录了模型中各个要素的内容。在装配体中还可以体现各零件间的约束关系等。它包含了全部的设计信息，也为设计过程中的修改提供了方便。

FeatureManager设计树主要包括以下几种功能。

功能一：选择模型中的项目

设计树按照绘图的先后顺序记录了每个特征。在设计树中单击节点，则绘图区与该节点相对应的特征就会高亮显示，如图1-31所示。同样，若在绘图区中单击某个特征，则与该特征相对应的节点也会高亮显示，如图1-32所示。在选择的时候按住Ctrl键可以选择多个特征。在选择的时候按住Shift键单击一个特征，然后再单击另外一个特征，则这两个特征之间的所有特征都将被选中。

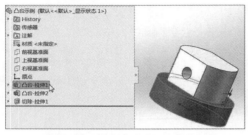

图1-31 节点对应的绘图区特征

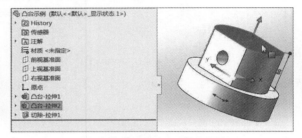

图1-32 绘图区特征对应的节点

功能二：显示特征的尺寸

单击设计树中特征节点或者特征节点目录下的草图时，绘图区会显示相应特征的尺寸，效果如图1-33所示。

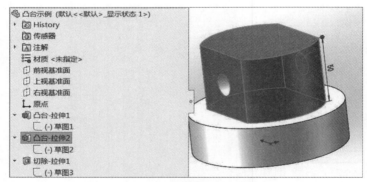

图1-33 显示特征尺寸

功能三：编辑特征、修改草图、压缩、隐藏

在设计树中右击特征节点，可以对特征进行编辑，修改草图、压缩和隐藏等操作，如图1-34所示。

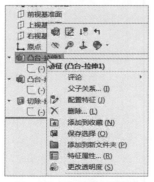

图1-34 特征节点右键命令

（2）PropertyManager属性管理器

PropertyManager属性管理器在零件进行编辑时会自动显示。控制区切换到PropertyManager时，FeatureManager自动出现在绘图区的左上角。查看所有内容可单击左侧的黑色三角符号，如图1-35所示。

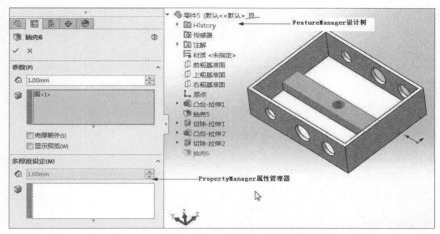

图1-35　PropertyManager属性管理器

实例　创建圆柱体模型

学习完SolidWorks入门的工作界面和常用命令后，下面将介绍创建一个圆柱体模型，并将曲面设置成红色，其余面设置成黄色的操作方法。

Step 01 双击桌面上的 ⬜ 图标，打开SolidWorks 2018软件，单击SolidWorks主窗口中左上角的【新建】按钮 ⬜，在弹出的【新建SOLIDWORKS文件】对话框中单击【零件】按钮 ⬛，如图1-36所示。

Step 02 单击常用工具栏【草图】|【草图绘制】按钮，选择前视基准面，如图1-37所示。

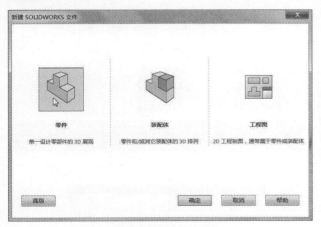

图1-36　新建文件对话框

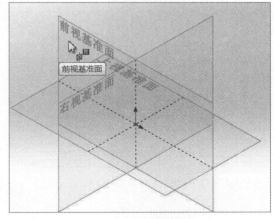

图1-37　基准面选择

Step 03 选择绘图工具栏中的 ⬜ 命令，在绘图区原点绘制圆形，如图1-38所示。

Step 04 单击常用工具栏中的【特征】按钮，单击【拉伸凸台/基体】按钮，效果如图1-39所示。

Step 05 在绘图区模型中的曲面上右击，在弹出快捷菜单中单击【外观】按钮 ⬛，在弹出的下拉列表中选择 ⬛面<1>@凸... 选项，选择红色后，单击 ✓ 按钮，效果如图1-40所示。

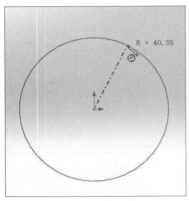

图1-38 绘制圆形

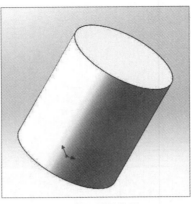

图1-39 圆柱模型

图1-40 曲面红色效果

Step 06 在绘图区模型中先选中上平面，按住Ctrl键选中下平面后右击，在弹出快捷菜单中单击【外观】按钮 ，在弹出的下拉列表中选择 面<1>@凸... 选项，选择蓝色后，单击✔按钮，效果如图1-41所示。

Step 07 按Ctrl+S组合键，打开【另存为】对话框，设置【文件名】为【圆柱】，单击【保存】按钮，如图1-42所示。

图1-41 更改全部颜色后效果

| 文件名(N): | 圆柱 |
| 保存类型(T): | 零件 (*.prt;*.sldprt) |

图1-42 保存文件为【圆柱】

1.3 SolidWorks 2018操作环境设置

SolidWorks 2018的操作环境设置包括工具栏设置、命令按钮设置、菜单命令设置、鼠标键盘功能设置、工作区背景设置、单位设置和视图方式设置。

1.3.1 工具栏设置

SolidWorks 2018中的工具栏可以自定义，用户可根据自己的设计习惯将常用的工具栏显示在界面中。常用的自定义工具栏的方法有以下两种。

方法1：将光标置于某个工具栏的名称上单击鼠标右键，在弹出的快捷菜单中选择相应的工具栏，如图1-43所示。

方法2：执行【工具】|【自定义】命令，弹出【自定义】对话框，切换至【工具栏】选项卡，选择需要显示的工具栏，然后单击【确定】按钮即可，如图1-44所示。

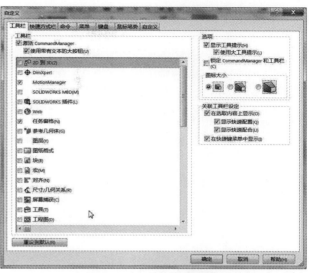

图1-43 快捷菜单　　　　　　　　　　　　图1-44 【自定义】对话框

1.3.2 命令按钮设置

在菜单栏中执行【工具】|【自定义】命令，弹出【自定义】对话框，切换至【命令】选项卡，在【类别】列表框中选择要改变的工具栏，可对工具栏中的按钮进行重新安排，单击【确定】按钮即可，如图1-45所示。

图1-45 【命令】选项卡

1.3.3 菜单命令设置

在菜单栏中执行【工具】|【自定义】命令，弹出【自定义】对话框，切换至【菜单】选项卡，在

【类别】列表框中选择要改变的菜单，可对菜单中的内容进行重新调整，单击【确定】按钮即可，如图1-46所示。

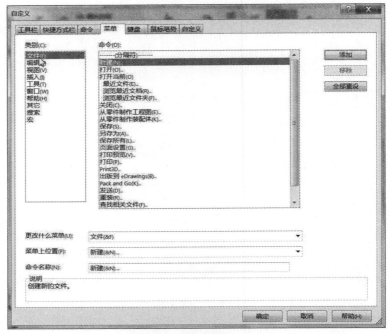

图1-46 【菜单】选项卡

1.3.4 鼠标键盘功能设置

鼠标和键盘是SolidWorks的外部控制与输入设备，可实现对零件的各种操作。

1. 鼠标功能设置

（1）鼠标的功能

包括左键功能、右键功能与中键功能。

左键功能：左键为选择、拖动键，可以在模型上选择点、线、面等要素，也可以在选择菜单按钮等操作时使用。

右键功能：右键为求助键，单击鼠标右键会根据当前的状况弹出所需要的快捷菜单；还用于确定某种操作，如创建实体特征时，当光标出现箭头标志时，右击等于接受此操作。

中键功能：中键具有旋转、缩放和平移等操作功能，按住Ctrl键拖动中键可以平移模型视图，按住Shift键拖动中键，可以缩放模型视图。

常用鼠标功能的操作：

a	将光标放在想要缩放的区域，前后拨动滚轮，可实现模型的缩放。
b	将光标放在模型上，按下滚轮不松开，前后左右移动鼠标，可将模型翻转。
c	双击滚轮可实现模型在绘图区的正中显示。

（2）鼠标功能设置

在菜单栏中执行【工具】|【自定义】命令，弹出【自定义】对话框，切换至【鼠标笔势】选项卡，在【类别】下拉列表中选择要改变的菜单，可对菜单中的内容进行重新调整，单击【确定】按钮，如图1-47所示。

图1-47 【鼠标笔势】选项卡

（3）鼠标笔势的设置

　　鼠标笔势在设计中经常用到，可以对模型进行各种快捷操作。通过勾选【鼠标笔势】选项卡右上角的【启用鼠标笔势】复选框可以开启此功能，如图1-48所示。单击下方下三角按钮，在列表中选择不同的笔势。图1-49为2个笔势，图1-50为3个笔势，图1-51为4个笔势，图1-52为8个笔势，图1-53为12个笔势。设置好鼠标笔势后，在模型空白处单击右键不松开，稍微移动鼠标便可弹出【鼠标笔势】命令。

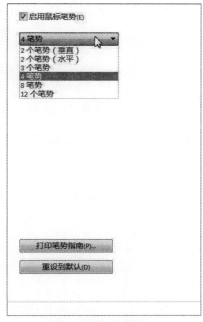

图1-48 启用鼠标笔势

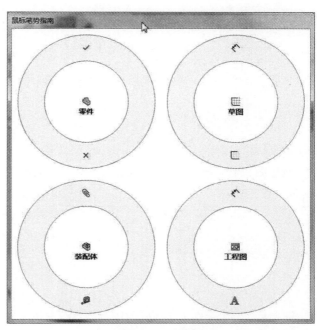

图1-49 2个笔势

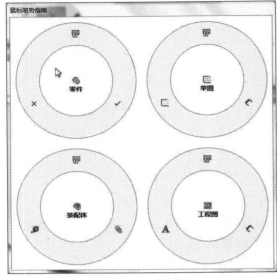

图1-50　3个笔势

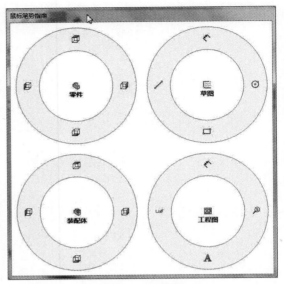

图1-51　4个笔势

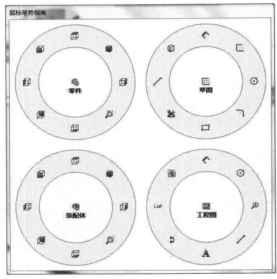

图1-52　8个笔势

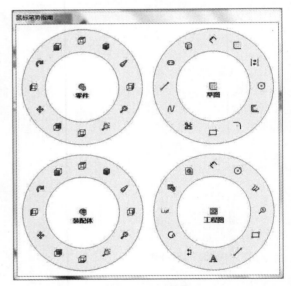

图1-53　12个笔势

2. 键盘功能设置

（1）键盘的功能：下表列出了常用的键盘操作的快捷键。

命令的作用	快捷键	命令的作用	快捷键
旋转	方向键	绕某轴转动	Shift+方向键
缩小	Z	启动帮助文件	F1
放大	Shift+Z	整屏显示	F
平行移动	Ctrl+方向键	放大镜	G

（2）键盘功能设置：在菜单栏中执行【工具】|【自定义】命令，弹出【自定义】对话框，切换至【键盘】选项卡，在【类别】下拉列表中选择要改变的菜单，可对菜单中的内容进行重新调整，单击【确定】按钮，如图1-54所示。

图1-54 【键盘】选项卡

1.3.5 工作区背景设置

　　用户可以根据实际操作需要，选择工作区的背景颜色、定制工作区和控制区的背景色。

　　单击标准工具栏中的【选项】按钮 ⚙，弹出【系统选项】对话框，在对话框中选择【颜色】选项，如图1-55所示。在【颜色方案设置】列表框中选择【视区背景】选项，单击【编辑】按钮 编辑(E)...，弹出【颜色】对话框，选择要设置的颜色，单击【确定】按钮，如图1-56所示。

图1-55 【颜色】选项

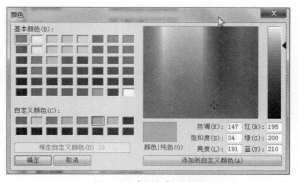

图1-56 【颜色】对话框

　　在【背景外观】选项区域中选择【素色（视区背景颜色在上）】单选按钮，单击【确定】按钮，完成背景颜色设置，效果如图1-57所示。

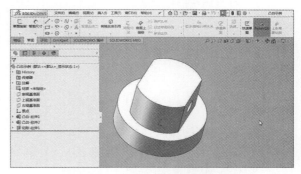

图1-57 修改工作区背景颜色后的效果

1.3.6 实体颜色设置

在SolidWorks 2018中，实体建立以后，默认的实体颜色为灰色。如果需要更改实体的颜色，可以根据要求进行修改。对于模型的某些特征或者整个零件要求特定颜色的，还可以通过编辑模型的外观颜色来实现。

1. 更改零件的上色外观

单击工具栏中【选项】按钮，在弹出的【文档属性】对话框中切换至【文档属性】选项卡，选择【模型显示】选项，在【模型/特征颜色】列表框中选择【上色】选项，如图1-58所示。单击【编辑】按钮，打开【颜色】对话框，选择要求的颜色，单击【确定】按钮，关闭颜色对话框，如图1-59所示。

图1-58 【文档属性】对话框

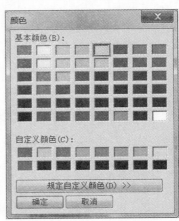

图1-59 选择颜色

完成零件的上色外观操作，效果如图1-60所示。

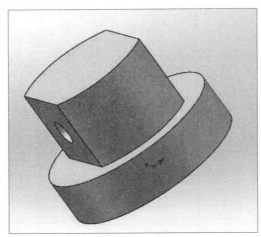

图1-60 效果图

2. 设置零件模型的颜色

方法一：在FeatureManager中单击零件的名称，此时会在绘图区的左上角出现 图标，如图1-61所示。然后右击 图标，显示如图1-62所示的快捷命令菜单。

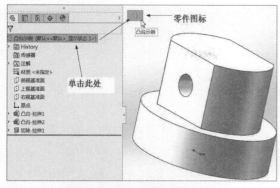

图1-61　单击名称显示零件图标

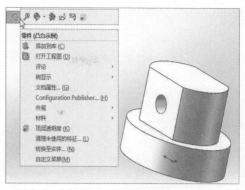

图1-62　快捷命令菜单

接着单击【外观】按钮，在弹出的下拉列表中选择【编辑零件】选项，如图1-63所示。选择合适的颜色后，单击✔按钮，效果如图1-64所示。

图1-63　颜色编辑

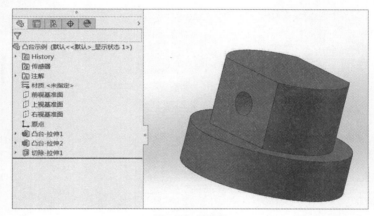

图1-64　效果图

方法二：在FeatureManager中右击零件的名称，此时会弹出如图1-65所示的下拉列表。单击【外观】按钮，在弹出的下拉列表中选择【编辑零件】选项，如图1-66所示。选择要求的颜色后，单击✔按钮，效果和方法一得出的相同。

图1-65　快捷命令菜单

图1-66　颜色编辑

3. 设置零件模型特征的颜色

在FeatureManager中右击 凸台-拉伸1，并弹出快捷菜单，如图1-67所示。然后单击浮动面板中的【外观】按钮 ，在弹出的下拉列表中单击 按钮，打开"颜色"属性管理器，选择颜色后，单击 按钮，如图1-68所示。即可为零件模型特征添加颜色，效果如图1-69所示。

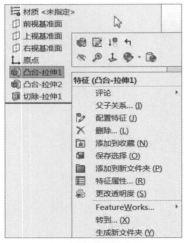

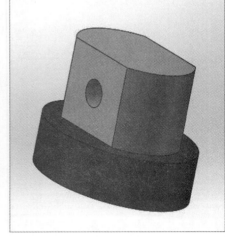

图1-67 快捷命令菜单　　　　　图1-68 颜色编辑　　　　　图1-69 模型效果

4. 设置所选模型面的颜色

在绘图区模型中的一个面上右击，并弹出快捷菜单，如图1-70所示的。单击浮动面板中【外观】按钮 ，在弹出的下拉列表中选择 面<1>@凸... 选项，如图1-71所示。选择需要的颜色后，单击 按钮，即可设置模型面的颜色，效果如图1-72所示。

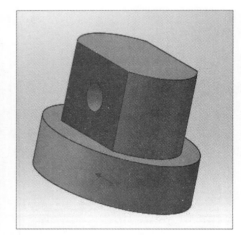

图1-70 快捷命令菜单　　　　　图1-71 快捷命令菜单　　　　　图1-72 模型效果

1.3.7 单位设置

在SolidWorks 2018中，默认的单位系统为MMGS（毫米、克、秒），用户可以根据需要设置单位。

单击工具栏中【选项】按钮，在弹出的【文档属性】对话框中选择【单位】选项，可以在【单位系统】选项区域中选择不同单位系统，如CGS、IPS等。用户还可以通过【单位系统】选项区域下方，表格中的下拉菜单选择各个尺寸的精确度，如图1-73所示。

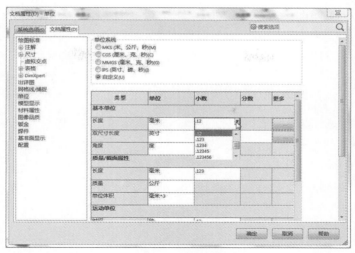

图1-73 单位设置

1.3.8 视图方式设置

视图方式的设置包括视图样式、视图定位、剖面视图等。

1. 视图样式

单击前导工具栏中的 按钮，显示图1-74所示的5种样式选项。分别是【带边线上色】、【上色】、【消除隐藏线】、【隐藏线可见】和【线架图】。

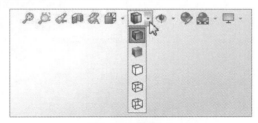

图1-74 视图样式

下面以效果图的方式展示5种样式的效果，如图1-75、图1-76、图1-77、图1-78和图1-79所示。

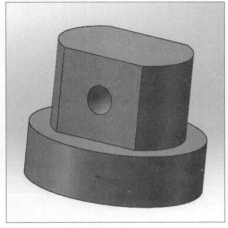

图1-75 带边线上色

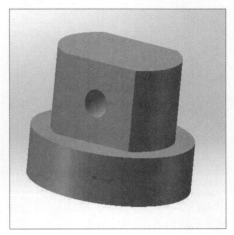

图1-76 上色

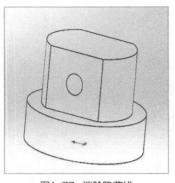

图1-77 消除隐藏线

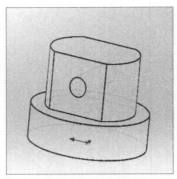

图1-78 隐藏线可见

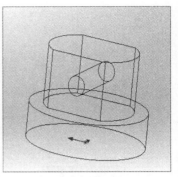

图1-79 线架图

2. 视图定向

用户可以根据需要，切换各个视图的方向来查看模型。单击前导工具栏中的 🖥 · 按钮，显示图1-80所示的7种基本视图方向按钮和其余6种视图。

同时绘图区模型显示3种基本视图方向的快捷操作面，单击图中显示的任何一个面，都可以实现视图定向的操作，如图1-81所示。

图1-80 视图定向工具栏

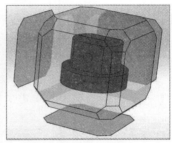

图1-81 快捷视图操作面

以图示模型为例，7种基本视图方向的效果如图1-82、图1-83、图1-84、图1-85、图1-86、图1-87和图1-88所示。

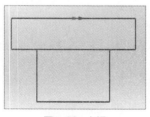

图1-82 上视

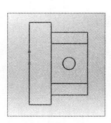

图1-83 左视

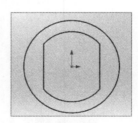

图1-84 前视

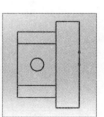

图1-85 右视

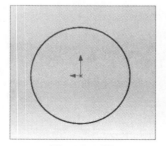

图1-86 后视

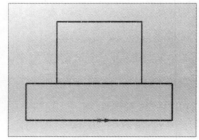

图1-87 下视

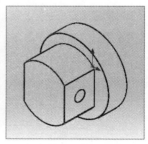

图1-88 等轴测

上机实训：绘制发动机活塞缸三维图

　　发动机活塞缸是将气缸内燃料燃烧时的热能转化成动能的零件，在绘制发动机活塞缸三维图的过程中主要用到SolidWorks软件常用工具栏中的命令，下面介绍发动机曲轴三维图的绘制方法。

01 执行【文件>新建】命令，打开【新建SOLIDWORKS文件】对话框，选择part选项，单击【确定】按钮，建立零件体文档，如图1-89所示。

02 单击【特征】常用工具栏中的【旋转凸台/基体】按钮，然后选择任意基准面进入草图绘制界面，如图1-90所示。

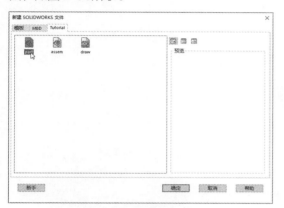

图1-89　新建零件　　　　　　　　　　　　　　图1-90　拉伸凸台/基体

03 选择【草图】常用工具栏中的【直线】命令绘制草绘图，选择【智能尺寸】命令对草绘图形进行约束，如图1-91所示。

04 单击【退出草图】按钮，选择控制区【旋转轴】文本框，现选择草图中较长边作为旋转轴，如图1-92所示。

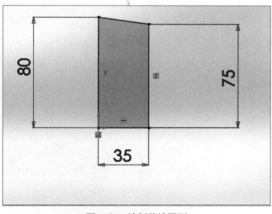
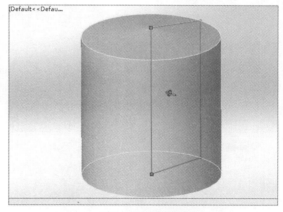

图1-91　绘制草绘图形　　　　　　　　　　　　　图1-92　旋转凸台

05 右击左侧控制区中Right，在浮动面板中单击【显示】图标，将Right基准面显示出来，如图1-93所示。

06 选择【特征】常用工具栏中的【拉伸切除】命令，选择Right作为草绘平面，按一下空格键，然后在【方向】面板中单击【正视于】按钮，正视于草图平面，如图1-94所示。

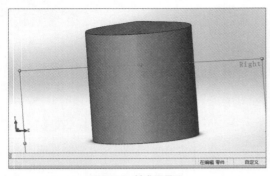

图1-93 基准面显示

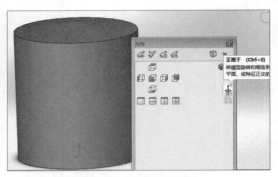

图1-94 正视于草图平面

07 选择【草图】常用工具栏中的【边角矩形】命令绘制草绘图形，并用【智能尺寸】约束草绘图形，如图1-95所示。

08 单击【草图】常用工具栏中的【直线】下三角按钮，选择【中心线】选项，在中心处绘制中心线，如图1-96所示。

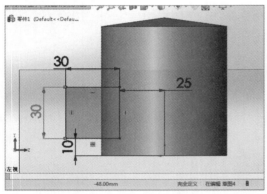

图1-95 绘制草绘图形

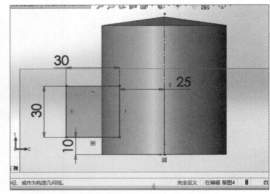

图1-96 选择中心线

09 单击鼠标左键，框选绘制的矩形草绘图形，选择【镜像实体】命令，在左侧控制区设置【镜像点】为【直线5】，即绘制的中心线，单击✔按钮，创建镜像命令，如图1-97所示。

10 单击【退出草图】按钮，退出草绘界面，在【方向1（1）】选项区域中设置尺寸为30mm，勾选【方向2（2）】复选框，设置尺寸为30mm，单击左上角的✔按钮，创建拉伸切除实体，如图1-98所示。

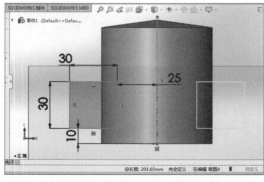

图1-97 设置【镜像实体】命令

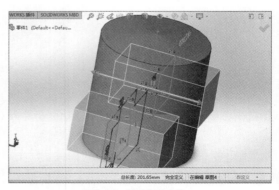

图1-98 拉伸切除实体

11 单击【特征】常用工具栏中【参考几何体】下拉三角形，选择【基准轴】选项，如图1-99所示。

12 在左侧控制区设置建实体的圆柱面，创建基准轴，如图1-100所示。

图1-99 选择【基准轴】命令

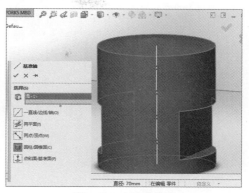

图1-100 创建基准轴

13 在【视图】菜单栏中选择【隐藏/显示（H）>基准轴】命令，显示基准轴，如图1-101所示。

14 选择【特征】常用工具栏中的【旋转切除】命令，选择Right作为草绘平面，正视于草图平面，绘制草绘图形，并用【智能尺寸】命令对草图进行约束，如图1-102所示。

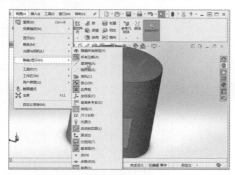

图1-101 【基准轴】显示

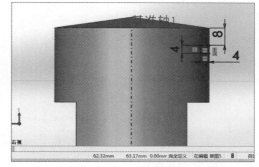

图1-102 绘制草绘图形

15 单击【退出草图】按钮，退出草绘界面，在左侧控制区【旋转轴】下面文本框中，选择Step 12建立的基准轴，单击左上角的 ✔ 按钮，创建旋转切除实体，如图1-103所示。

16 选择控制区【切除-旋转1】特征，选择【特征】常用工具栏中【线性阵列】命令，在左侧控制区【方向1（1）】文本框中选择Step 12建立的基准轴，尺寸设置为8mm，数目设置为3，单击左上角的 ✔ 按钮，创建阵列，如图1-104所示。

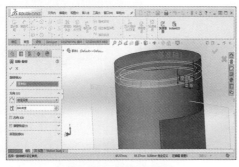

图1-103 旋转切除实体

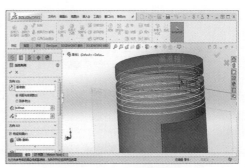

图1-104 线性阵列设置

17 选择【特征】常用工具栏中【抽壳】命令，选择绘制实体的底面，在左侧控制区【参数】数值框中尺寸修改为5mm，单击左上角的 ✔ 按钮，在弹出的对话框中单击【确定】按钮，创建抽壳实体，如图1-105所示。

18 选择【特征】常用工具栏中【拉伸切除】命令，选取实体侧平面作为草绘平面，正视于草图平面，选择【草图】常用工具栏中【圆】命令绘制草绘图形，并使用【智能尺寸】约束，如图1-106所示。

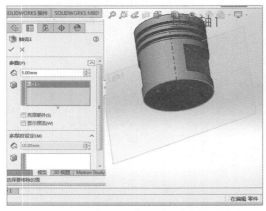

图1-105 【抽壳】命令设置

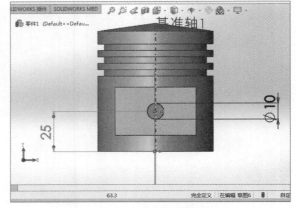

图1-106 绘制草绘图形

19 单击【退出草图】按钮，退出草绘界面，在左侧控制区单击【方向1（1）】下三角按钮，选择【完全贯穿】选项，创建拉伸切除，如图1-107所示。

20 选择控制区Front基准面，再单击选择【特征】常用工具栏中【拉伸切除】命令，正视于草绘平面，单击【圆心/起/终点画弧】下三角按钮，选择【三点圆弧】选项，绘制草绘图形，接着选择【直线】命令，补全草绘图形，并使用【智能尺寸】约束，如图1-108所示。

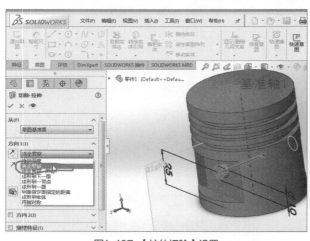

图1-107 【拉伸切除】设置

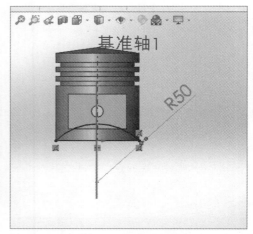

图1-108 绘制草绘图形

21 单击【退出草图】按钮，退出草绘界面，在左侧控制区单击【方向1（1）】下三角按钮，选择【完全贯穿】选项，勾选【方向2（2）】复选框，同样选择【完全贯穿】选项，单击左上角的 ✔ 按钮，完成切除拉伸创建，如图1-109所示。

22 选择【特征】常用工具栏中【圆角】命令，选择图1-110所示边线，在左侧控制区将圆角半径设置为2mm，单击左上角的 ✔ 按钮，完成圆角创建。

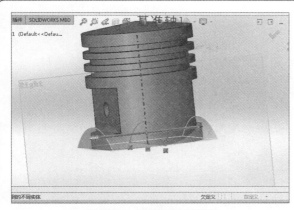

图1-109 【拉伸切除】设置　　　　　图1-110 圆角设置

23 选择Top基准面，接着选择【特征】常用工具栏中【拉伸凸台/基体】命令，正视于草图平面，绘制草绘图形，如图1-111所示的。

24 退出草绘界面，在左侧控制区单击【方向1（1）】下三角按钮，选择【成形到下一面】选项，勾选【方向2（2）】复选框，并选择【给定深度】选项，尺寸值设置为200mm，如图1-112所示。

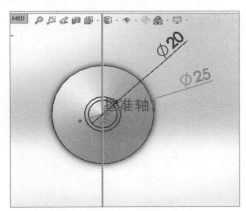

图1-111 绘制草绘图形　　　　　图1-112 拉伸凸台设置

25 至此，完成活塞缸三维图形的绘制，如图1-113所示。

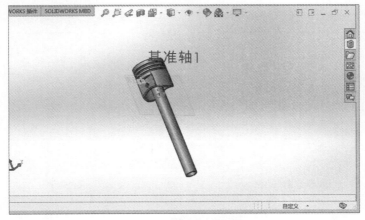

图1-113 绘制完成后的三维图

Chapter

02

二维草图绘制

本章概述

二维草图绘制是建模的基础，SolidWorks 2018中草图由绘制的草图实体开始，通过尺寸驱动和草图几何关系来约束实体的大小和位置，从而实现设计要求。本章主要介绍二维草图的绘制，主要内容包括草图绘制基本知识、基本曲线、高级曲线、草图的编辑、尺寸标注和几何关系。

核心知识点

- 绘制草图
- 草图编辑
- 尺寸标注
- 几何关系

2.1 草图绘制基本知识

　　本节将从草图绘制的基本概念、草图状态的进入和退出、草图绘制工具等知识点来进行讲解，使初学者能够掌握草图绘制的基本知识。

2.1.1 草图绘制的概念

　　草图绘制的概念主要由草图的构成、草图的状态、推理线和捕捉等组成。

1. 草图的构成

　　草图是由草图实体、几何关系、尺寸构成，下面分别介绍几个构成部分。

　　（1）草图实体：由图中的元素构成的形状，包括直线、矩形、平行四边形、多边形、圆、圆弧、椭圆、样条曲线、中心线和文字等。

　　（2）几何关系：草图的实体之间、实体与参照物之间的几何关系，如图2-1所示。将光标在几何关系的标志上悬停，会出现几何关系的名称，如水平、竖直、相切等。

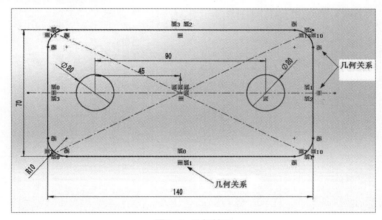

图2-1　几何关系

　　（3）尺寸：标注草图实体大小的尺寸，可以驱动草图实体。图2-2所示圆的直径为Φ20mm，将Φ20mm改为Φ40mm，即可实现草图尺寸驱动，效果如图2-3所示。

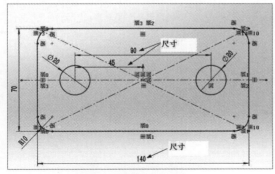

图2-2　圆的直径为Φ20mm

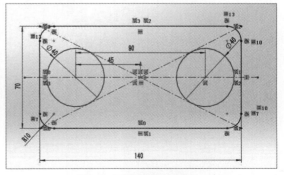

图2-3　圆的直径为Φ40mm

2. 草图的状态

　　草图根据定义尺寸的完整程度可分为欠定义、完全定义、过定义。

（1）欠定义：草图实体显示为蓝色，可以拖动并改变大小。

（2）完全定义：草图实体显示为黑色，不能拖动和改变大小。

（3）过定义：草图实体显示为红色，草图中的某些尺寸或几何关系发生冲突或重复。

3. 推理线和捕捉

推理线和捕捉可以很方便地显示某些几何关系，从而更加快速准确地绘制草图实体。

（1）推理线：为用户显示指针和现在草图实体之间的几何关系。图2-4为经过矩形中心点的推理线。

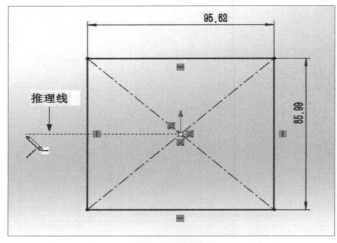

图2-4　推理线

（2）捕捉：在绘制草图的过程中，当光标移动到某些实体上时，会自动捕捉相应的实体，这些捕捉可以建立相应的几何关系。

2.1.2　草图绘制状态的进入与退出

要想绘制草图，首先要进入草图绘制界面。同样，草图绘制结束，要退出草图绘制，本小节分别介绍草图绘制状态的进入和退出。

1. 草图绘制状态的进入

在草图界面中，单击【草图】工具栏上的【草图绘制】按钮，此时出现基准面选择界面，如图2-5所示。根据具体的绘图需要，选择相应的基准面，进入如图2-6所示的草图绘制界面。

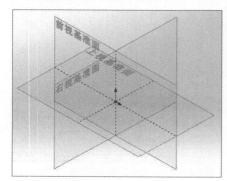

图2-5　基准选择界面

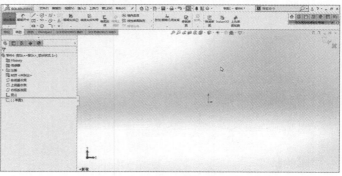

图2-6　草图绘制界面

2. 草图绘制状态的退出

草图实体绘制完成后，需要退出当前草图来完成接下来的操作。草图绘制状态的退出有以下几种方法，下面介绍具体操作。

方法一：再次单击【草图】工具栏上的 按钮，如图2-7所示。

方法二：单击绘图区右上角的【退出草图】按钮，如图2-8所示。

方法三：单击鼠标右键，从快捷菜单中选择【退出草图】命令，如图2-9所示。

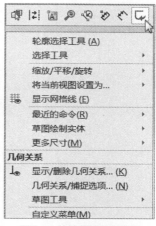

图2-7　用草图绘制退出草图　　　图2-8　绘图区退出草图　　　图2-9　快捷菜单退出草图

2.1.3　草图绘制工具

SolidWorks 2018提供了各种草图绘制的工具，用户可以方便地绘制草图，如图2-10所示。草图绘制工具栏提供了一些基本的命令生成草图实体，如直线、圆、矩形、椭圆等，还可对草图实体进行剪裁、镜像、阵列等操作。

图2-10　草图绘制工具

2.2　绘制草图基本曲线

草图绘制的基本曲线包括直线、圆、椭圆、抛物线、圆锥双曲线等。下面将逐一介绍每种基本曲线的详细画法和步骤。

2.2.1　绘制直线

利用草图绘制工具里的【直线】工具可以在草图里绘制直线，绘制的过程中可以通过查看光标的不同形状来绘制水平线或者竖直线。

在【草图】工具栏单击【直线】按钮 ，将光标移动到绘图区，光标的形状变为 ，在绘图区单击后移动光标，当绘制的直线为斜线时，如图2-11所示。

当绘制水平线时，系统自动添加【水平】几何关系，如图2-12所示。当绘制竖直线时，系统自动添加【竖直】几何关系，如图2-13所示。

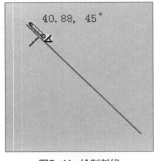
图2-11 绘制斜线

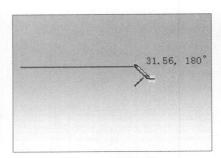
图2-12 绘制水平线

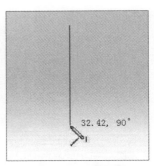
图2-13 绘制竖直线

2.2.2 绘制中心线

中心线的绘制和直线的绘制类似。

在草图工具栏单击【直线】 右侧的下三角按钮，如图2-14所示。在下拉列表中选择【中心线】选项，将光标移动到绘图区，光标的形状变为 。

在绘图区单击后移动光标，当绘制的中心线为斜线时，如图2-15所示。当绘制水平中心线时，系统自动添加【水平】几何关系，如图2-16所示。当绘制竖直中心线时，系统自动添加【竖直】几何关系，如图2-17所示。

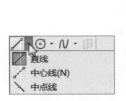
图2-14 中心线

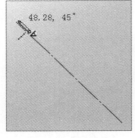
图2-15 斜中心线

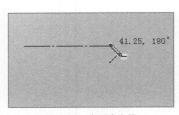
图2-16 水平中心线

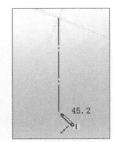
图2-17 竖直中心线

2.2.3 绘制圆

绘制圆的主要方式是圆心画圆，下面介绍具体操作方法。

单击草图工具栏中的【圆】按钮 ，将光标移动到绘图区，光标的形状变为 。

在绘图区单击，确定圆心的位置，移动光标，光标右侧的数值为半径的大小，如图2-18所示。单击确定圆的半径，完成圆的绘制，效果如图2-19所示。

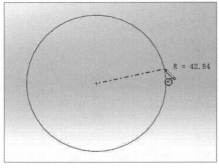
图2-18 提示半径的大小

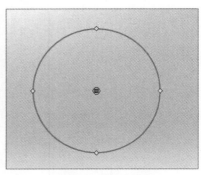
图2-19 绘制的圆

2.2.4 绘制周边圆

绘制圆的另外一种方式是周边画圆，下面介绍具体操作方法。

单击草图工具栏中的【圆】按钮⊙·右侧的下三角按钮，在下拉列表中选择【周边圆】选项，将光标移动到绘图区，光标的形状变为 ❧，在绘图区单击，确定圆上的第一点，然后移动光标，光标右侧的数值表示半径的大小，如图2-20所示。

单击确定圆的第二点，在合适的位置单击确定圆上的第三点，完成圆的绘制，如图2-21所示。

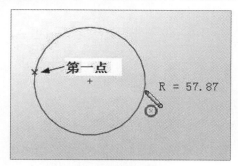
图2-20 周边圆第一点

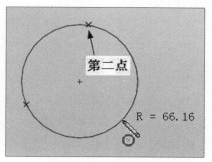
图2-21 周边圆第二点

2.2.5 绘制圆弧

用户可以根据SolidWorks提供的绘制圆弧的方式，绘制需要的圆弧，方式包括圆心/起/终点弧、切线弧、三点圆弧。下面分别详细介绍使用不同方式绘制圆弧的方法。

1. 圆心/起/终点画弧

下面具体介绍使用圆心/起/终点画弧绘制圆弧的操作方法。

单击【草图】工具栏中的【圆心/起/终点画弧】按钮❧，将光标移动到绘图区，光标的形状变为❧时，在绘图区单击，确定圆心的位置，然后移动光标，光标右侧显示半径的大小，如图2-22所示。

单击确定圆弧的起点，继续移动光标，在光标右侧显示圆弧的角度，如图2-23所示。在合适的角度位置单击确定圆弧的终点，完成圆弧的绘制，效果如图2-24所示。

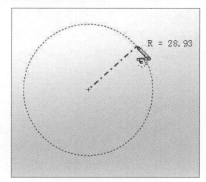
图2-22 圆心/起/终点画弧

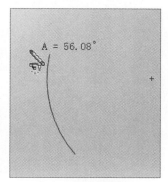
图2-23 圆弧的起点

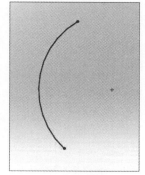
图2-24 圆弧

2. 切线弧

下面介绍使用切线弧绘制圆弧的具体步骤。

首先单击【草图】工具栏中的【切线弧】按钮❧，将光标移动到绘图区，光标的形状变为❧时，绘图区已有的圆弧如图2-25所示。

然后，单击切线圆弧的第一点，移动光标，光标右侧显示圆弧半径的大小，如图2-26所示。

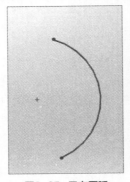

图2-25 已有圆弧

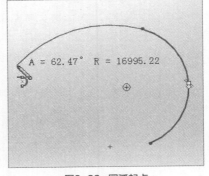

图2-26 圆弧起点

最后，继续单击切线圆弧上的第二点，如图2-27所示。继续绘制连续的切线弧，在合适的位置单击确定圆弧的终点，按ESC键完成切线弧的绘制，效果如图2-28所示。

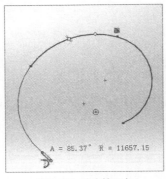

图2-27 确定第二点

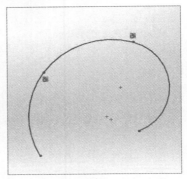

图2-28 圆弧

3. 三点圆弧

下面介绍使用三点圆弧绘制圆弧的具体操作方法。

单击【草图】工具栏中的【三点圆弧】按钮 ，将光标移动到绘图区，光标的形状变为 时，在绘图区域单击，确定圆弧的起点位置。移动光标，光标旁的数值提示弦长，如图2-29所示。

单击确定圆弧上的终点，移动光标，光标右侧的数值为圆弧的圆心角和半径的大小，如图2-30所示。继续单击确定圆弧的位置和形状，完成圆弧的绘制，效果如图2-31所示。

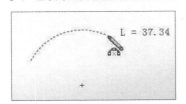

图2-29 提示弦长

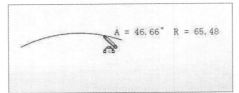

图2-30 提示圆心角和半径的大小

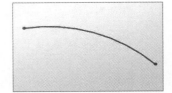

图2-31 圆弧

2.2.6 绘制椭圆

绘制椭圆时，需要选指定椭圆的中心、短半轴长和长半轴长，下面介绍椭圆的绘制方法。

单击草图工具栏中的【椭圆】按钮 ，将光标移动到绘图区，光标的形状变为 时，在绘图区单击，确定椭圆中心的位置。移动光标，光标右侧的数值为短半轴和长半轴的大小，如图2-32所示。

将光标移动到适合的位置，以确定椭圆的一个半轴长度和方向，如图2-33所示。继续移动光标，在合适的位置单击，确定椭圆的另外一个半轴长度，即可完成椭圆的绘制，如图2-34所示。

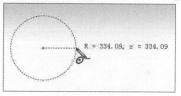
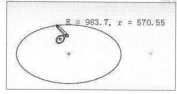
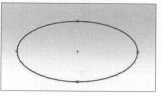

图2-32　椭圆中心　　　　图2-33　椭圆的一个半轴长和方向　　　　图2-34　椭圆

2.2.7　绘制部分椭圆

下面介绍绘制部分椭圆的具体操作方法。

首先，单击草图工具栏中的【椭圆】 ◎ 右侧的下三角按钮，在下拉列表中选择 ⏛ 部分椭圆(P) 选项，将光标移动到绘图区，光标的形状变为 ≥，在绘图区单击，确定椭圆中心的位置。移动光标，光标旁的数值为短半轴和长半轴的大小，如图2-35所示。将光标移动到适合的位置，以确定椭圆的一个半轴长度和方向，如图2-36所示。

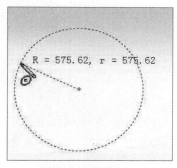
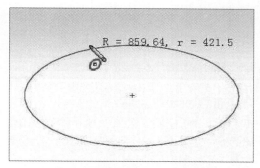

图2-35　椭圆中心　　　　　　　　图2-36　椭圆的一个半轴长和方向

然后，继续移动光标，在合适的位置单击，确定椭圆弧的一个端点，得到如图2-37所示。在合适的位置单击，确定椭圆弧的另外一个端点，按ESC键结束圆弧的绘制，最终效果如图2-38所示。

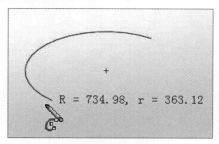
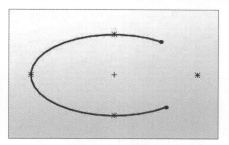

图2-37　椭圆弧一个端点　　　　　　　图2-38　椭圆弧

2.2.8　绘制抛物线

下面介绍绘制抛物线的具体操作方法。

首先，单击草图工具栏中的【椭圆】 ◎ 右侧的下三角按钮，在下拉列表中选择 ∪ 抛物线 选项，将光标移动到绘图区，光标的形状变为 ≥ 时，在绘图区单击，确定抛物线焦点的位置，如图2-39所示。移动光标到合适位置单击，确定抛物线的一个端点，如图2-40所示。

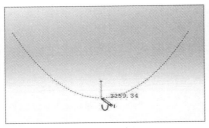

图2-39 抛物线的焦点

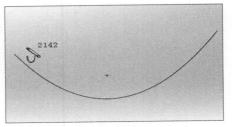

图2-40 确定抛物线的端点

最后在合适的位置单击，确定抛物线的另外一个端点，即可完成抛物线的绘制，效果如图2-41所示。

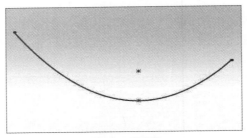

图2-41 抛物线

2.2.9 绘制圆锥双曲线

下面介绍绘制圆锥双曲线的具体操作方法。

首先，单击草图工具栏中的【椭圆】 ⊘ 右侧的下三角按钮，在下拉列表中选择 ∩ 圆锥 选项，将光标移动到绘图区，光标的形状变为 时，在绘图区单击，确定圆锥双曲线的一个端点，移动光标到合适的位置单击确定另外一个端点，如图2-42所示。

然后，移动光标，在合适的位置单击，确定圆锥双曲线的方向，如图2-43所示。移动光标，在合适的位置单击，完成圆锥双曲线的绘制，效果如图2-44所示。

图2-42 确定端点

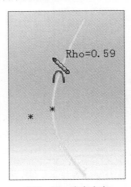

图2-43 确定方向

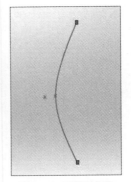

图2-44 圆锥双曲线

2.3 绘制草图高级曲线

绘制草图的高级曲线包括矩形、槽口曲线、多边形、样条曲线、绘制圆角、绘制倒角和文字等。下面将逐一介绍每种高级曲线的详细画法和步骤。

2.3.1　绘制矩形

矩形的绘制包括边角矩形、中心矩形、3点边角矩形、3点中心矩形和平行四边形5种绘制方法，用户可根据需要选择不同的方法。

1. 边角矩形

下面介绍使用【边角矩形】绘制矩形的操作方法。

首先，单击草图工具栏中的【边角矩形】按钮 □ 边角矩形，将光标移动到绘图区，光标的形状变为 时，在绘图区单击，确定边角矩形的第一个角点，然后移动光标，光标右侧的数值为矩形的长度和宽度，如图2-45所示。

最后，在合适的位置单击，确定边角矩形的第二个角点，得到2-46所示的矩形。

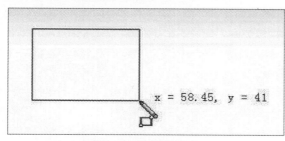

图2-45　确定两个角点

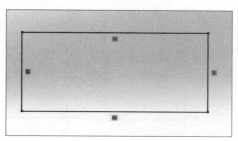

图2-46　边角矩形

2. 中心矩形

使用【中心矩形】绘制矩形，下面介绍具体的操作方法。

首先，单击草图工具栏中的【中心矩形】按钮 回 中心矩形，将光标移动到绘图区，光标的形状变为 时，在绘图区单击，确定中心矩形的中心点。移动光标，光标右侧的数值表示矩形的长度和宽度，如图2-47所示。

最后，在合适的位置单击，确定边角矩形的大小，即可完成矩形的绘制，效果如图2-48所示。

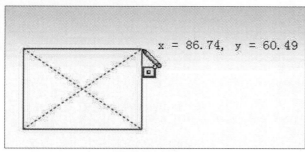

图2-47　确定中心

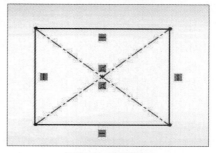

图2-48　中心矩形

3. 点边角矩形

使用【3点边角矩形】绘制矩形，下面介绍具体的操作方法。

首先，单击草图工具栏中的【3点边角矩形】按钮 ◇ 3点边角矩形，将光标移动到绘图区，光标的形状变为 时，在绘图区单击，移动光标，确定矩形的方向。光标旁的数值提示矩形的一条边长度和倾斜的角度，如图2-49所示。

然后，单击之后继续移动光标，确定矩形的另外一条边的长度和倾斜的角度，如图 2-50所示。在适合的位置单击，完成矩形的绘制，效果如图2-51所示。

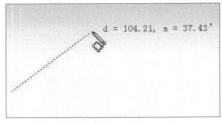 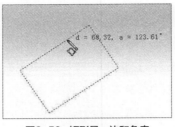 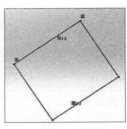

图2-49 确定矩形一边长度和角度　　图2-50 矩形另一边和角度　　图2-51 矩形

4. 点中心矩形

下面介绍使用【3点中心矩形】绘制矩形的操作方法。

首先，单击草图工具栏中的【3点中心矩形】按钮 ◇ 3点中心矩形 ，将光标移动到绘图区，光标的形状变为 ▶ 时，在绘图区单击，确定矩形的中心。移动光标，确定矩形的方向，光标旁的数值提示矩形的一条边长度的一半和倾斜的角度，如图2-52所示。

然后，单击之后继续移动光标，确定矩形的另外一条边的长度和倾斜的角度，如图 2-53所示。在适合的位置单击，完成矩形的绘制，效果如图2-54所示。

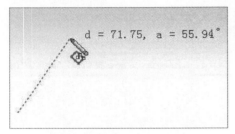 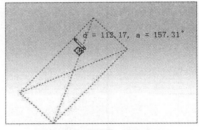 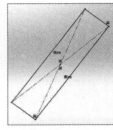

图2-52 确定中心、边长和角度　　图2-53 矩形另一边和角度　　图2-54 矩形

5. 平行四边形

下面介绍使用【平行四边形】绘制矩形的操作方法。

首先，单击草图工具栏中的【平行四边形】按钮 ⏥ 平行四边形 ，将光标移动到绘图区，光标的形状变为 ▶ 时，在绘图区单击，确定平行四边形起点。移动光标，确定矩形的方向，光标旁的数值提示平行四边形的一条边的长度和倾斜的角度，如图2-55所示。

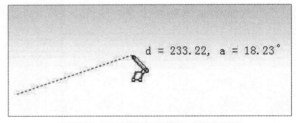

图2-55 确定平行四边形的一条边和角度

然后，单击之后继续移动光标，确定平心四边形的另外一条边的长度和倾斜的角度，如图 2-56所示。在适合的位置单击，完成平行四边形的绘制，效果如图2-57所示。

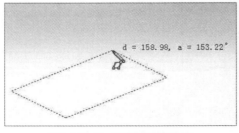 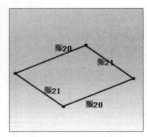

图2-56 另一条边的长度和角度　　图2-57 平行四边形

实例　将草图转换为构造元素

通过学习草图的绘制后，下面通过案例形式进一步巩固所学的知识。主要使用中心矩形、绘制圆角和圆功能绘制草图实体，然后通过直线、镜像实体将草图实体转换为构造元素。

Step 01 新建零件文件，进入零件设计环境，单击草图工具栏上的【草图绘制】按钮 ⊏，系统提示进入选择基准面，在绘图区选择【前视基准面】，如图2-58所示。

Step 02 进入草图绘制界面，单击草图工具栏中的【中心矩形】按钮 ⊡，绘制如图2-59所示的矩形。

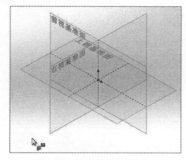

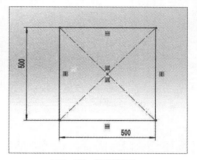

图2-58　进入草图绘制界面　　　　　　图2-59　绘制矩形

Step 03 单击草图工具栏中的【绘制圆角】按钮 ⊓，在圆角参数栏中填入50，依次选择【要圆角化的实体】，绘制的圆角矩形，如图2-60所示。

Step 04 单击草图工具栏中的【圆】按钮 ⊙，在矩形的中心绘制圆形，并标注圆的直径为300，如图2-61所示。选中直径300的圆，在【圆】属性管理器中勾选【作为构造线】复选框，如图2-62所示。

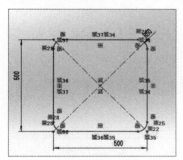

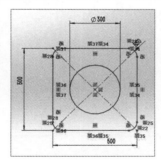

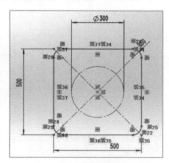

图2-60　绘制圆角　　　　　图2-61　绘制圆　　　　　图2-62　圆转换为构造线

Step 05 单击草图工具栏中的【圆】按钮 ⊙，在直径300的圆上绘制小圆，并标注圆的直径为50，如图2-63所示。

Step 06 单击草图工具栏中的【圆周草图阵列】按钮 ✦圆周草图阵列，将直径为50的圆选为【要阵列的实体】，将直径300的圆的中心点设为【参数】选项中的中心点，如图2-64所示。

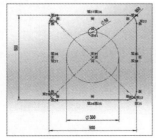

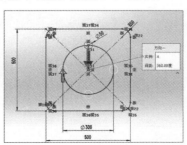

图2-63　画小圆　　　　　　图2-64　圆周阵列草图

Step 07 在草图实体右侧绘制直线并选中，勾选【线条属性】选项区域中的【作为构造线】复选框，如图2-65所示。

Step 08 单击在草图工具栏中的【镜像实体】按钮 镜向实体，选中对称中心线左边的草图实体，在【镜像】管理器中的【镜像点】选项区域中选中对称中心线，单击 ✔ 按钮，如图2-66所示。

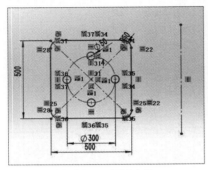

图2-65 对称中心线

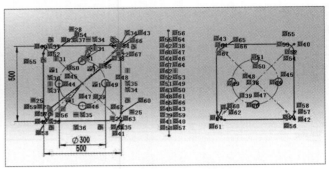

图2-66 镜像实体

Step 09 依次执行【视图】|【隐藏/显示】|【草图几何关系】命令，隐藏草图几何关系，如图2-67所示。

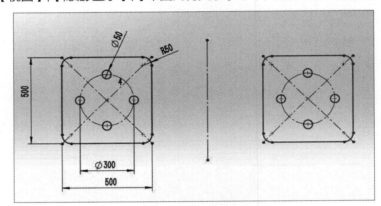

图2-67 隐藏几何关系

2.3.2 绘制槽口曲线

槽口曲线包括直槽口、中心点直槽口、三点圆弧槽口、中心点圆弧槽口。其中直槽口最常用，下面介绍直槽口的绘制步骤。

首先，单击【草图】工具栏中的【直槽口】按钮 ，将光标移动到绘图区，光标的形状变为 ╲ 时，在绘图区单击，然后移动光标，如图2-68所示。

然后，再次单击确定槽口的长度，继续移动光标改变槽口的宽度，如图2-69所示。

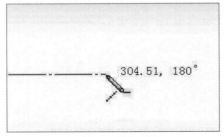

图2-68 确定槽口长度

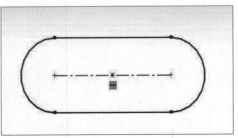

图2-69 确定槽口宽度

最后，继续单击确定槽口轮廓，完成直槽口的绘制，效果如图2-70所示。

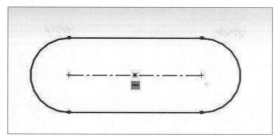

图2-70 直槽口

2.3.3 多边形

多边形需要设定中心点和边数，以绘制一个正六边形为例，下面介绍具体的操作方法。

首先，单击草图工具栏中的◎按钮，将光标移动到绘图区，光标的形状变为⬙时，在左侧的FeatureManager的参数区中设置边数为6，选择【内切圆】单选按钮，如图2-71所示。

然后，在绘图区单击，移动光标，光标旁数值显示角度和内切圆直径的大小，如图2-72所示。在合适的位置单击，完成六边形的绘制，效果如图2-73所示。

图2-71 参数选择

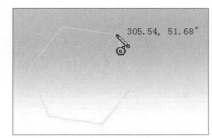

图2-72 确定半径和角度

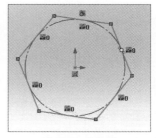

图2-73 六边形

2.3.4 样条曲线

绘制样条曲线时，可以添加两个或多个指定样条曲线的控制点，以某种插值的方式添加样条曲线。下面介绍绘制样条曲线的操作方法。

首先，单击草图工具栏中的∿按钮命令，将光标移动到绘图区，光标的形状变为⬙时，在绘图区单击，确定样条曲线的起点，如图2-74所示。移动光标，单击确定样条曲线的第二点，如图2-75所示。

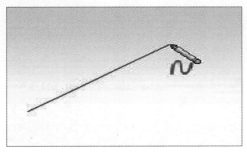

图2-74 确定起点

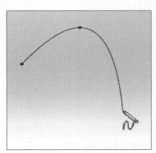

图2-75 确定第二点

然后，移动光标，单击确定样条曲线的第三点，如图2-76所示。移动光标，单击确定样条曲线的终点，如图2-77所示。

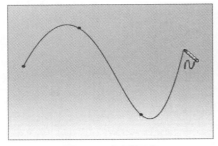

图2-76 确定第三点

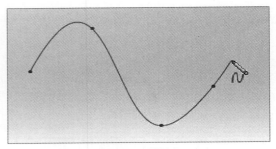

图2-77 确定终点

绘制完成后，按ESC键结束样条曲线的绘制，效果如图2-78所示。

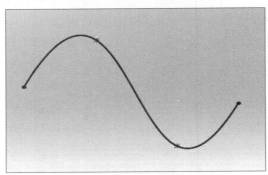

图2-78 样条曲线

2.3.5 绘制圆角

下面介绍绘制圆角的操作方法。

首先，单击【草图】工具栏中的 按钮命令，FeatureManager切换到【绘制圆角】属性管理器，如图2-79所示。

然后，在【要圆角化的实体】列表栏中选择两条直线或者选择两条直线的交点，在【圆角参数】中输入圆角的半径10，如图2-80所示。

设置完成后，单击 【确定】按钮，得到如图2-81所示的圆角。

图2-79 【绘制圆角】属性管理器

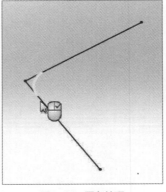

图2-80 圆角处理

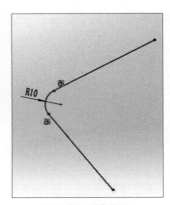

图2-81 圆角效果

2.3.6 绘制倒角

绘制倒角有三种方式，分别为角度距离、距离-距离和相等距离。下面介绍这三种方法的绘制过程。

1. 角度距离

下面介绍【角度距离】绘制倒角的操作方法。

首先单击草图工具栏中的╮右侧下三角按钮，在下拉列表中选择【绘制全角】选项，FeatureManager切换到【绘制倒角】属性管理器，如图2-82所示。

然后在【倒角参数】选项区域中选择【角度距离】单选按钮，选择两条直线，或选择两条直线的交点。在【距离】数值框中输入要生成的倒角的距离10mm，在【角度】数值框中输入倒角的角度45度，单击【确定】按钮，完成绘制，效果如图2-83所示。

图2-82 【绘制倒角】属性管理器

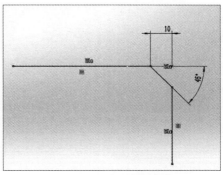

图2-83 角度距离倒角

2. 距离-距离

下面介绍【距离-距离】绘制倒角的操作方法。

单击草图工具栏中的╮右侧的下三角按钮，在下拉列表中选择【绘制倒角】选项，FeatureManager切换到【绘制倒角】属性管理器，如图2-84所示。

在【倒角参数】选项区域中选择【距离-距离】单选按钮，选择两条直线，或选择两条直线的交点。在第一个【距离】文本框中输入要生成的倒角的距离10mm，在第二个【距离】文本框中输入要生成的倒角的距离10mm，单击【确定】按钮，完成绘制，效果如图2-85所示。

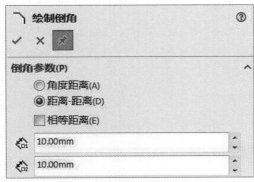

图2-84 【绘制倒角】属性管理器

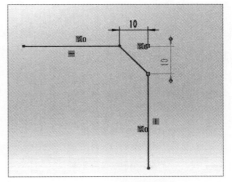

图2-85 距离-距离倒角

3. 相等距离

【相等距离】绘制倒角的步骤如下。

单击草图工具栏中的╮右侧下三角按钮，在下拉列表中选择【绘制倒角】选项，FeatureManager

切换到【绘制倒角】属性管理器，如图2-86所示。

在【倒角参数】选项区域中勾选【相等距离】复选框，选择两条直线，或选择两条直线的交点。在【距离】文本框中输入要生成的倒角的距离10mm，单击【确定】按钮，完成绘制，效果如图2-87所示。

图2-86 【绘制倒角】属性管理器

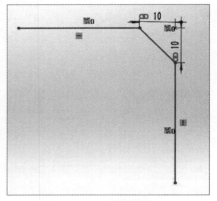

图2-87 相等距离倒角

2.3.7 文字

在草图里面绘制文字，需要为文字选择依附的曲线。下面介绍绘制文字的具体操作方法。

绘图区已有的样条曲线，如图2-88所示。单击【草图】工具栏中的【文字】按钮 A，将光标移动到绘图区，光标的形状变为 。

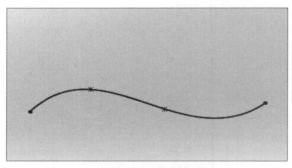

图2-88 原有曲线

FeatureManager切换到【草图文字】属性管理器。选择现有曲线，在【文字】文本框中输入SolidWorks2018，单击【两端对齐】按钮，如图2-89所示。单击【确定】按钮，完成绘制，如图2-90所示。

图2-89 【草图文字】

图2-90 草图文字

2.4 草图编辑

草图编辑包括操纵草图、剪裁、延伸、转换实体引用和等距草图等，下面详细介绍各个命令的使用方法。

2.4.1 操纵草图

操纵草图的命令主要包括移动、复制、旋转、缩放、删除草图。

1. 移动草图

下面介绍移动草图的具体操作方法。

单击草图工具栏上的【移动实体】按钮 移动实体 ，将FeatureManager切换到【移动】属性管理器，在【要移动的实体】列表框中选择要移动的槽口草图，如图2-91所示。

单击【参数】下方的【起点】框，选择基准点，如图2-92所示。移动光标倒合适位置，单击确定位置后，完成移动草图的操作，如图2-93所示。

图2-91 【移动】属性管理器

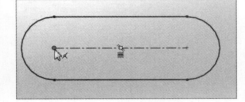

图2-92 选择基准点

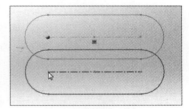

图2-93 移动草图

2. 复制草图

下面介绍复制草图的具体操作方法。

单击草图工具栏上的【移动实体】 移动实体 右侧的下三角按钮，在下拉列表中选择【复制实体】选项，将FeatureManager切换到【复制】属性管理器，在【要复制的实体】列表框选择要复制的槽口草图，如图2-94所示。

单击【参数】下方的【起点】框，选择基准点，移动光标到合适位置，如图2-95所示。单击确定位置后，完成复制草图的操作，如图2-96所示。

图2-94 【复制】属性管理器

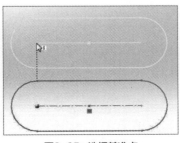

图2-95 选择基准点

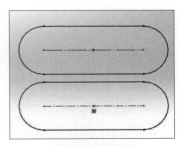

图2-96 复制草图

3. 旋转草图

下面介绍旋转草图的具体操作方法。

单击草图工具栏上的【移动实体】 移动实体 右侧的下三角按钮，在下拉列表中选择【旋转实体】选项，将FeatureManager切换到【旋转】属性管理器，单击【要旋转的实体】框，选择要旋转的槽口草图，如图2-97所示。

单击【参数】下方的【旋转中心】框，选择基准点，在【角度】数值框中输入45度，效果如图2-98所示。单击【确定】按钮，完成旋转草图的操作，如图2-99所示。

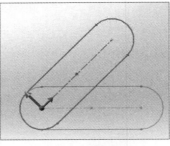
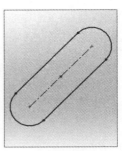

图2-97 【旋转】属性管理器　　　图2-98 选择基准点　　　图2-99 旋转草图

4. 缩放草图

下面介绍缩放草图的具体操作方法。

单击草图工具栏上的【移动实体】 移动实体 右侧的下三角按钮，在下拉列表中选择【缩放实体比例】选项，将FeatureManager切换到【比例】属性管理器，单击【要缩放比例的实体】框，选择要旋转的槽口草图，如图2-100所示。

单击【参数】下方的【比例缩放点】框，选择基准点，在【比例因子】框中输入1.5，效果如图2-101所示。单击【确定】按钮，完成缩放草图的操作，如图2-102所示。

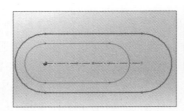
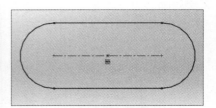

图2-100 【比例】属性管理器　　　图2-101 选择基准点　　　图2-102 缩放草图

5. 删除草图

删除草图的常用操作有以下两种。

方法一：选中要删除的草图实体，按Delete键即可删除。

方法二：选中要删除的草图实体并右击，在弹出的快捷菜单中选择【删除】命令，即可删除选中的草图实体，如图2-103所示。

图2-103 快捷菜单删除

2.4.2　剪裁草图

剪裁草图有强劲剪裁、边角、在内剪除、在外剪除和剪裁到最近端五种方法。其中强劲剪裁和剪裁到最近端最常用。

1. 强劲剪裁

下面介绍强劲剪裁的具体操作方法。

单击草图工具栏上的【剪裁实体】按钮，将FeatureManager切换到【剪裁】属性管理器，单击【强劲剪裁】按钮■■■，按住鼠标左键，并在要剪裁的实体上拖动光标，如图2-104所示。凡是光标触及的实体都会被剪裁掉。

释放鼠标左键，单击【确定】按钮✔，剪裁后的绘制效果如图2-105所示。

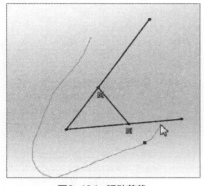

图2-104　强劲剪裁

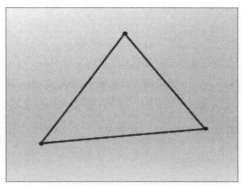

图2-105　绘制效果

2. 边角剪裁

下面介绍边角剪裁的具体操作方法。

单击草图工具栏上的【剪裁实体】按钮✄，将FeatureManager切换到【剪裁】属性管理器，单击【边角】按钮┝─边角，选择两个实体，如图2-106所示。

单击【确定】按钮✔，剪裁后的绘制效果如图2-107所示。

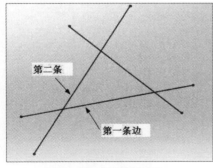

图2-106　选择两个实体

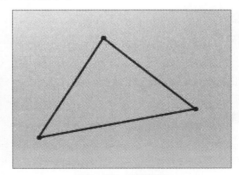

图2-107　绘制效果

3. 在内剪除

在内剪除主要用于两个所选边界之间的开环实体。下面介绍在内剪除的具体操作方法。

单击草图工具栏上的【剪裁实体】按钮✄，将FeatureManager切换到【剪裁】属性管理器。单击【在内剪除】按钮╪╪ 在内剪除⑷，选择两个边界实体或者一个闭环草图实体作为剪裁的边界，再单击要剪裁的实体，如图2-108所示。单击【确定】按钮✔，剪裁后的绘制效果如图2-109所示。

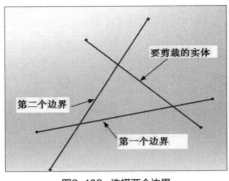

图2-108 选择两个边界

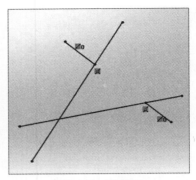

图2-109 绘制效果

4. 在外剪除

下面介绍在外剪除的具体操作方法。

单击草图工具栏上的【剪裁实体】按钮 ，将FeatureManager切换到【剪裁】属性管理器。单击【在外剪除】按钮 ，选择两个边界实体或者一个闭环草图实体作为剪裁的边界，再单击要剪裁的实体，如图2-110所示。单击【确定】按钮 ，剪裁后的绘制效果如图2-111所示。

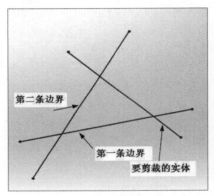

图2-110 选择两个边界

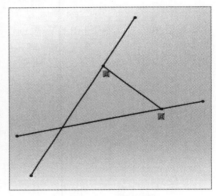

图2-111 绘制效果

5. 剪裁到最近端

剪裁到最近端可以剪裁所选草图实体，直到与最近的其他草图实体的交叉点。下面介绍剪裁到最近端的具体操作方法。

单击草图工具栏上的【剪裁实体】按钮 ，将FeatureManager切换到【剪裁】属性管理器。单击【剪裁到最近端】按钮 ，单击要剪裁的实体，如图2-112所示。单击【确定】按钮 ，剪裁后的绘制效果如图2-113所示。

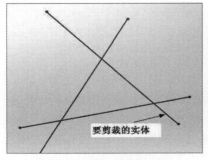

图2-112 单击要剪裁的实体

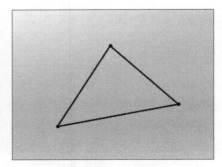

图2-113 绘制效果

2.4.3 延伸草图

延伸草图用于延伸一个草图实体至另外一个草图实体，并与之相交，封闭开环草图。下面介绍延伸草图的具体操作方法。

单击草图工具栏上的【延伸实体】按钮 T 延伸实体，光标变为 ↘T 形状，如图2-114所示。

将光标移动到欲延伸的草图实体上，预览结果按延伸实体的方向以橙红色出现。单击草图实体以延伸实体，如图2-115所示。

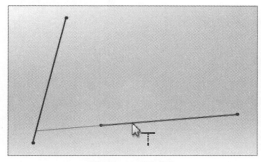
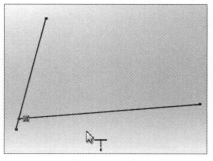

图2-114　延伸实体　　　　　　　　　　　　　　图2-115　延伸

2.4.4 转换实体引用

转换实体引用是非常有效的草图实体编辑工具。该命令可以将边线、环、面、外部草图曲线、外部草图轮廓、一组边线或者一组外部草图曲线投影到草图基准面上，在草图上生成一个或多个实体。下面介绍转换实体引用的具体操作方法。

选择模型边线使其处于激活状态，如图2-116所示。单击草图工具栏中的【转换实体引用】按钮 ⬚，即可完成边线的转换引用，如图2-117所示。

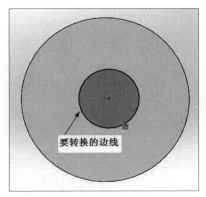
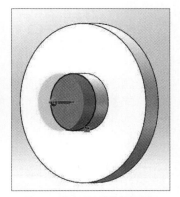

要转换的边线

图2-116　选择模型边线　　　　　　　　　　　图2-117　完成边线的转换引用

2.4.5 等距草图

等距草图是将草图实体在法线方向上偏移相等的距离，生成和草图实体相同形状的草图。

【等距草图】属性管理器中有多种等距功能，包括反向、双向、构造几何体等选项。用户可根据需要选择。常用等距草图的操作方法如下。

单击草图工具栏上【等距草图】按钮 ⟋，将FeatureManager切换到【等距实体】属性管理器。在属性管理器中设置距离为20mm，如图2-118所示，单击选择要等距的直线，如图2-119所示。

图2-118 等距实体管理器

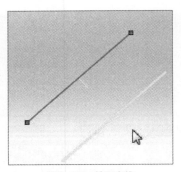

图2-119 等距直线

设置完成后，单击【确定】按钮✔，等距效果如图2-120所示。

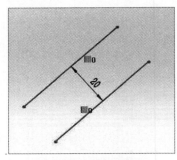

图2-120 等距直线效果

2.4.6 镜像草图

SolidWorks可以沿直线镜像草图实体，生成的镜像实体与原实体的草图之间具有对称关系。下面介绍镜像草图的具体操作方法。

单击草图工具栏上的【镜像实体】按钮⊪ 镜向实体，将FeatureManager切换到【镜像实体】属性管理器。在【要镜像的实体】选项中选择中心线左边的直线，在【镜像点】选项中选择中心线，如图2-121所示。此时预览结果如图2-122所示。

设置完成后，单击【确定】按钮✔，完成镜像操作，效果如图2-123所示。

图2-121 镜像实体属性管理器

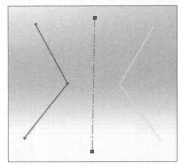

图2-122 预览镜像

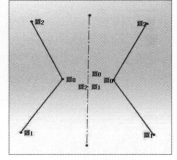

图2-123 镜像草图

2.4.7 草图阵列

在绘图过程中如果需要绘制规律排列的草图时，用户可以使用【线性草图阵列】和【圆周草图阵列】功能，从而提高绘制草图的效率。

1. 线性草图阵列

下面介绍线性草图阵列的具体操作方法。

单击工具栏上的【线性草图阵列】按钮 ⣿ 线性草图阵列，将FeatureManager切换到【线性阵列】属性管理器，在方向1选项组中选择【X轴】，间距设置为30mm，实例数设置为4，如图2-124所示。在方向2选项组中选择【Y轴】，间距设置为28mm，实例数设置为3，如图2-125所示。

图2-124 方向1选项组

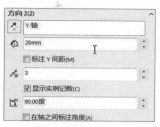
图2-125 方向2选项组

在【要阵列的实体】选项中选择圆，如图2-126所示。单击【确定】按钮 ✔，完成阵列操作，效果如图2-127所示。

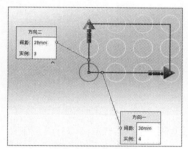
图2-126 选择圆

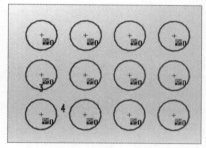
图2-127 完成阵列操作

2. 圆周草图阵列

下面介绍圆周草图阵列的具体操作方法。

单击工具栏上的【圆周草图阵列】按钮 ⣿ 圆周草图阵列，将FeatureManager切换到【圆周阵列】属性管理器，在【参数】选项区域中选择大圆的中心点，数量设置为6，如图2-128所示。

在【要阵列的实体】中选择小圆，如图2-129所示。单击【确定】按钮 ✔，完成阵列操作，如图2-130所示。

图2-128 设置中心点和数量

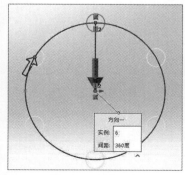
图2-129 选择小圆

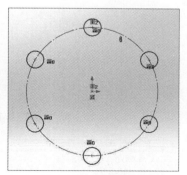
图2-130 完成阵列操作

实例 绘制皮带轮零件图

皮带轮属于盘毂类零件，一般相对尺寸比较大，制造工艺上一般以铸造、锻造为主。下面将介绍皮带轮零件图的绘制方法，具体步骤如下。

Step 01 执行【文件】|【新建】命令，在打开的【新建SOLIDWORKS文件】对话框中选择【零件】选项后，单击【确定】按钮，进入零件设计环境，如图2-131所示。

Step 02 在【特征】工具栏上单击【拉伸凸台/基体】按钮，进入草图绘制界面，如图2-132所示。在绘图区选择【前视基准面】作为零件的基准面，进入草图界面。

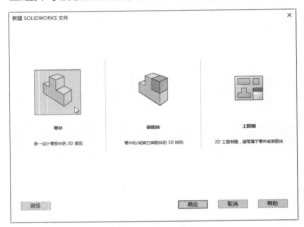

图2-131 新建零件　　　　　　　　　　图2-132 单击【拉伸凸台/基体】按钮

Step 03 在【草图】工具栏中单击【直线】下三角按钮，选择【中心线】选项，沿水平方向绘制一条中心线。然后单击【草图】工具栏中的【圆】按钮，以原点为中心绘制圆，再单击【智能尺寸】按钮，为圆标注直径尺寸为32，如图2-133所示。

Step 04 继续单击【圆】按钮，以原点为中心画圆，在内圆右侧绘制方形键槽，如图2-134所示。

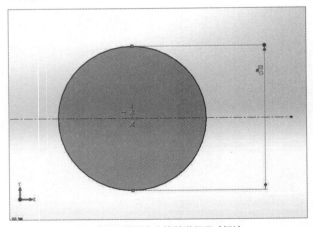
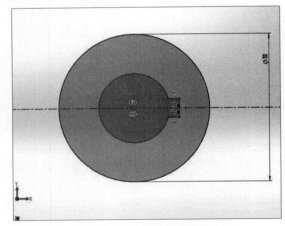

图2-133 绘制中心线并进行尺寸标注　　　　　　图2-134 绘制方形键槽

Step 05 单击【显示/删除几何关系】按钮，为上下两侧添加对称关系，然后单击【智能尺寸】按钮，为圆标注直径为15、键槽宽为4、键槽高到圆心距为9.6，如图2-135所示。

Step 06 单击绘图区右上角的退出草图按钮，进入拉伸特征模式，在左侧控制区选择【方向】为【两侧对称】，设置长度为30mm，如图2-136所示。

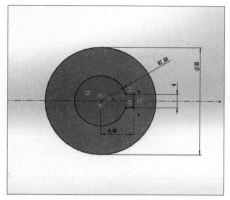

图2-135 添加尺寸标注

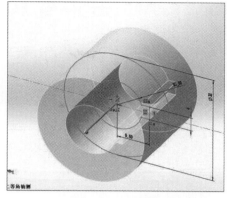

图2-136 拉伸模型

Step 07 单击绘图区右上角的 ✔ 按钮，查看效果，然后执行【保存】命令，如图2-137所示。

Step 08 单击【拉伸凸台/基体】按钮，选择【前视基准面】为草图基准面。以原点为中心绘制三个同心圆，选中中间的圆形，在左侧控制区PropertyManager选项卡下的【选项】区域勾选【作为构造线】复选框，使内圆与上述模型的外圆重合，如图2-138所示。

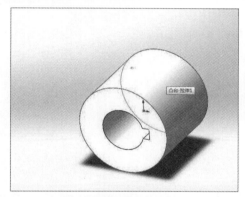

图2-137 查看拉伸模型后效果

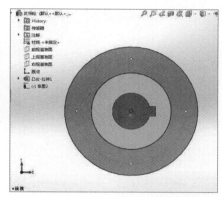

图2-138 绘制3个圆并以中间圆为辅助圆

Step 09 单击【草图】常用工具栏中的【智能尺寸】按钮，为圆添加标注，标注外圆直径为90、中间圆直径为60，如图2-139所示。

Step 10 单击【圆】按钮，以辅助圆边线为基准绘制一个圆。单击【智能尺寸】按钮，标注直径为24，单击【线性草图阵列】下三角按钮，选择【圆周草图阵列】选项，阵列出6个圆，如图2-140所示。

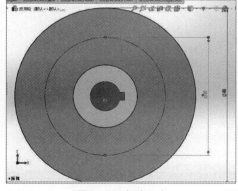

图2-139 标注尺寸

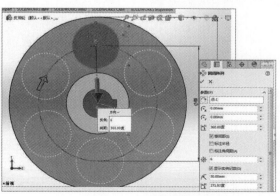

图2-140 绘制圆草图

Step 11 单击绘图区右上角的退出草图按钮，进入拉伸特征模式，在左侧控制区选择【方向1】为【两侧对称】，设置长度为6mm，如图2-141所示。

Step 12 单击【拉伸凸台/基体】按钮，选择【前视基准面】为草图基准面。以原点为中心绘制两个同心圆，内圆与上述模型的外圆重合，之后单击【智能尺寸】按钮，设置外圆标准尺寸为110，如图2-142所示。

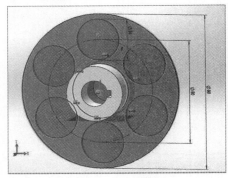
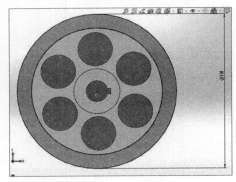

图2-141　阵列圆形　　　　　　　　　　　　图2-142　标注外圆

Step 13 单击绘图区右上角的退出草图按钮，进入拉伸特征模式，在左侧控制区选择【方向】为【两侧对称】，设置长度为22mm，如图2-143所示。

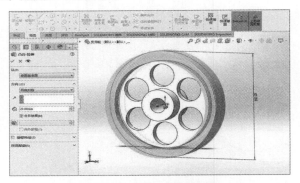

图2-143　两侧对称拉伸模型

Step 14 单击工具栏特征的【旋转切除】按钮，选择【上视基准面】为草图基准面。在最大圆内侧绘制皮带槽。绘制水平和垂直虚线作为辅助线，在水平虚线上绘制梯形，并执行镜像操作，如图2-144所示。

Step 15 单击【智能尺寸】按钮，标注梯形上边到原点的距离为50、两斜边角度为38°、梯形短边长为3、长边两侧点内距为3，如图2-145所示。

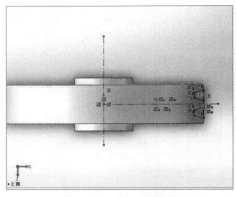
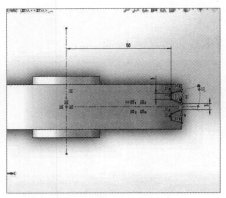

图2-144　绘制上下梯形　　　　　　　　　　图2-145　标注尺寸

Step 16 单击绘图区右上角的退出草图按钮，在左侧的控制区选择【旋转轴】为竖直辅助线，设置角度为360°，如图2-146所示。

Step 17 退出特征模式，查看最终效果效果，如图2-147所示。

图2-146 选择旋转轴

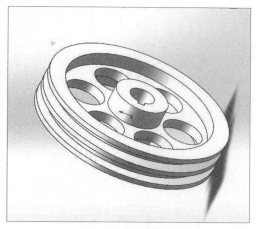

图2-147 皮带轮效果

2.4.8 将一般元素转换为构造元素

下面介绍将一般元素转换为构造元素的具体操作方法。

选中要转换的实体，如图2-148所示。在【属性】管理器中的【选项】选项区域中勾选【作为构造线】复选框，如图2-149所示。

单击【属性】管理器中✓按钮，或者单击绘图区空白处，完成操作，如图2-150所示。

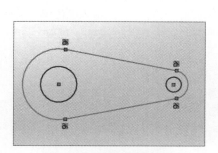

图2-148 选中要操作的实体

图2-149 构造线选项

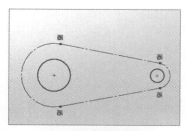

图2-150 完成构造操作

2.5 尺寸标注

在SolidWorks中，尺寸标注可以确定草图实体的大小、长度等要素，完全定义草图实体。标注草图实体最常用的是【智能尺寸】命令。下面将从线性尺寸标注、直径和半径尺寸标注、角度尺寸标注等方面介绍尺寸标注的方法和步骤。

2.5.1 度量单位

SolidWorks中最常用的尺寸标注的单位系统为MMGS（毫米、克、秒），若需要更改度量的单位系统请参照"1.3.7单位设置"来修改。

2.5.2 线性尺寸的标注

线性尺寸标注时，在【尺寸】属性面板中可以根据需要更改标注的样式，还可以调整精度和标注公差等数值。

单击【草图】工具栏中的【智能尺寸】按钮✐，选择直线，向直线的法向方向移动光标并单击。将FeatureManager切换到【尺寸】属性对话框，用户可以在【主要值】数值框中输入尺寸值500mm，如图2-151所示。也可以双击绘图区中的标注尺寸，在弹出的【修改】对话框中输入尺寸值500mm，如图2-152所示。

图2-151　尺寸属性管理器

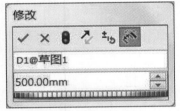
图2-152　【修改】对话框

设置完成后，单击【确定】按钮✓，完成尺寸的修改，效果如图2-153所示。

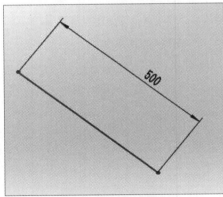
图2-153　线性标注

2.5.3 直径和半径尺寸的标注

下面介绍直径和半径尺寸的标注的具体操作方法。

单击常用草图工具栏中的【智能尺寸】按钮✐，选择圆或者圆弧，移动光标并单击。将FeatureManager切换到【尺寸】属性对话框，用户可以在【主要值】输入尺寸值40mm，如图2-154所示。也可以双击绘图区中的标注尺寸，在弹出的【修改】对话框中输入尺寸值40mm，如图2-155所示。

设置完成后，单击【确定】按钮✔，完成尺寸的修改，效果如图2-156所示。

图2-154　尺寸属性管理器

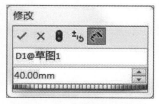

图2-155　【修改】对话框

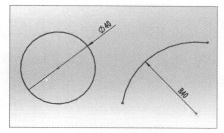

图2-156　直径和半径的标注

2.5.4　角度尺寸的标注

下面介绍角度尺寸的标注的具体操作方法。

单击常用草图工具栏中的【智能尺寸】按钮，选择有角度的两条直线。将FeatureManager切换到【尺寸】属性对话框，用户可以在【主要值】输入尺寸值30度，如图2-157所示。也可以双击绘图区中的标注尺寸，在弹出的【修改】对话框中输入尺寸值30度，如图2-158所示。

图2-157　尺寸属性管理器

图2-158　【修改】对话框

然后，单击【确定】按钮✔，完成尺寸的修改，效果如图2-159所示。

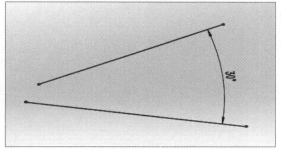

图2-159　角度的标注

2.6 几何关系

几何关系是草图实体之间或者草图与参考对象之间的关系，如直线之间的平行和垂直关系，圆之间的同心关系等。在SolidWorks中，直线的水平或者竖直、直线与圆弧相切、点与点的重合等可以在绘制草图的时候自动添加，而有些则需要用户通过SolidWorks提供的【添加几何关系】命令来实现。

2.6.1 自动添加几何关系

自动添加几何关系主要通过绘制的草图实体和捕捉的几何元素来实现。绘制草图时，能够捕捉草图的端点、终点、圆心、中点、相切点等几何元素。

1. 自动添加水平和垂直

绘制一条水平线，如图2-160所示。在绘制的过程中光标旁的▄符号表示自动给直线添加水平的几何关系，这样该直线就被约束为一条水平线。同样的，绘制一条垂直线，如图2-161所示。在绘制的过程中光标旁的▌符号表示该直线被约束为一条垂直线。

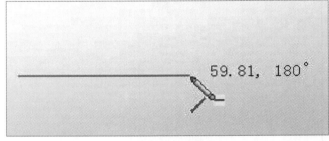 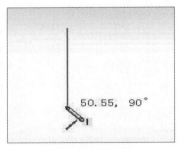

图2-160 水平线　　　　　　　　　　　图2-161 垂直线

2. 自动添加重合

在绘制草图的时候，如果光标和现有的实体重合，光标旁会显示▄符号，表示系统会自动添加重合的几何关系，如图2-162所示。若光标和现有实体的中心重合，光标旁会显示▄符号，表示系统自动添加中心的几何关系，如图2-163所示。

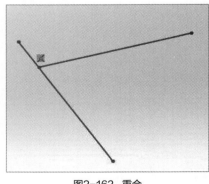 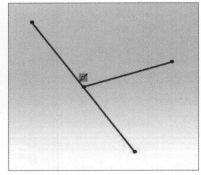

图2-162 重合　　　　　　　　　　　图2-163 中心重合

3. 自动添加垂直

在绘制草图的时候，如果绘制的直线与现有的草图实体垂直，如图2-164所示。光标旁会显示▄（垂直）符号，表示系统自动给直线和已存在的直线一个垂直的约束，单击后效果如图2-165所示。

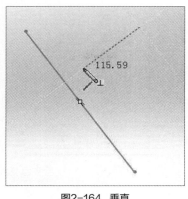

图2-164　垂直

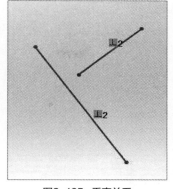

图2-165　垂直关系

4. 自动添加相切

　　在绘制草图的时候，如果绘制的直线与现有的圆相切，如图2-166所示。光标旁会显示 ▓（相切）符号，表示系统自动给直线和已存在圆一个相切的约束，单击后效果如图2-167所示。

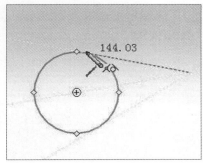

图2-166　相切

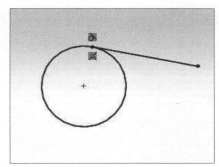

图2-167　相切关系

2.6.2　添加几何关系

　　对于不能自动产生的几何关系，用户可以通过SolidWorks提供的【添加几何关系】命令来实现。

1. 添加【平行】几何关系

　　选中要被添加【平行】几何关系的两条直线，如图2-168所示。在属性管理器中选择【平行】几何关系 ◣，如图2-169示。在绘图区空白处单击，完成添加平行几何关系，如图2-170所示。

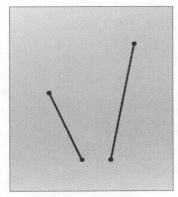

图2-168　任意两条直线

图2-169　属性管理器

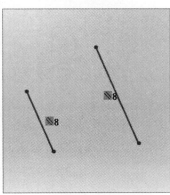

图2-170　平行关系

2. 添加【同心】几何关系

选中两个要被添加【同心】关系的圆，如图2-171所示。在属性管理器中选择【同心】几何关系 ，如图2-172所示。在绘图区空白处单击，完成添加同心几何关系，效果如图2-173所示。

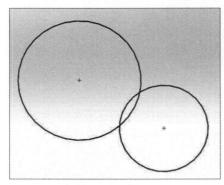

图2-171 任意两个圆

图2-172 属性管理器

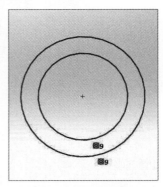

图2-173 同心几何关系

2.6.3 显示/删除和隐藏几何关系

在SolidWorks中，可以对已经添加的几何关系进行显示、隐藏和删除等操作。

单击草图工具栏中的【显示/删除几何关系】按钮 ⌊₀ ，将FeatureManager切换到【显示/删除几何关系】属性管理器，几何关系过滤选择【全部在此草图中】，如图2-174所示。草图中的几何关系全部显示在【几何关系】列表框中。若要删除某一几何关系或者全部删除几何关系，只要在【显示/删除几何关系】属性管理器下方点击删除或者删除所有即可。若要隐藏所有几何关系，依次单击【视图】||【隐藏/显示】||【草图几何关系】即可，再次操作，可显示草图几何关系。

图2-174 【显示/删除几何关系】属性管理器

上机实训：绘制刀盘支撑零件图

本章对SolidWorks二维草图绘制的相关命令的方法进行了详细介绍，为了巩固所学知识，下面将以绘制刀盘支撑零件图为例，具体介绍支撑类零件的绘制方法。

01 执行【文件>新建】命令，在打开的【新建SOLIDWORKS文件】对话框中选择【零件】选项后，单击【确定】按钮，进入零件设计环境，如图2-175所示。

02 在【特征】工具栏上单击【拉伸凸台/基体】按钮，进入草图绘制界面，如图2-176所示。

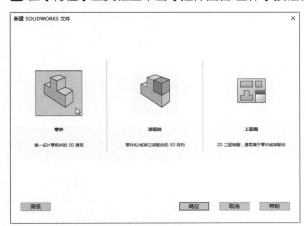

图2-175　新建零件

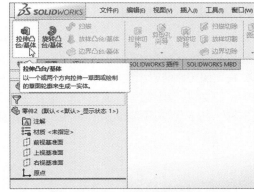

图2-176　单击【拉伸凸台/基体】按钮

03 在绘图区选择【前视基准面】作为零件的基准面，进入草图界面，如图2-177所示。

04 在【草图】工具栏中单击【直线】下三角按钮，选择【中心线】选项，沿水平方向绘制一条中心线。然后单击【草图】工具栏中的【圆】按钮，以原点为中心绘制圆，再单击【直线】按钮，在中心线上下两侧各绘制一条直线，如图2-178所示。

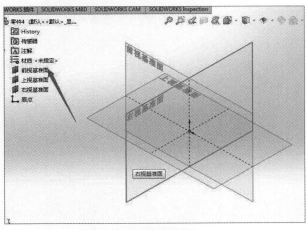

图2-177　确定草图基准面

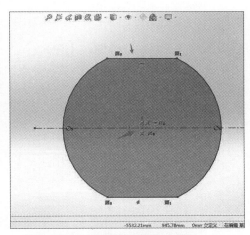

图2-178　在前视基准面绘制这个图像

05 单击【草图】常用工具栏中的【剪裁实体】按钮，裁剪两圆内弦上下两侧，如图2-179所示。

06 然后【草图】常用工具栏中的【智能尺寸】按钮，进行尺寸标注，标注圆半径为R为1985、上直线间距为1900、下直线距离为1660，如图2-180所示。

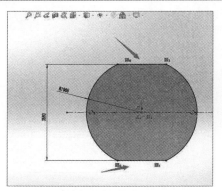
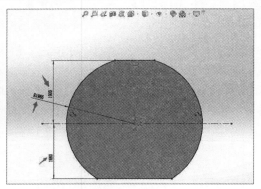

图2-179 裁剪圆弧　　　　　　　　　　图2-180 添加尺寸

07 单击绘图区右上角的【退出草图】按钮 ，进入拉伸特征模式，如图2-181所示。

08 在左侧控制区设置拉伸长度为732mm，单击绘图区右上角的 按钮，如图2-182所示。然后执行【文件>保存】命令，在打开的【另存为】对话框中选文件的保存路径后，设置【文件名】为【刀盘支撑后】，在后续的操作中随时注意保存。

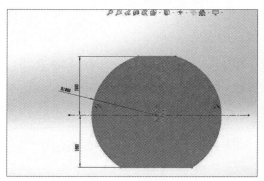
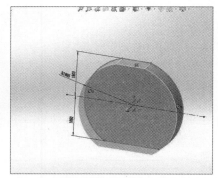

图2-181 标注尺寸　　　　　　　　　　图2-182 编辑拉伸尺寸

09 继续单击【拉伸凸台/基体】按钮，选择【前视基准面】为草图基准面。在【草图】常用工具栏中单击【圆】按钮，继续以原点为基准绘制圆，在左侧控制区的PropertyManager选项卡下的【选项】选项区域中勾选【作为构造线】复选框，如图2-183所示。

10 单击【草图】常用工具栏中的【智能尺寸】按钮，为圆添加标注，标注圆直径为Φ4058，如图2-184所示。

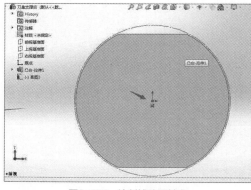
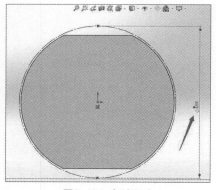

图2-183 绘制辅助圆基准　　　　　　　图2-184 标注尺寸

11 继续单击【圆】按钮，以辅助圆为圆心基准绘制两个同心圆。单击【智能尺寸】按钮，标注直径分别为50和100、距圆心高为1930。如图2-185所示。

12 继续单击【圆】按钮，以辅助圆为圆心基准绘制两个同心圆。单击【智能尺寸】按钮，标注直径分别为50和100、距原心高为1680，如图2-186所示。

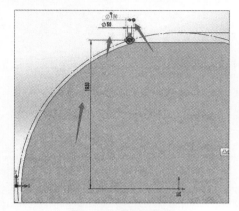
图2-185 绘制圆草图

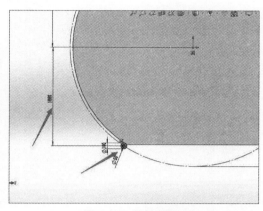
图2-186 绘制圆草图

13 单击【草图】常用工具栏中的【直线】按钮，为同心圆的外圆绘制边线，如图2-187所示。两侧边线与圆相切（下边线沿原图绘制折线即可，记得拉伸的图形需要封闭），如图2-188所示。

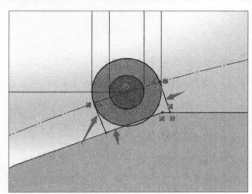
图2-187 单击【直线】按钮

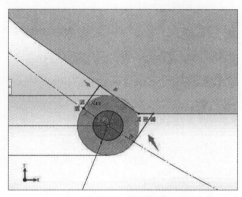
图2-188 绘制边线

14 之后单击【剪裁实体】按钮，如图2-189所示。将不需要的圆弧剪掉，效果如图2-190所示。

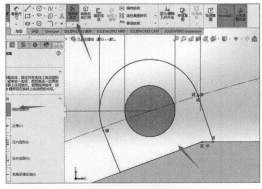
图2-189 单击【剪裁实体】按钮

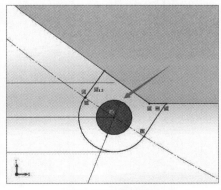
图2-190 裁剪圆弧

15 单击【直线】按钮，沿原点绘制竖直中心辅助线，如图2-191所示。

16 然后单击【镜向实体】按钮，将刚才所绘制的草图沿竖直中心镜像，单击绘图区右上角的 ✔ 按钮，如图2-192所示。

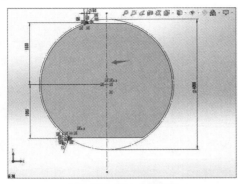

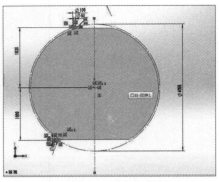

图2-191　画中心辅助线　　　　　　　　图2-192　镜像草图

17 单击绘图区右上角的【退出草图】按钮，在左侧的控制区设置拉伸长度为80mm，单击绘图区右上角的 ✔ 按钮，如图2-193所示。

18 单击【拉伸切除】按钮，选择【前视基准面】为草图基准面，如图2-194所示。

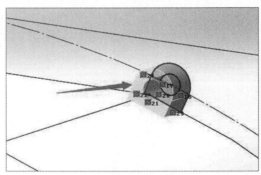

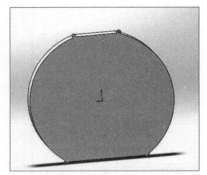

图2-193　拉伸吊耳　　　　　　　　　图2-194　单击【拉伸切除】按钮

19 在【草图】常用工具栏中单击【圆】按钮，继续以原点为基准绘制圆，在圆的下方绘制一个直槽口，再沿原点绘制一条竖直垂直线辅助线，如图2-195所示。

20 单击【智能尺寸】按钮，为草图添加尺寸标注，标注圆的直径为1500、直槽口两边半径为235、中间段为150、圆与直槽口中心距离为1300，如图2-196所示。

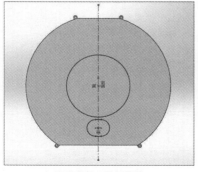

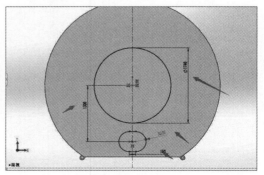

图2-195　绘制草图　　　　　　　　　图2-196　添加尺寸

21 单击【显示/删除几何关系】按钮，选择直槽口中心与辅助线，确定中点关系，如图2-197所示。

22 单击绘图区右上角的退出草图按钮⮌，在左侧的拉伸切除控制区选择【方向】为【完全贯穿】，进行贯穿操作（注意贯穿方向），如图2-198所示。

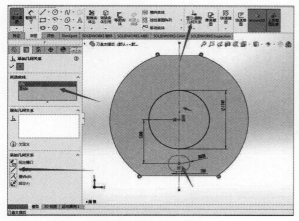

图2-197　添加几何关系

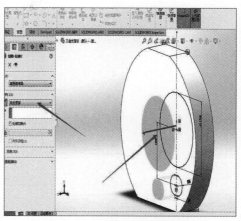

图2-198　选择【完全贯穿】选项

23 完成操作后查看最终效果并保存文件，如图2-199所示。

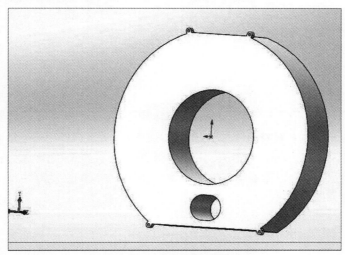

图2-199　查看效果并保存文件

Chapter

03

三维建模基础

本章概述

　　零件模型由各种特征生成，零件的设计过程就是特征的相互组合、叠加、切割和减除过程。特征可以分为基本特征、参考几何体和附加特征（如圆角特征、孔特征、镜像特征等）。本章主要讲解基本特征的操作和参考几何体的操作。

核心知识点

- 熟练掌握基本特征的操作方法
- 熟练掌握参考几何体的操作方法

3.1　拉伸凸台/基体特征

拉伸凸台/基体是将草图沿着一个或者两个方向延伸一定距离生成的特征，是SolidWorks中最常用的建模特征。

3.1.1　拉伸凸台/基体的操作

建立拉伸特征需要先绘制草图轮廓，然后规定拉伸方向。拉伸可以是拉伸基体、凸台、拉伸切除、薄壁或者曲面。本节只介绍拉伸凸台和基体，拉伸曲面将在第5章详细介绍。

下面介绍拉伸凸台/基体的具体操作方法。

首先，单击【标准】工具栏的【新建】按钮，系统弹出【新建SolidWorks文件】对话框，选择【零件】文件，单击【确定】按钮，进入零件设计环境。单击草图工具栏上的【草图绘制】按钮，在绘图区选择【上视基准面】，进入草图绘制界面，绘制如图3-1所示的直径为100mm的圆。

然后，单击【特征】常用工具栏上的【拉伸凸台/基体】按钮，将FeatureManager切换到【凸台-拉伸】属性管理器，同时绘图区切换为等轴测视图。在【从】下拉列表中选择【草图基准面】选项，默认为沿一个方向拉伸，在【方向1】下拉列表中选择【给定深度】选项，设置深度为100mm，如图3-2所示。

设置完成后，单击【确定】按钮，得到如图3-3所示的零件模型。

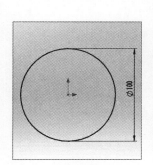 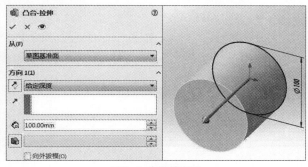 

图3-1　草图　　　　　　　图3-2　属性管理器　　　　　　　图3-3　零件模型

3.1.2　拉伸凸台/基体的属性

以圆柱的拉伸为例，介绍【凸台-拉伸】属性管理器中的选项的用法。

1. 拉伸开始条件

拉伸开始的条件有4种，分别为【草图基准面】【曲面/面/基准面】【顶点】和【等距】。

（1）草图基准面

从草图基准开始拉伸，效果如图3-4所示。

（2）曲面/面/基准面

将开始条件设为实体面，从曲面/面/基准面之一开始拉伸，如图3-5所示为从基准面开始拉伸。

（3）顶点

选择一个顶点，从该点开始拉伸，如图3-6所示。

（4）等距

输入与【草图基准面】之间的距离，从该处开始拉伸，如图3-7所示。

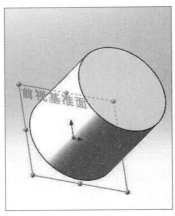

图3-4　草图基准面

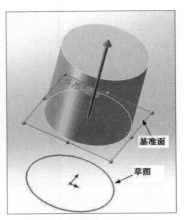

图3-5　曲面/面/基准面

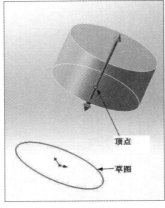

图3-6　顶点

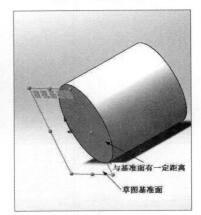

图3-7　等距

2. 拉伸终止条件

拉伸终止条件包括6种类型，分别为【给定深度】【成形到一顶点】【成形到一面】【到离指定面指定的距离】【成形到实体】和【两侧对称】。

（1）给定深度

输入拉伸深度，从草图基准面开始拉伸到指定的深度，如图3-8所示。

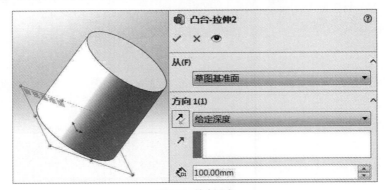

图3-8　给定深度

（2）成形到一顶点

从草图基准面开始拉伸，拉伸到指定的顶点，其终止面与草图基准面平行，如图3-9所示。

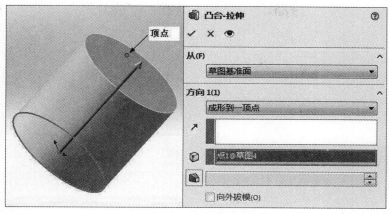

图3-9　成形到一顶点

（3）成形到一面

从草图基准开始拉伸，沿着拉伸方向拉伸到实体面或基准面，如图3-10所示。

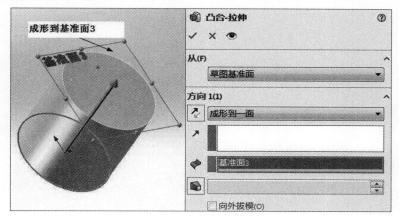

图3-10　成形到一面

（4）到离指定面指定的距离

从草图基准面开始拉伸，拉伸到与实体面或基准面指定的距离，如图3-11所示。

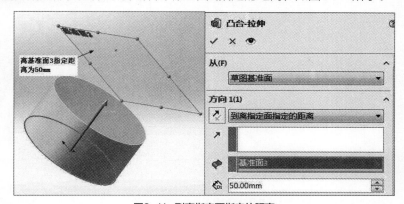

图3-11　到离指定面指定的距离

（5）成形到实体

从草图基准面开始拉伸，沿着拉伸方向拉伸到指定的实体，如图3-12所示。

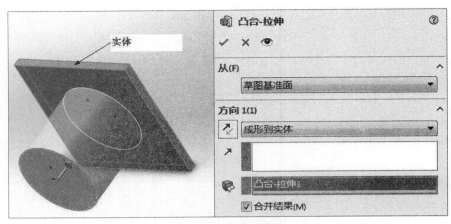

图3-12 成形到实体

（6）两侧对称

从草图基准面开始拉伸，沿正负两个方向拉伸相等的距离，如图3-13所示。

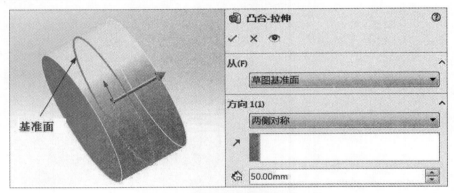

图3-13 两侧对称

3. 拔模开/关选项

拉伸时需要拉深处具有拔模角度的实体特征，用户可以单击【凸台-拉伸】属性管理器中的【拔模开/关】按钮，在【拔模角度】框中输入角度值，如图3-14所示，得到如图3-15所示的拉伸实体。

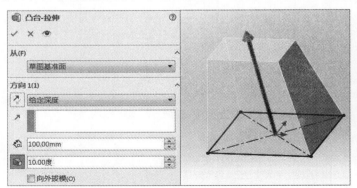

图3-14 在【拔模角度】框中输入角度值

图3-15 拉伸实体

当需要向外拔模时，即拉伸的截面越来越大时，可以选中【向外拔模】复选框，如图3-16所示，得到如图3-17所示的拉伸实体。

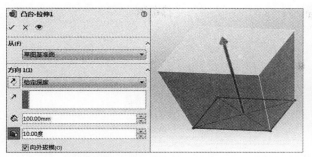 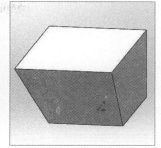

图3-16 选中【向外拔模】复选框　　　　图3-17 拉伸实体

4. 双向拉伸选项

草图可以向两个不同的方向拉伸不同的厚度。选中【拉伸】属性管理器中的【方向2】复选框，可以进行第二个方向的拉伸选项设置，如图3-18所示。

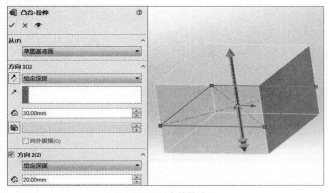

图3-18 双向拉伸选项

5. 薄壁特征

勾选【拉伸】属性管理器中的【薄壁特征】复选框，在【拉伸类型】下拉列表框中指定拉伸薄壁特征的方式，在厚度数值框中输入相关数值，如图3-19所示。还可以勾选【顶端加盖】复选框，为拉伸的薄壁特征顶端加盖，即可生成一个中空的模型，如图3-20所示。

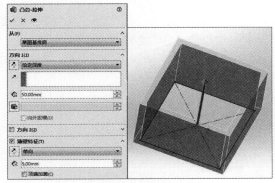 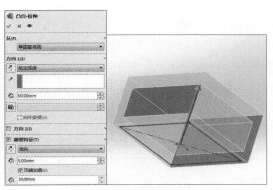

图3-19 薄壁特征　　　　图3-20 顶端加盖

6. 所选轮廓

在草图轮廓比较复杂时，不能同时拉伸的情况下，允许用户选择草图轮廓中的部分轮廓进行拉伸，如图3-21所示。

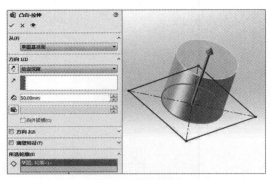

图3-21 所选轮廓

实例 发动机曲柄连杆三维图

发动机曲柄连杆是连接曲轴的装置，在发动机中起着传递动力的作用。在绘制发动机曲柄连杆三维图的过程中主要用到了SOLIDWORKS软件中【拉伸凸台/基体】【圆角】和【拉伸切除】等命令。现在我们就以发动机曲柄连杆为例，具体介绍相关命令的使用方法。

Step 01 执行【文件】|【新建】命令，选择part选项，单击【确定】按钮，建立零件体，如图3-22所示。

Step 02 单击【特征】常用工具栏中【拉伸凸台/基体】按钮，单击任意【基准面】进行草图绘制，界面如图3-23所示。

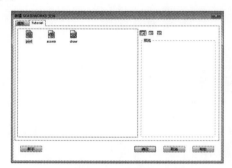

图3-22 新建零件

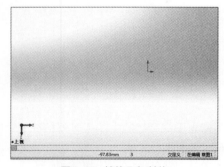

图3-23 拉伸凸台/基体

Step 03 单击【草图】常用工具栏中【边角矩形】下三角按钮，选择【中心矩形】选项，选择草绘界面的中心位置，绘制一个矩形。选择【圆】命令，圆心选择为矩形中心的上方，如图3-24所示。

Step 04 利用【智能尺寸】命令，约束矩形大小为60mm×58mm、圆半径大小15mm大小以及矩形和圆的位置距离为84mm，单击左上角的 ✔ 按钮完成约束，绘制完成后如图3-25所示。

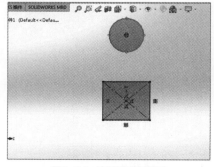

图3-24 绘制矩形和圆形

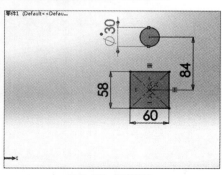

图3-25 智能标注

Step 05 以圆的圆心为中心，利用【圆】命令，创建一个半径为10mm的同心圆。以矩形中心为中心，建立一个半径为35mm的圆和一个半径为20mm的圆。选择【直线】命令，连接上方的圆和下方的矩形，如图3-26所示。

Step 06 利用【智能尺寸】命令，约束两个直线到中心的距离都为9mm，单击左上角的✔按钮，完成约束（绘制过程中，如果圆心和矩形的中心出现偏移不在竖直线上，可以利用【智能尺寸】命令进行约束，约束水平尺寸为零即可），绘制完成的图形效果如图3-27所示。

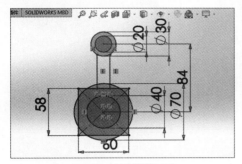

图3-26　绘制草绘图形

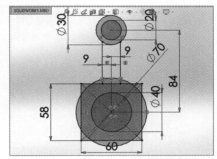

图3-27　【智能尺寸】约束草绘图形

Step 07 绘制完成后执行【裁剪实体】命令，单击拖动选择需要裁剪掉的线段，裁剪完成后的图形如图3-28所示。

Step 08 单击【退出草图】按钮，设置实体的厚度，在【方向1（1）】选项区域设置厚度为9mm，勾选【方向2（2）】复选框，尺寸值设置为9mm，单击左上角的✔按钮，创建实体，如图3-29所示。

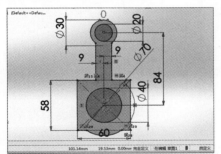

图3-28　裁剪后草绘图形

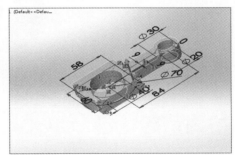

图3-29　设置拉伸厚度

Step 09 执行【绘制圆角】命令，选择图3-30所示边线，改圆角半径值为10mm，单击左上角的✔按钮，完成圆角的创建。

Step 10 选择【特征】常用工具栏中【拉伸切除】命令，选中上述步骤建立的肩部平面作为草绘平面，按一下键盘的空格键，选择图3-31所示图标，正视于草图平面。

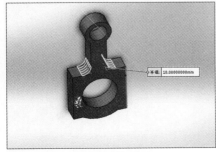

图3-30　设置圆角

图3-31　正视于草图视图

Step 11 选择【草图】常用工具栏中【圆】命令，绘制两个圆形，利用【智能尺寸】命令对两个圆进行约束，圆的半径为3mm，到边线的距离为5mm，单击左上角的 ✔ 按钮，完成圆角的创建，如图3-32所示（注意在绘制圆的时候，圆心应当和红色坐标的中心点在同一水平）。

Step 12 单击【退出草图】按钮，设置拉伸切除的深度，单击【给定深度】文本框，选择【完全贯穿】选项，单击选择左侧 ✔，完成【拉伸切除】的创建，如图3-33所示。

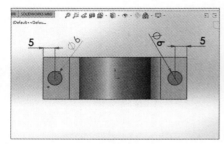
图3-32　绘制草绘图形

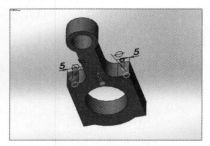
图3-33　设置实体厚度

Step 13 最终得到绘制完成后的三维图，如图3-34所示。

图3-34　绘制完成的三维图形

3.2　拉伸切除特征

拉伸切除是用拉伸的方法去除原实体的部分实体材料的特征造型方法。【拉伸切除】的操作方法和【拉伸凸台/基体】基本相同，拉伸切除特征的操作方法如下。

绘制一个长方体，然后在一个面上绘制一个草图，如图3-35所示。单击【特征】常用工具栏上的【拉伸切除】按钮，将FeatureManager切换到【切除-拉伸】属性管理器。

设置【切除-拉伸】属性管理器选项，设置拉伸类型为从【草图基准面】，【方向1】为【完全贯穿】，如图3-36所示。

图3-35　绘制草图

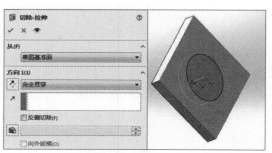
图3-36　属性管理器

设置完成后，单击  （确定）按钮，得到如图3-37所示的零件模型。

图3-37　模型

实例　绘制零件模型

下面通过使用拉伸凸台/基体和拉伸切除功能绘制零件模型，具体操作方法如下。

Step 01 新建零件模型。单击【标准】工具栏的【新建】按钮，系统弹出【新建SolidWorks文件】对话框，选择【零件】。单击【确定】按钮，进入零件设计环境。单击草图工具栏上的【草图绘制】按钮，在绘图区选择【上视基准面】。进入草图绘制界面，绘制如图3-38所示草图。

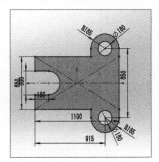

图3-38　草图绘制

Step 02 单击【特征】常用工具栏上的【拉伸凸台/基体】按钮，将FeatureManager切换到【凸台-拉伸】属性管理器，同时绘图区切换为等轴测视图。

Step 03 设置属性管理器。在【从】下拉列表中选择【草图基准面】，默认为沿一个方向拉伸，在【方向1】下拉列表中选择【给定深度】，设置深度为200mm，如图3-39所示。

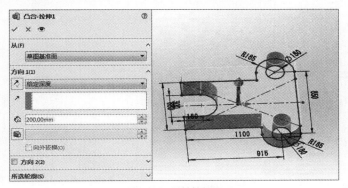

图3-39　属性管理器

Step 04 单击【确定】按钮 ✔ ，得到如图3-40所示的零件模型。

Step 05 建立参考基准面。单击【特征】工具栏中的【基准面】按钮 ，将FeatureManager切换到【基准面】属性管理器。【第一参考】和【第二参考】按如图3-41所示选取，【角度】设置为50°。

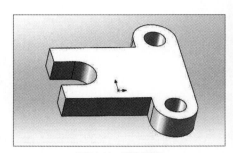

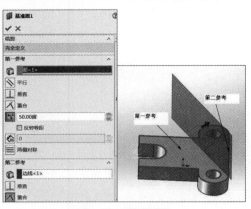

图3-40　零件模型　　　　　　　　　　　图3-41　属性管理器

Step 06 单击【确定】按钮 ✔ ，得到如图3-42所示的基准面。

Step 07 单击建立的基准面，选择正视于该基准面，在此基准面上绘制如图3-43所示的草图。

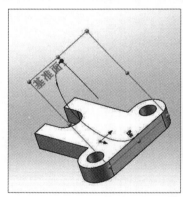

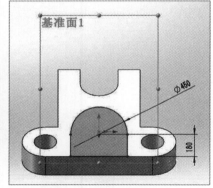

图3-42　基准面　　　　　　　　　　　图3-43　基准面上的草图

Step 08 单击【特征】常用工具栏上的【拉伸凸台/基体】按钮 ，将FeatureManager切换到【凸台-拉伸】属性管理器，同时绘图区切换为等轴测视图。

Step 09 设置属性管理器。在【从】下拉列表中选择【草图基准面】，默认为沿一个方向拉伸，在【方向1】下拉列表中选择【成形到下一面】，如图3-44所示。

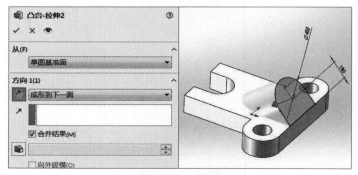

图3-44　属性管理器

Step 10 单击【确定】按钮 ✔，得到如图3-45所示的零件模型。

Step 11 单击选择斜面，正视于该面，绘制如图3-46所示的草图。

Step 12 单击【特征】常用工具栏上的【拉伸切除】按钮 📷，将FeatureManager切换到【切除-拉伸】属性管理器，同时绘图区切换为等轴测视图。

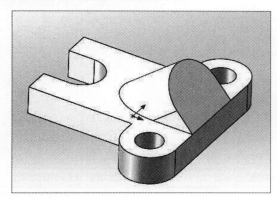

图3-45 模型

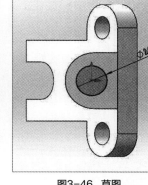

图3-46 草图

Step 13 设置属性管理器。在【从】下拉列表中选择【草图基准面】，在【方向1】下拉列表中选择【成形到一面】，选择【底面】，如图3-47所示。

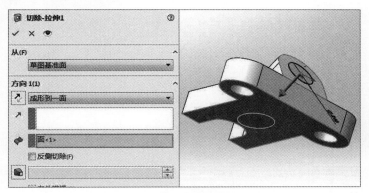

图3-47 属性管理器

Step 14 单击【确定】按钮 ✔，得到如图3-48所示的零件模型。

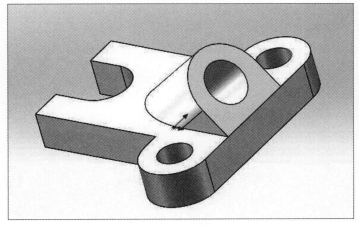

图3-48 模型

3.3 旋转特征

旋转特征是由草图轮廓围绕旋转中心旋转一定角度而生成的特征，适用于构造回转体零件。旋转特征必须给定草图、旋转轴和旋转类型。旋转可以是旋转凸台/基体、旋转切除、薄壁或者曲面。

3.3.1 旋转凸台/基体特征

旋转凸台/基体特征的操作方法如下。

首先，绘制如图3-49所示的草图。单击【特征】常用工具栏上的【旋转凸台/基体】按钮 ，将FeatureManager切换到【旋转】属性管理器。

然后，设置【旋转】属性管理器。设置【旋转轴】为圆的中心线，【旋转类型】为【给定深度】，【方向1角度】设置为360°，如图3-50所示。

设置完成后，单击【确定】按钮 ，得到如图3-51所示的零件模型。

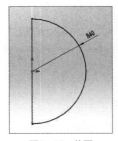 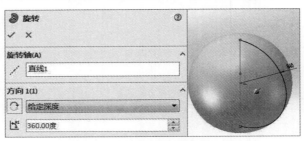 

图3-49 草图　　　　　　图3-50 属性管理器　　　　　　图3-51 模型

【旋转】属性管理器中的其他选项的设置和【拉伸】特征的基本相同，不再赘述。

3.3.2 旋转切除特征

旋转切除是绕着某一中心线旋转草图，对已有的实体特征去除材料的造型方法。

旋转切除特征的操作方法如下。

首先绘制如图3-52所示的草图。单击【特征】常用工具栏上的【旋转切除】按钮 ，将FeatureManager切换到【切除-旋转】属性管理器。

然后，设置【切除-旋转】属性管理器。设置【旋转轴】为矩形的边，【方向1】为【给定深度】，【旋转角度】为360°，如图3-53所示。

设置完成后，单击【确定】按钮 ，得到如图3-54所示的零件模型。

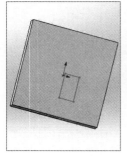 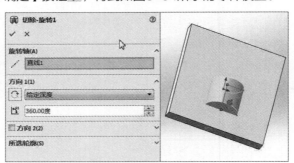 

图3-52 草图　　　　　　图3-53 属性管理器　　　　　　图3-54 模型

实例 **绘制发动机连接头三维图**

　　发动机连接头是发动机换气系统中的重要零件，经常和连接杆等零件配合使用，在绘制发动机曲柄连杆三维图的过程中主要用到了SOLIDWORKS软件中【拉伸凸台/基体】【旋转凸台/基体】和【拉伸切除】等命令，具体步骤如下。

Step 01 执行【文件】|【新建】命令，选择part选项，单击【确定】，建立零件体，如图3-55所示。

Step 02 选择【特征】常用工具栏中【拉伸凸台/基体】命令，选择Top基准面进行草图绘制，界面如图3-56所示。

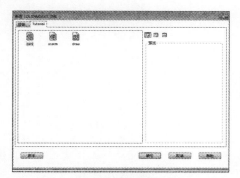

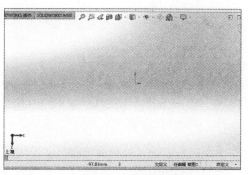

图3-55　新建零件　　　　　　　　　　　　　　　图3-56　拉伸凸台/基体

Step 03 选择【草图】常用工具栏中【圆】命令，绘制一个半径为24mm和半径为19mm的同心圆，如图3-57所示。

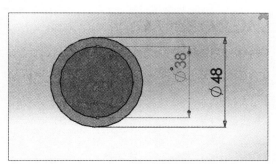

图3-57　绘制两个同心圆

Step 04 单击【退出草图】按钮，设置实体的厚度，在左侧控制区【方向1（1）】中尺寸值设置为10mm，勾选【方向2（2）】复选框，尺寸值设置为10mm，单击左上角的 ✓ 按钮，创建实体，如图3-58所示。

Step 05 在控制区选中Top基准面并右击，激活【显示】图标，将Top基准面显示出来，如图3-59所示。

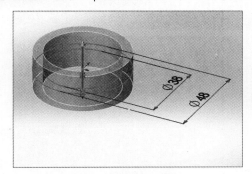

图3-58　设置拉伸厚度　　　　　　　　　　　　　图3-59　显示Top基准面

Step 06 选择【特征】常用工具栏中【拉伸凸台/基体】命令，选择Top基准面进行草图绘制，按一下空格键，然后在【方向】面板中单击【正视于】按钮，正视于草图平面，如图3-60所示。

Step 07 选择【草图】常用工具栏中【转换实体引用】命令，选择同心圆外圆轮廓，单击控制区左上角的 ✓ 按钮，将图元转换成线，如图3-61所示。

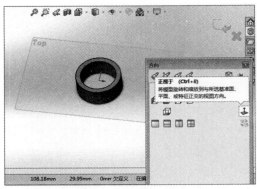

图3-60 正视于草图平面

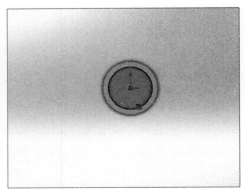

图3-61 转换实体引用

Step 08 选择【直线】命令，绘制草绘图形，并利用【智能尺寸】命令对草绘图形进行约束，按住Ctrl键，选择【转换实体引用】生成的圆和下方的直线，在左侧控制区，选择【相切（A）】选项，可见直线和圆之间出现相切符号，如图3-62所示。

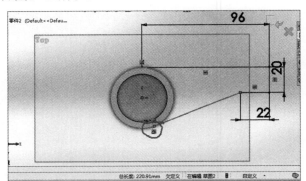

图3-62 绘制草绘图形

Step 09 选择【裁剪实体】命令，单击鼠标左键并拖动，裁剪到所要删去的线，处理完成后的草绘图形如图3-63所示。

Step 10 草图绘制完成后，退出草图绘制模式。在左侧控制区【方向1（1）】区域中设置尺寸为5mm，勾选【方向2（2）】复选框，尺寸值设置为5mm，单击左上角的 ✓ 按钮，创建实体，如图3-64所示。

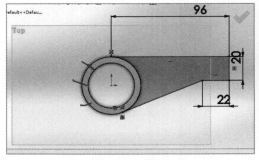

图3-63 裁剪后草绘图形

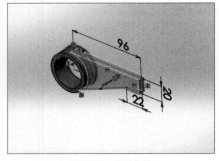

图3-64 创建实体

Step 11 选择【特征】常用工具栏中的【圆角】命令后，选择下左图所示的边线，设置尺寸为10mm，单击左上角的 ✓ 按钮，创建圆角，如图3-65所示。

Step 12 选择【特征】常用工具栏中的【旋转凸台/基体】命令，选择Top基准面，正视于草图平面。执行【直线（L）】命令绘制两条直线，单击【圆心/起/终点画弧】下三角按钮，选择【3点圆弧（T）】选项，单击直线端点再单击其中某处绘制圆弧，利用【智能尺寸】约束圆弧大小，如图3-66所示。

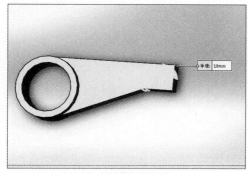
图3-65　设置边线圆角

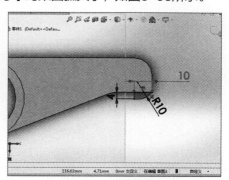
图3-66　绘制草绘图形

Step 13 草图绘制完成后，退出草图绘制模式。选择左侧控制区【旋转轴】文本框，再选择草绘图形短直线，如图3-67所示。

Step 14 选择【特征】常用工具栏中的【拉伸切除】命令，选择实体上表面，正视于草图平面，绘制如图3-68所示的草绘图形。

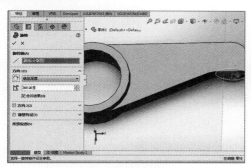
图3-67　设置旋转轴

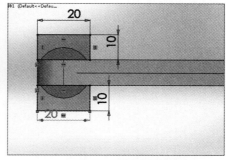
图3-68　绘制草绘图形

Step 15 草图绘制完成后，退出草图绘制模式。在左侧控制区设置实体厚度为26mm，单击左上角的 ✓ 按钮，创建拉伸切除，如图3-69所示。

Step 16 选择【特征】常用工具栏中【拉伸凸台/基体】命令，选择Top基准面进行草图绘制，正视于草图平面，如图3-70所示。

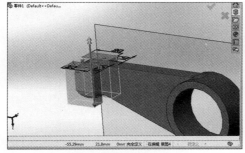
图3-69　创建拉伸切除

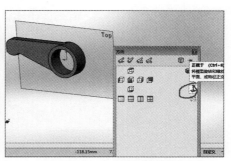
图3-70　选取草绘平面

SOLIDWORKS

Step 17 选择【草图】常用工具栏中【转换实体引用】命令，选择同心圆外圆轮廓，单击左侧控制区左上角的 ✓ 按钮，将图元转换成线，选择【直线（L）】命令绘制直线，并参照以上步骤对草绘图形进行裁剪，裁剪后的草绘图形如图3-71所示。

Step 18 单击左上方【退出草图】按钮，退出草绘界面，在【方向1（1）】中尺寸值设置厚度为5mm，勾选【方向2（2）】复选框，尺寸值设置为5mm，单击左上角的 ✓ 按钮，创建实体，如图3-72所示。

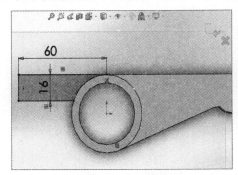
图3-71 绘制草绘图形

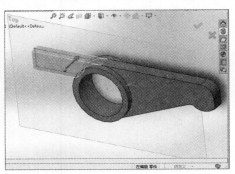
图3-72 创建实体

Step 19 选择【特征】常用工具栏中【拉伸凸台/基体】命令，选择实体上表面进行草图绘制，正视于草图平面，选择【圆】命令，绘制半径为10mm的圆，并用【智能尺寸】约束圆的位置，如图3-73所示。

Step 20 单击【退出草图】按钮，退出草绘界面，设置实体的厚度为16mm（发现生成的方向不对时，可以单击左侧控制区【方向1（1）】改变实体生成方向），如图3-74所示。

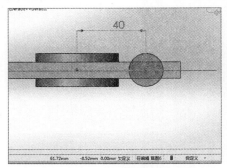
图3-73 绘制圆形

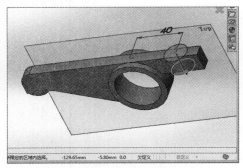
图3-74 设置实体的厚度

Step 21 选择【特征】常用工具栏中的【圆角】命令后，选择图3-75所示的边线，设置尺寸为10mm，单击左上角的 ✓ 按钮，创建圆角。

Step 22 按照相同的方法在图3-76位置建立圆角半径为10mm的圆角。

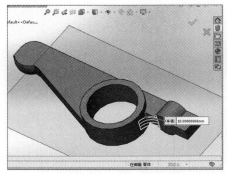
图3-75 【圆角】设置

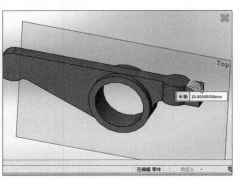
图3-76 【圆角】设置

Step 23 选择【特征】常用工具栏中【旋转切除】命令，单击下左图所示的平面进行草图绘制，正视于草图平面，选择【特征】常用工具栏中【拉伸切除】命令，选中上述步骤建立的肩部平面作为草绘平面，正视于草图平面，如图3-77所示。

Step 24 利用【草图】常用工具栏中【圆】【直线】和【裁剪实体】命令，绘制图3-78所示的草绘图形（注意草绘的圆和实体的圆弧同心）。

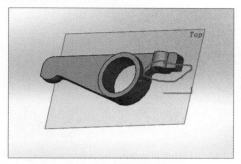
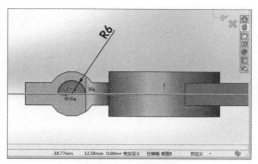

图3-77 草绘平面选取　　　　　　　　　　图3-78 绘制草绘图形

Step 25 草图绘制完成后，退出草图绘制模式。选择左侧控制区【旋转轴】文本框，再选择草绘图形中直线，单击左上角的 ✔ 按钮，创建【旋转切除】。如图3-79所示。

Step 26 至此，完成连接头三维图的绘制，效果如图3-80所示。

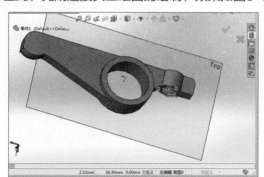
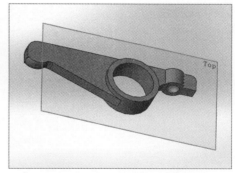

图3-79 【旋转切除】设置　　　　　　　　图3-80 绘制完成后的三维图形

3.4 扫描特征

扫描特征是一个截面轮廓沿着一条路径从起点移动到终点形成的特征，可以是基体、凸台、切除实体或者曲面，常用于建立形状复杂的模型。

3.4.1 简单扫描

简单扫描用来生成等截面的实体或曲面，仅由截面轮廓和路径来控制，路径控制轮廓的轨迹和方向。简单扫描特征的操作方法如下。

新建零件模型。单击【标准】工具栏的【新建】按钮，系统弹出【新建SolidWorks文件】对话框，选择【零件】。单击【确定】按钮，进入零件设计环境。单击【草图】工具栏上的【草图绘制】按钮，在绘图区选择【前视基准面】。进入草图绘制界面，绘制如图3-81所示的样条曲线，此样条曲线作为后续扫描的路径，退出当前草图。

绘制截面草图。在FeatureManager中单击选择【右视基准面】，在关联工具栏中选择【草图绘制】命令，按空格键，在【方向】工具栏中选择【正视于】，使草图平面平行于屏幕，绘制如图3-82所示的圆，作为截面草图。

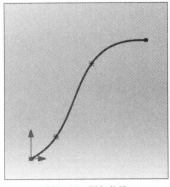

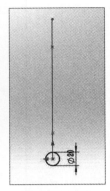

图3-81 样条曲线   图3-82 草图

添加几何关系。按住Ctrl键选择【样条曲线】和圆心，在关联工具栏中选择【使穿透】几何关系，如图3-83所示，退出草图。

单击常用特征工具栏上的【扫描】按钮 🖉，将FeatureManager切换到【扫描】属性管理器。设置属性管理器选项。单击【轮廓】栏，在图形区选中绘制的圆，单击【路径】栏，在图形区域中选择扫描路径，如图3-84所示。

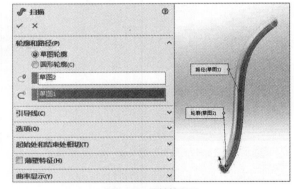

图3-83 添加几何关系   图3-84 属性管理器

设置完成后，单击【确定】按钮 ✅，得到如图3-85所示的零件模型。

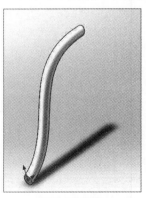

图3-85 模型

3.4.2 使用引导线扫描

引导线是扫描特征的可选参数。为了使扫描的模型具有多样性，当扫描特征的中间截面要求变化时，通常会加入一条或者多条引导线以控制轮廓的形状、大小和方向。

使用引导线扫描的操作方法如下。

首先，新建零件模型。单击【标准】工具栏的【新建】按钮，系统弹出【新建SolidWorks文件】对话框，选择【零件】。单击【确定】按钮，进入零件设计环境。单击草图工具栏上的【草图绘制】按钮，在绘图区选择【前视基准面】。进入草图绘制界面，绘制如图3-86所示的样条曲线作为后续操作的引导线，退出当前草图。

绘制扫描路径。单击【草图】工具栏上的【草图绘制】按钮，在绘图区选择【前视基准面】。进入草图绘制界面，绘制如图3-87所示的草图，作为扫描路径，单击【退出草图】命令。

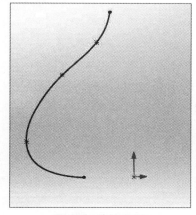
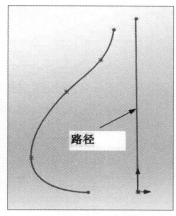

图3-86 绘制引导线　　　　　　图3-87 绘制扫描路径

然后，绘制扫描轮廓。单击【草图】工具栏上的【草图绘制】按钮，在绘图区选择【上视基准面】，如图3-88所示，进入草图绘制界面。按空格键，在【方向】工具栏中选择【正视于】，使草图平面平行于屏幕，绘制如图3-89所示的草图，作为扫描轮廓。

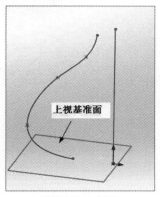
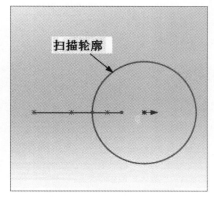

图3-88 上视基准面　　　　　　图3-89 扫描轮廓

添加几何关系。按住Ctrl键选择【引导线】和轮廓的交点，在关联工具栏中选择【使穿透】几何关系，退出草图。按住Ctrl键选择【路径】和轮廓的圆心，在关联工具栏中选择【使穿透】几何关系，如图3-90所示，退出草图。

单击常用特征工具栏上的【扫描】按钮 🐛，将FeatureManager切换到【扫描】属性管理器。设置属性管理器选项。单击【轮廓】栏，在图形区域中选择轮廓草图。单击【路径】栏，在图形区域中选择扫描路径，如图3-91所示。

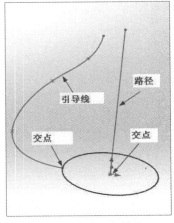

图3-90 添加几何关系

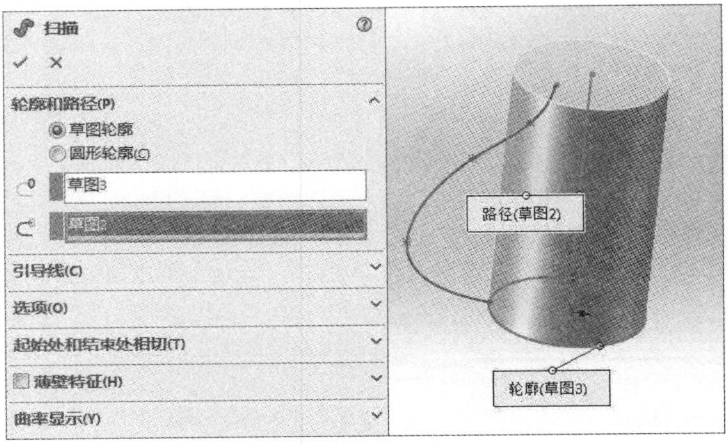

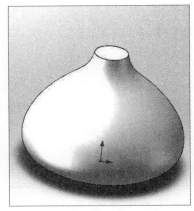

图3-91 属性管理器

展开【引导线】选项组，单击【引导线】栏，在图形区域中选择绘制的引导线草图，如图3-92所示。设置完成后，单击【确定】按钮 ✔，得到如图3-93所示的零件模型。

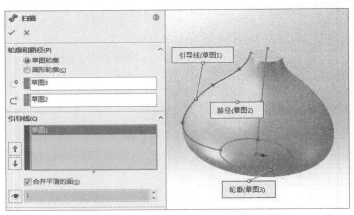

图3-92 【引导线】设置

图3-93 模型

3.4.3 扫描切除

扫描切除特征属于切割特征。下面介绍扫描切除特征的具体操作方法。

首先，新建零件模型。单击【标准】工具栏的【新建】按钮，系统弹出【新建SolidWorks文件】对话框，选择【零件】。单击【确定】按钮，进入零件设计环境。单击草图工具栏上的【草图绘制】按钮，在绘图区选择【前视基准面】。进入草图绘制界面，绘制矩形，退出当前草图。拉伸矩形为长方体，如图3-94所示。

然后，单击长方体的面，在弹出的快捷命令菜单中选择【正视于】，单击【草图】工具栏中的【草图绘制】命令按钮，在长方体的面上绘制一条样条曲线，如图3-95所示。

退出草图之后，在长方体的侧面绘制以交点为圆心的圆，如图3-96所示，退出草图。

单击常用特征工具栏上的【扫描切除】按钮 🖉 扫描切除，将FeatureManager切换到【切除-扫描】属性管理器。

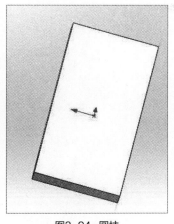

图3-94 圆柱

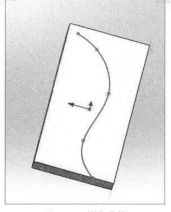

图3-95 样条曲线

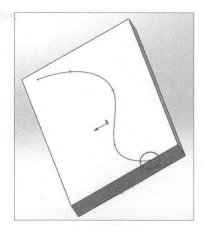

图3-96 绘制圆

在【切除-扫描】属性管理器设置【圆】为轮廓，【样条曲线】为路径，如图3-97所示。
设置完成后，单击【确定】按钮 ，得到如图3-98所示的零件模型。

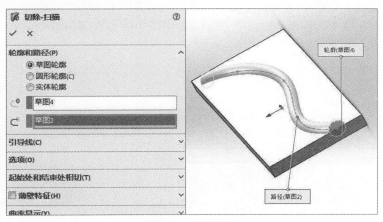

图3-97 属性管理器

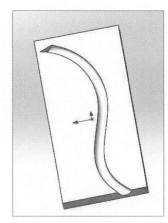

图3-98 模型

3.5 放样特征

在两个或者多个轮廓之间进行过渡生成的特征。放样可以使用基体、凸台或者曲面，也可以使用引导线或中心线参数控制放样特征的轮廓。

3.5.1 简单放样

简单放样是通过连接轮廓来生成的放样，放样特征的操作方法如下。

首先，新建零件模型。单击【标准】工具栏的【新建】按钮，系统弹出【新建SolidWorks文件】对话框，选择【零件】。单击【确定】按钮，进入零件设计环境。单击【草图】工具栏上的【草图绘制】按钮，在绘图区选择【前视基准面】。进入草图绘制界面，绘制如图3-99所示的草图，单击【退出草图】命令。

然后，单击【草图】绘制工具栏中的【基准面】按钮，将FeatureManager切换到【草图绘制平面】属性管理器。【第一参考】框中选择【前视基准面】，在【距离】栏中填入150mm，如图3-100所

示。单击【确定】按钮 ✔，得到如图3-101所示的基准面。

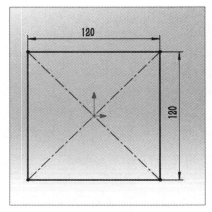

图3-99 草图

图3-100 属性管理器

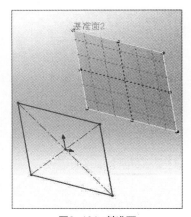

图3-101 基准面

在新建的基准面上绘制如图3-102所示的圆，退出草图。

最后，单击常用特征工具栏上的【放样凸台/基体】按钮 🥄 放样凸台/基体，将FeatureManager切换到【放样】属性管理器。单击【轮廓】栏，在图形区分别选择绘制的矩形和圆，如图3-103所示。单击【确定】按钮 ✔，得到如图3-104所示的模型。

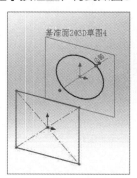

图3-102 绘制圆

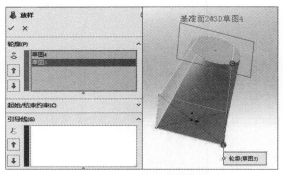

图3-103 属性管理器

图3-104 模型

3.5.2 使用引导线放样

通过使用两个或者多个轮廓并使用一条或多条引导线来连接轮廓，可以生成引导线放样。使用引导线放样的操作方法如下。

首先，单击【标准】工具栏的【新建】按钮，系统弹出【新建SolidWorks文件】对话框，选择【零件】。单击【确定】按钮，进入零件设计环境。绘制草图轮廓。单击【草图】工具栏上的【草图绘制】按钮，在绘图区选择【前视基准面】。进入草图绘制界面，绘制如图3-105所示的草图，单击【退出草图】命令。

单击【草图】绘制工具栏中的【基准面】按钮，将FeatureManager切换到【草图绘制平面】属性管理器。【第一参考】框中选择【前视基准面】，在【距离】栏中填入150mm，如图3-106所示。单击【确定】按钮 ✔，得到如图3-107所示的基准面。

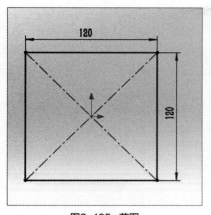

图3-105 草图

图3-106 属性管理器

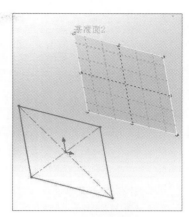

图3-107 基准面

然后，在新建的基准面上绘制如图3-108所示的圆，退出草图。单击【草图绘制】下拉按钮，在列表中选择【3D草图】选项，绘制两条引导线，如图3-109所示。

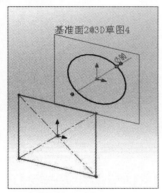

图3-108 绘制圆

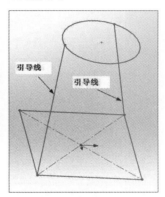

图3-109 引导线

单击【特征】工具栏上的【放样凸台/基体】按钮 放样凸台/基体，将FeatureManager切换到【放样】属性管理器。单击【轮廓】栏，在图形区分别选择绘制的矩形和圆。在【引导线】框中分别选择两条引导线，如图3-110所示。

设置完成后，单击【确定】按钮 ，得到如图3-111所示的模型。

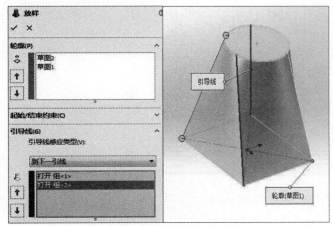

图3-110 属性管理器

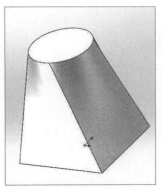

图3-111 模型

3.5.3 使用中心线放样

使用中心线放样可以生成一个使用一条变化的引导线作为中心线的放样。所有中间界面的草图基准面都与此中心线垂直。此中心线可以是草图曲线、模型边线或者曲线。使用中心线放样的操作方法如下。

首先，单击【标准】工具栏的【新建】按钮，系统弹出【新建SolidWorks文件】对话框，选择【零件】。单击【确定】按钮，进入零件设计环境。单击【草图】工具栏上的【草图绘制】按钮，在绘图区选择【前视基准面】。进入草图绘制界面，绘制如图3-112所示的草图，作为中心线，单击【退出草图】命令。

然后，绘制放样轮廓1。单击【草图】工具栏中的【草图绘制】按钮，在绘图区选择【上视基准面】，进入草图绘制界面，绘制如图3-113所示的草图，作为放样轮廓。按住Ctrl键选择【引导线】和圆的中心，在关联工具栏中选择【使穿透】，如图3-114所示。

图3-112 草图

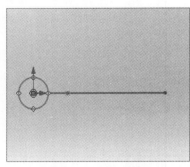
图3-113 绘制轮廓1

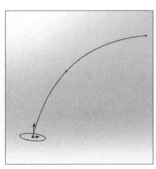
图3-114 草图

单击【特征】工具栏上的【基准面】按钮 基准面，将FeatureManager切换到【基准面】属性管理器。设置第一参考选项为【样条曲线】，第二参考选项为【样条曲线上的一点】，单击【确定】按钮 ✔，建立基准面1，如图3-115所示。单击工具栏上的【草图绘制】按钮，在绘图区选择【基准面1】，进入草图绘制界面，绘制圆作为放样轮廓2。按住Ctrl键选择【引导线】和圆的中心，在关联工具栏中选择【使穿透】，如图3-116所示，单击【退出草图】按钮。

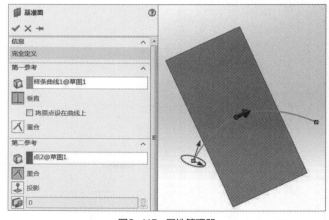
图3-115 属性管理器

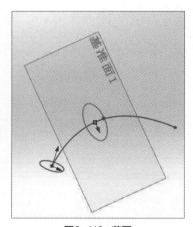
图3-116 草图

单击常用特征工具栏上的【放样凸台/基体】按钮 放样凸台/基体，将FeatureManager切换到【放样】属性管理器。单击【轮廓】栏，在图形区域中依次选择绘制的放样轮廓草图。单击【中心线参数】栏，在图形区域中选择中心线，如图3-117所示。

设置完成后,单击【确定】按钮✔,得到如图3-118所示的模型。

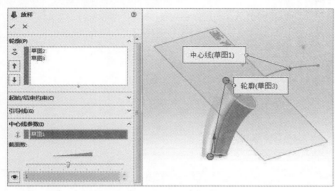

图3-117 属性管理器   图3-118 模型

3.5.4 放样切割

在两个或者多个轮廓之间通过移除材质来切除实体模型。放样切割操作方法如下。

新建SolidWorks零件文件后,选择【基准面1】,单击【草图绘制】按钮,绘制如图3-119所示的圆,单击【退出草图】。

选择【上视基准面】,单击【草图绘制】按钮,绘制如图3-120所示的圆,单击【退出草图】。

单击常用特征工具栏上的【放样切割】按钮🔟放样切割,将FeatureManager切换到【切除-放样】属性管理器。单击【轮廓】栏,在图形区域中依次选择绘制的放样轮廓草图。单击【中心线参数】栏,在图形区域中选择中心线,如图3-121所示。

设置完成后,单击【确定】按钮✔,得到如图3-122所示的模型。

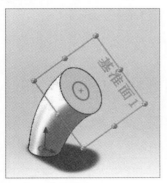

图3-119 草图   图3-120 草图

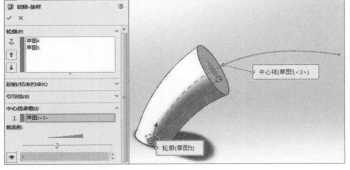

图3-121 属性管理器   图3-122 模型

3.6 参考几何体的创建

参考几何体即为基准特征，为创建模型提供参考，还可为绘制草图提供参考。包括基准轴、基准面、坐标轴和参考点。

3.6.1 参考基准面

绘制草图前，有三种默认的基准面可供选择，如图3-123所示。但是对于一些特殊的特征，默认的基准面很难达到方便、快捷地绘制。这些特殊的特征可以通过创建参考基准面来完成。

Solidworks提供了6种参考基准面的创建命令，分别是通过直线/点方式、点和平行面方式、夹角方式、等距离方式、垂直与曲线方式和曲面切平面方式。下面具体介绍这6种参考基准面创建方法。

1. 通过直线/点方式

通过直线/点方式创建参考基准面的方法如下。

单击【标准】工具栏的【新建】按钮，系统弹出【新建SolidWorks文件】对话框，选择【零件】。单击【确定】按钮，进入零件设计环境。绘制草图轮廓。单击【草图】工具栏上的【草图绘制】按钮，在绘图区选择【前视基准面】。进入草图绘制界面，绘制如图3-124所示的草图，单击【退出草图】命令。

单击常用特征工具栏上的【拉伸凸台/基体】按钮，设定拉伸深度为50mm，建立如图3-125所示的长方体模型。

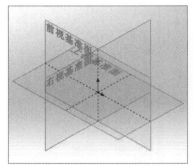

图3-123 默认基准面

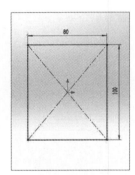

图3-124 草图

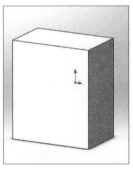

图3-125 模型

单击【特征】工具栏中的【基准面】按钮，将FeatureManager切换到【基准面】属性管理器。【第一参考】框中选择长方体的一条边线，【第二参考】框中选择长方体的一个顶点，如图3-126所示。

设置完成后，单击【确定】按钮，得到如图3-127所示的基准面。

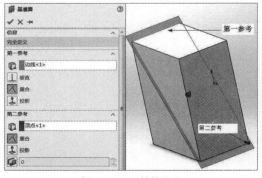

图3-126 属性管理器

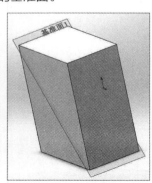

图3-127 基准面

2. 点和平行面方式

通过平行于所选平面且通过所选点的方式建立基准面。点和平行面方式创建参考基准面的方法如下。

首先，单击【标准】工具栏的【新建】按钮，系统弹出【新建SolidWorks文件】对话框，选择【零件】。单击【确定】按钮，进入零件设计环境。绘制草图轮廓。单击【草图】工具栏上的【草图绘制】按钮，在绘图区选择【前视基准面】。进入草图绘制界面，绘制如图3-128所示的草图，单击【退出草图】命令。

然后，单击【特征】工具栏上的【拉伸凸台/基体】按钮，设定拉伸深度为100mm，建立如图3-129所示的梯形体模型。单击【特征】工具栏中的【基准面】按钮，将FeatureManager切换到【基准面】属性管理器。【第一参考】框中选择梯形的斜面，【第二参考】框中选择一个顶点，如图3-130所示。

设置完成后，单击【确定】按钮 ✔，得到如图3-131所示的基准面。

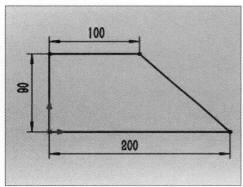

图3-128 草图

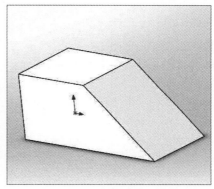

图3-129 模型

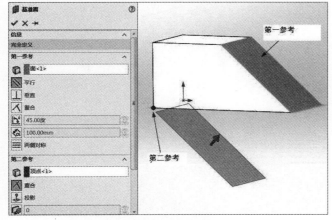

图3-130 属性管理器

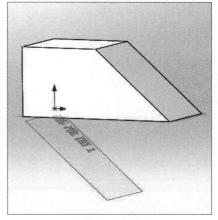

图3-131 基准面

3. 夹角方式

建立一个与选定平面成一定夹角的基准面。通过夹角方式创建基准面的方法如下。

首先，新建零件模型，绘制如图3-132所示的模型。单击【特征】工具栏中的【基准面】按钮，将FeatureManager切换到【基准面】属性管理器。【第一参考】选择梯形的斜面，【两面夹角】设置为80°，【第二参考】选择一条边，如图3-133所示。

设置完成后，单击【确定】按钮 ✔，得到如图3-134所示的基准面。

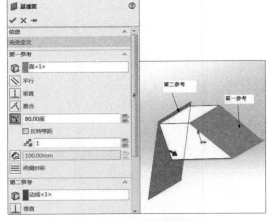
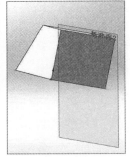

| 图3-132　模型 | 图3-133　属性管理器 | 图3-134　基准面 |

4. 等距离方式

用于创建一个平行于一个平面并等距离的参考面。

通过等距离方式创建参考基准面的方法如下。

新建零件模型，绘制如图3-135所示的模型。单击【特征】工具栏中的【基准面】按钮，将FeatureManager切换到【基准面】属性管理器。【第一参考】选择梯形的斜面，【偏移距离】设置50mm，如图3-136所示。

单击【确定】按钮 ✔，得到如图3-137所示的基准面。

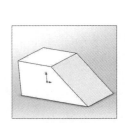
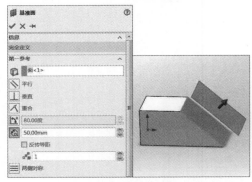
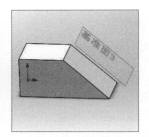

| 图3-135　模型 | 图3-136　属性管理器 | 图3-137　基准面 |

5. 垂直于曲线方式

该方式用于创建通过一个点且垂直于一条边或者曲线的基准面。

通过垂直于曲线方式创建参考基准面的方法如下。

首先，在前视基准面上绘制一个圆，如图3-138所示。

然后，单击曲线工具栏上的【螺旋线/涡状线】按钮，选择方法一中的圆。将FeatureManager切换到【螺旋线/涡状线】属性管理器。定义方式设置为【螺距和圈数】，恒定螺距，螺距设置为18mm，圈数设置为5，起始角度设置为180度，选中【顺时针】单选按钮，如图3-139所示。单击【确定】按钮 ✔，得到的螺旋线如图3-140所示。

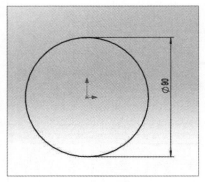

图3-138　绘制圆

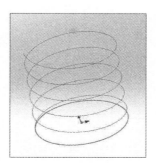

图3-139 【螺旋线/涡状线】属性管理器　　图5-140 螺旋线

单击【特征】工具栏中的【基准面】按钮，将FeatureManager切换到【基准面】属性管理器。【第一参考】选择螺旋线的端点，【第二参考】设置50mm，如图3-141所示。

设置完成后，单击【确定】按钮 ✔，得到如图3-142所示的基准面。

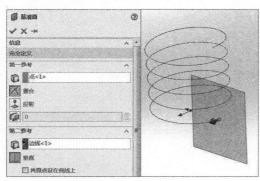

图3-141 属性管理器　　　　　　　图3-142 基准面

6. 曲面切平面方式

用于创建与空间面或者圆形曲面相切于一点的基准面。

曲面切平面方式创建参考基准面的方法如下。

创建如图3-143所示的圆柱体。单击【特征】工具栏中的【基准面】按钮，将FeatureManager切换到【基准面】属性管理器。【第一参考】选择梯形的斜面，【偏移距离】设置50mm，如图3-144所示。

设置完成后，单击【确定】按钮 ✔，得到如图3-145所示的基准面。

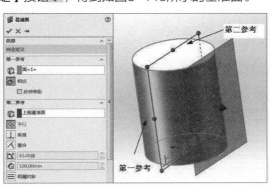

图3-143 圆柱　　　　　　图3-144 属性管理器　　　　　　图3-145 基准面

3.6.2 参考基准轴

基准轴通常用在创建基准面、圆周阵列或者同轴装配中。创建基准轴的方式有5种：直线/边线/轴方式、两平面方式、两点/顶点方式、圆柱/圆锥面方式和点和面/基准面方式。

1. 直线/边线/轴方式

直线/边线/轴方式是通过选择草图的一条直线、实体边线或轴来创建所选直线所在的轴线。一般方法如下。

首先，绘制图3-146所示的零件模型。

然后，单击【特征】工具栏中的【基准轴】按钮 基准轴，将FeatureManager切换到【基准轴】属性管理器。在【参考实体】选项栏中选择长方体的边线，如图3-147所示。

设置完成后，单击【确定】按钮 ✔，得到如图3-148所示的基准线。

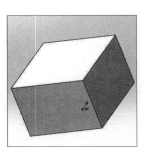
图3-146 模型

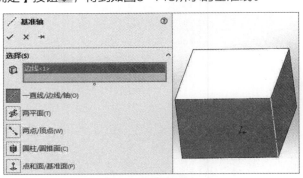
图3-147 属性管理器

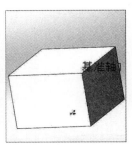
图3-148 基准轴

2. 两平面方式

选择两平面的交线创建基准轴。方法如下。

首先，绘制如图3-149所示的零件模型。

然后，单击【特征】工具栏中的【基准轴】按钮 基准轴，将FeatureManager切换到【基准轴】属性管理器。在【参考实体】选项栏中选择长方体的两个相邻的面，如图3-150所示。

设置完成后，单击【确定】按钮 ✔，得到如图3-151所示的基准线。

图3-149 模型

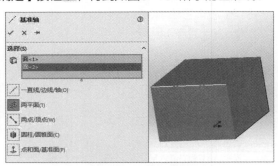
图3-150 属性管理器

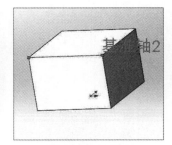
图3-151 基准轴

3. 两点/顶点方式

将两个点的连线作为基准轴。方法如下。

首先，绘制如图3-152所示的零件模型。

然后，单击【特征】工具栏中的【基准轴】按钮 基准轴，将FeatureManager切换到【基准轴】属性管理器。在【参考实体】选项栏中选择长方体的两个顶点，如图3-153所示。

设置完成后，单击【确定】按钮 ✔，得到如图3-154所示的基准线。

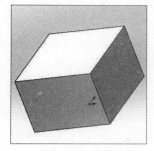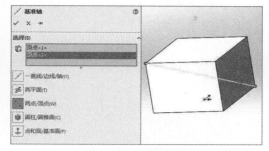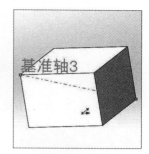

图3-152 模型　　　　　　　图3-153 属性管理器　　　　　　　图3-154 基准轴

4. 点和面/基准面方式

选择一个面和顶点，创建一个通过所选点且垂直于所选面的基准面。操作方法如下。

首先，绘制如图3-155所示的零件模型。

然后，单击【特征】工具栏中的【基准轴】按钮 ⟋ 基准轴，将FeatureManager切换到【基准轴】属性管理器。在【参考实体】选项栏中选择长方体的一个面和一个点，如图3-156所示。

设置完成后，单击【确定】按钮 ✔，得到如图3-157所示的基准线。

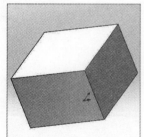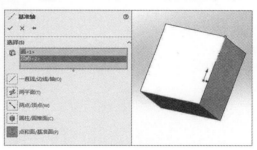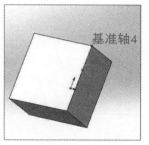

图3-155 模型　　　　　　　图3-156 属性管理器　　　　　　　图3-157 基准轴

5. 圆柱/圆锥方式

选择圆柱面或者圆锥面，将其临时轴作为基准轴。下面介绍通过圆柱或圆锥方式创建参考基准轴的具体操作方法。

首先，绘制如图3-158所示的零件模型。

然后，单击【特征】工具栏中的【基准轴】按钮 ⟋ 基准轴，将FeatureManager切换到【基准轴】属性管理器。在【参考实体】选项栏中选择长方体的两个顶点，如图3-159所示。

设置完成后，单击【确定】按钮 ✔，得到如图3-160所示的基准线。

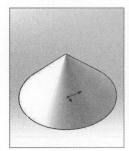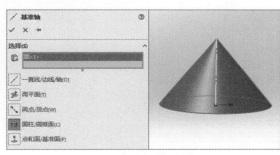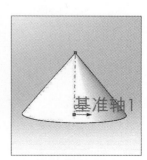

图3-158 模型　　　　　　　图3-159 属性管理器　　　　　　　图3-160 基准轴

3.6.3 参考坐标系

参考坐标系命令主要用来定义零件和装配体的坐标系。一般操作方法如下。

首先，绘制如图3-161所示的零件模型。

然后，单击【特征】工具栏中的【坐标系】按钮 ↳ 坐标系，将FeatureManager切换到【坐标系】属性管理器。在【选择】选项栏中选择长方体的一个顶点和三条相邻边作为参考坐标系的原点和X轴、Y轴和Z轴，如图3-162所示。

设置完成后，单击【确定】按钮 ✔，得到如图3-163所示的参考坐标系。

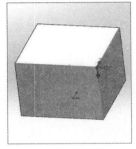
图3-161 模型

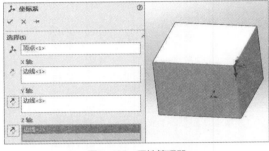
图3-162 属性管理器

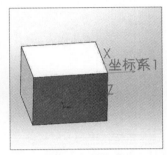
图3-163 坐标系

3.6.4 参考点

参考点主要用于进行空间定位。基本操作方法如下。

首先，绘制如图3-164所示的零件模型。

然后，单击【特征】工具栏中的【点】按钮 ● 点，将FeatureManager切换到【点】属性管理器。在【参考实体】选项栏中选择一个顶点和面，选择【投影】，如图3-165所示。

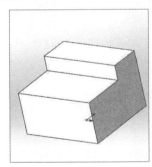
图3-164 模型

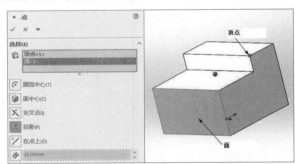
图3-165 属性管理器

设置完成后，单击【确定】按钮 ✔，得到如图3-166所示的参考点。

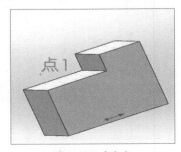
图3-166 参考点

上机实训：绘制发动机连接杆三维图

　　发动机连接杆连接曲柄和活塞缸，可以改变曲轴的动力方向。在绘制发动机曲柄连杆三维图的过程中主要用到了SOLIDWORKS软件中【拉伸凸台/基体】【圆角】【拉伸切除】【基准面】和【镜像】等命令。现在我们就以发动机连接杆为例，具体介绍相关命令的使用方法。

01 执行【文件】|【新建】命令，选择part选项，单击【确定】建立零件体，如图3-167所示。

02 单击【特征】常用工具栏中【拉伸凸台/基体】按钮，单击任意Top基准面进行草图绘制，界面如图3-168所示。

图3-167　新建零件　　　　　　　　　　　　　　　图3-168　拉伸凸台/基体

03 选择【草图】常用工具栏中【圆】命令，分别绘制半径为12.5mm和半径为15mm的同心圆，如图3-169所示。

04 单击左上方【退出草图】按钮，设置实体厚度为30mm，如图3-170所示。

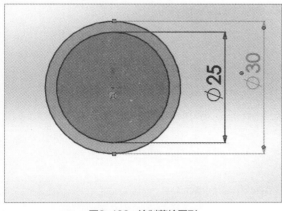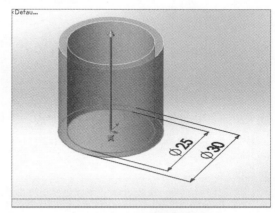

图3-169　绘制草绘图形　　　　　　　　　　　　　图3-170　定义实体厚度

05 选择【特征】常用工具栏中【拉伸凸台/基体】命令，鼠标左键单击Right基准面进行草图绘制，按一下键盘的空格键，选择图3-171所示图标，正视于草图平面。

06 选择【草图】常用工具栏中【圆】命令，绘制半径为10mm和16mm的同心圆，选择【直线】命令，将圆建立的实体连接起来，如图3-172所示。

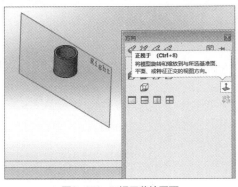
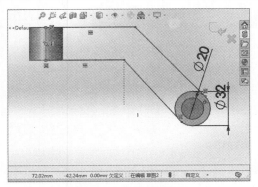

图3-171 正视于草绘平面　　　　图3-172 绘制草绘图形

07 选择【草图】常用工具栏中【智能尺寸】命令，约束所绘制折线的长度和圆的位置关系，如图3-173所示（注意尺寸的起始点为筒体的中点）。

08 按Ctrl键选择半径为16mm的圆和其中一条直线，在左侧选项区域中，选择【相切（A）】选项，可见直线和圆变成相切关系，出现相切符号，根据相同的方法对另一条直线也进行相切处理，约束后的草绘图形如图3-174所示。

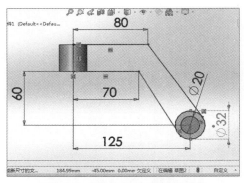
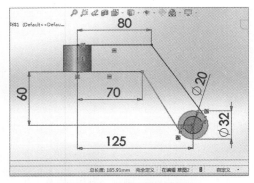

图3-173 【智能尺寸】约束草绘图形　　　　图3-174 约束直线和圆相切

09 选择【草图】常用工具栏中【裁剪实体（A）】命令，单击鼠标左键拖动，裁剪到所要删去的线，如图3-175所示。

10 单击【退出草图】按钮，退出草绘界面。在【方向1（1）】选项区域下设置尺寸为20mm，勾选【方向2（2）】复选框，设置尺寸为20mm。单击左上角的✔按钮，创建实体，如图3-176所示。

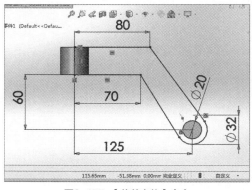
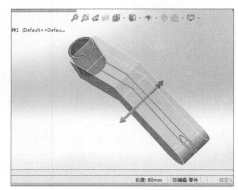

图3-175 【裁剪实体】命令　　　　图3-176 定义实体厚度

⓫ 选择【特征】常用工具栏中【圆角】命令，单击鼠标左键选择边线，修改半径值为20mm，单击左上角的 ✓ 按钮，创建圆角，如图3-177所示。

⓬ 在左边特征树中Right基准面上右击，选择【显示】图标，如图3-178所示。

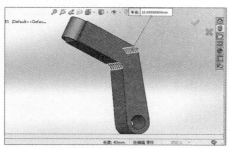
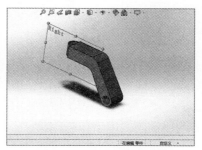

图3-177　定义圆角　　　　　　　　　　图3-178　选择【显示】图标

⓭ 单击【特征】常用工具栏中【参考几何体】下拉按钮，在列表中选择【基准面】选项，如图3-179所示。

⓮ 在【第一参考】选项区域中，选择Right基准面，把尺寸修改为4mm，单击左上角的 ✓ 按钮，创建基准面，如图3-180所示。

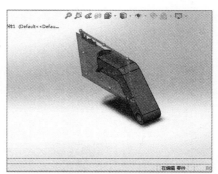

图3-179　选择【基准面】选项　　　　　　图3-180　创建基准面

⓯ 选择【特征】常用工具栏中【拉伸切除】命令，单击选择上一步建立的【基准面1】，正视于草绘平面，选择【草图】常用工具栏中【转换实体引用】命令，选择如图3-181所示平面，单击左上角的 ✓ 按钮，将图元转换为线。

⓰ 平面转化成线后，选择【直线】命令，绘制一条线段，选中线段和旁边的线，在左侧选择【垂直】选项，可见在线段间出现垂直符号（只需定义与一条边线垂直即可），单击左上角的 ✓ 按钮。单击【智能尺寸】约束线段和圆心的距离为25mm，单击左上角的 ✓ 按钮完成约束，如图3-182所示。

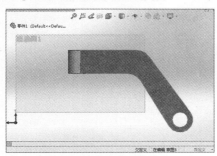
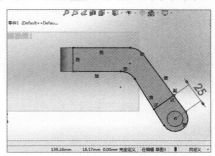

图3-181　将图元转换为线　　　　　　　图3-182　绘制草绘图形

17 选择【裁剪实体（T）】命令删除多余的线，单击左上角的 ✔ 按钮完成裁剪，得到最终的草绘图形，如图3-183所示。

18 草绘图形结束后退出草绘界面，在左侧【切除-拉伸1】界面单击【给定深度】的箭头修改【拉伸切除】的切除方向，尺寸值默认，单击左上角的 ✔ 按钮，完成【拉伸切除】的创建，如图3-184所示。

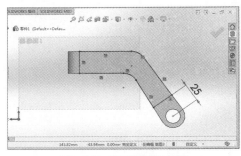

图3-183　约束裁剪草绘图形

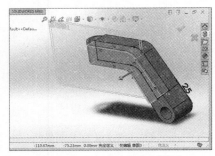

图3-184　执行【拉伸切除】命令

19 单击左侧特征树上一步建立的特征【切除-拉伸1】，选择【特征】常用工具栏中【镜像】命令，在左侧状态栏【镜像面/基准面（M）】选项区域中选择Right基准面，单击左上角的 ✔ 按钮，创建【切除拉伸】镜像，在弹出的对话框中单击【确定】按钮，如图3-185所示。

20 选择【特征】常用工具栏中【拉伸切除】命令，鼠标左键选中上述步骤建立的实体顶面作为草绘平面，正视于草图平面，绘制出如图3-186所示草绘图形（注意使用上述步骤学习的【裁剪实体】命令）。

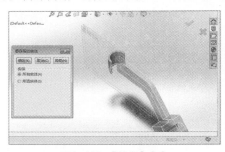

图3-185　【镜像】命令

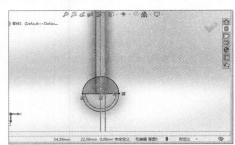

图3-186　绘制草绘图形

21 绘制完成后单击【退出草图】按钮，退出草绘界面，进入实体厚度设置界面，设置厚度为30mm，单击左上角的 ✔ 按钮，完成【拉伸切除】的创建，如图3-187所示。

22 选择【特征】常用工具栏中【拉伸凸台/基体】命令，选择Step 20的草绘平面，正视于草图平面，首先利用【圆】命令绘制出和圆筒相同的圆，用直线连接，再使用【裁剪实体】命令将多余的线裁剪去，如图3-188所示。

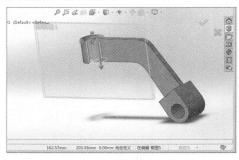

图3-187　设置实体厚度

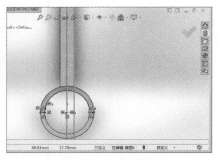

图3-188　绘制草绘图形

㉓ 绘制完成后单击【退出草图】按钮，退出草绘界面。单击左侧【给定深度】旁边的箭头，改变实体生成的方向，设置实体厚度为30mm，单击左上角的 ✅ 按钮，完成【拉伸凸台/基体】的创建，如图3-189所示。

㉔ 单击选择【特征】常用工具栏中【拉伸切除】命令，连杆的侧面作为草绘平面，利用【边角矩形】命令绘制出矩形，利用【智能尺寸】草绘图形进行约束，单击左上角的 ✅ 按钮，完成约束的创建，如图3-190所示。

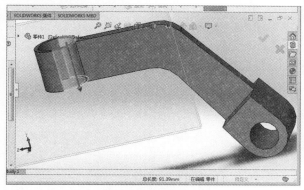

图3-189　设置实体厚度

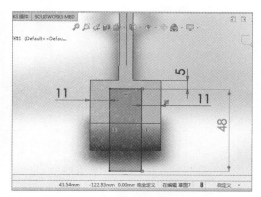

图3-190　绘制草绘图形

㉕ 绘制完成后单击【退出草图】按钮，退出草绘界面。设置实体厚度为40mm，单击左上角的 ✅ 按钮，完成【拉伸凸台/基体】的创建，如图3-191所示。

㉖ 三维图形绘制完成后，单击【特征】常用工具栏中【圆角】命令，选择边线，在左侧修改圆角半径值为5mm，单击左上角的 ✅ 按钮，完成圆角的创建，如图3-192所示。

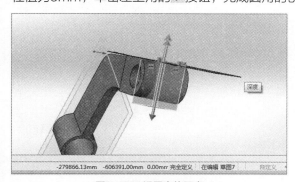

图3-191　设置实体厚度

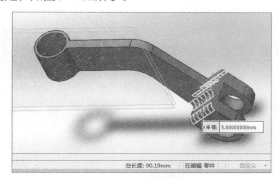

图3-192　圆角定义

㉗ 最终绘制完成后的三维图形如图3-193所示。

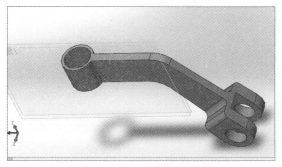

图3-193　绘制完成后的三维图

Chapter

04

三维实体编辑

本章概述

在不改变已有特征的基本形态下，对其进行整体的复制、缩放、更改的方法称为特征操作。例如：动态修改特征、线性阵列特征、圆周阵列特征、镜像特征、表格驱动的阵列特征、由草图驱动的阵列特征、曲线驱动的阵列特征和填充阵列。运用操作特征工具，可以更方便地建立相同或相似的特征。

核心知识点

- 熟练掌握线性阵列的基本概念与建立方法
- 熟练掌握圆周阵列的基本概念与建立方法
- 熟练掌握镜像特征的概念与建立方法

4.1 阵列特征

阵列是按照一定的方式复制源特征，包括线性、圆周、曲线、草图驱动、表格驱动和填充阵列。当创建多个相同的实体的时候，可以很方便地完成设计。

4.1.1 线性阵列

线性阵列是沿着一条或两条线性路径阵列一个或者多个特征。

首先打开实体，如图4-1所示。然后单击【特征】常用工具栏上的【线性阵列】按钮██，将FeatureManager切换到【线性阵列】属性管理器，分别设置【方向1】和【方向2】选项区域中【间距】和【实例数】的值，如图4-2所示。设置完成后单击【确定】按钮██，完成线性阵列操作，效果如图4-3所示。

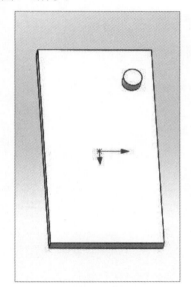

图4-1 实体　　　　　　　　图4-2 属性管理器　　　　　　　　图4-3 线性阵列

下面介绍【线性阵列】属性管理器中各参数的含义。

- **阵列方向：** 设置阵列的方向，可以选择直线、线性连线或者轴。
- **间距：** 设置相邻草图实体间的距离。
- **实例数：** 设置定义第一方向上的阵列实例数量。
- **到参考：** 使用参考几何体控制线性阵列来表示要生成的阵列距离，并指定实例数和实例间距。
- **要阵列的特征：** 在多实体零件中选择要生成阵列的特征。
- **要阵列的面：** 可以使用构成源特征的面生成阵列。
- **可跳过的实例：** 在生成线性阵列时跳过在图形区域中选择的阵列实例。
- **随形变化：** 勾选该复选框，允许重复时更改阵列。
- **延伸视象属性：** 将SolidWorks的颜色、纹理和装饰螺纹数据延伸至所有阵列实例。

4.1.2 圆周阵列

圆周阵列是根据旋转中心沿圆周路径阵列一个或者多个特征。圆周阵列时需要指定【阵列的轴线】，而有时此轴线在实体特征中是不显示的，需要手动添加隐藏的阵列轴线。对于一些复杂的圆周阵列，需要人为地创建一条阵列的轴线。

打开预先绘制好的模型，如图4-4所示。选择【视图】工具栏下的【隐藏/显示】命令，然后在子列表中选择【临时轴】选项。单击【特征】工具栏上的【圆周阵列】按钮 🔩 圆周阵列，将FeatureManager切换到【圆周阵列】属性管理器，在【方向1】框中指定阵列轴为临时轴，在【角度】数值框中输入360度，在【实例数】数值框中输入12，【要阵列的特征】指定为切除的圆特征，如图4-5所示。

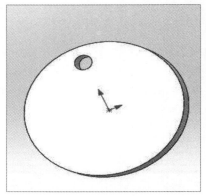

图4-4　打开模型　　　　　图4-5　属性管理器

设置完成后单击【确定】按钮 ✅，完成圆周阵列操作，效果如图4-6所示。

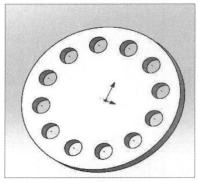

图4-6　圆周阵列

实例 利用圆周阵列绘制零件模型

下面介绍【圆周阵列】的使用方法，本案例还将使用【抽壳】的功能绘制零件模型。下面介绍具体操作方法。

Step 01 单击【标准】工具栏的【新建】按钮，系统弹出【新建SolidWorks文件】对话框，选择【零件】文件，单击【确定】按钮，进入零件设计环境。单击草图工具栏上的【草图绘制】按钮，在绘图区选择【上视基准面】，进入草图绘制界面，绘制直径为200mm的圆，如图4-7所示。

Step 02 单击【特征】常用工具栏上的【拉伸凸台/基体】按钮 📦，将FeatureManager切换到【凸台-拉伸】属性管理器，同时绘图区切换为等轴测视图。

Step 03 在【从】下拉列表中选择【草图基准面】选项，默认为沿一个方向拉伸，在【方向1】下拉列表中选择【给定深度】选项，设置深度为20mm，如图4-8所示。

Step 04 单击【确定】按钮 ✅，效果如图4-9所示。

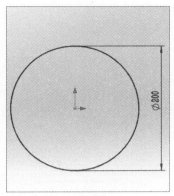

图4-7　绘制圆

图4-8　属性管理器

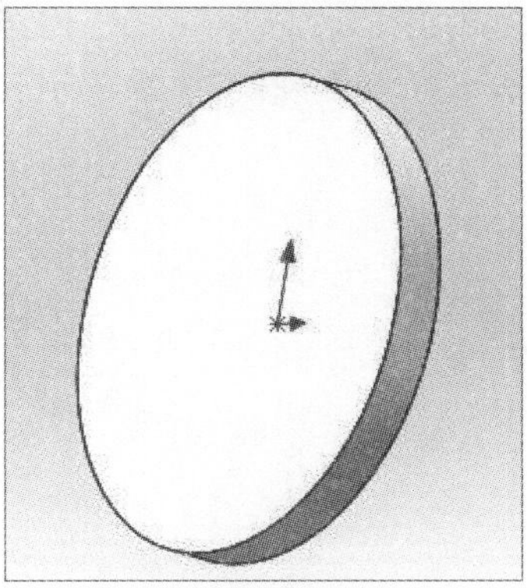

图4-9　零件模型

Step 05 选择圆面并右击，在弹出的快捷菜单中选择【正视于】命令，使草图平面平行于屏幕，绘制如图4-10所示的草图。

Step 06 单击【特征】常用工具栏上的【拉伸凸台/基体】按钮🔘，将FeatureManager切换到【凸台-拉伸】属性管理器。

Step 07 在【从】下拉列表中选择【草图基准面】选项，在【方向1】下拉列表中选择【给定深度】选项，设置深度为100mm，如图4-11所示。

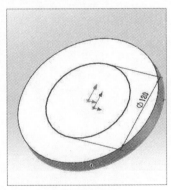

图4-10　草图

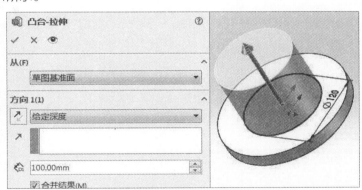

图4-11　属性管理器

Step 08 单击【确定】按钮✔，生成零件模型，效果如图4-12所示。

Step 09 单击曲线工具栏上的【抽壳】按钮🔘，将FeatureManager切换到【抽壳】属性管理器。

Step 10 输入厚度为10mm，单击【移除的面】框，单击选择要移除的面，如图4-13所示。

图4-12　零件模型

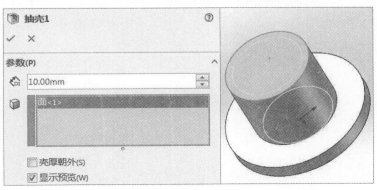

图4-13　属性管理器

Step 11 单击【确定】按钮 ✔，得到零件模型的效果，如图4-14所示。

Step 12 选择圆面并右击，在弹出的快捷菜单中选择【正视于】命令，效果如图4-15所示。

图4-14 零件模型

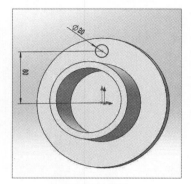

图4-15 草图

Step 13 单击曲线工具栏上的【拉伸切除】按钮 ⬚，将FeatureManager切换到【切除-拉伸】属性管理器。

Step 14 在【从】下拉列表中选择【草图基准面】选项，在【方向1】下拉列表中选择【给定深度】选项，设置深度为100mm，如图4-16所示。

Step 15 单击【确定】按钮 ✔，得到零件模型的效果，如图4-17所示。

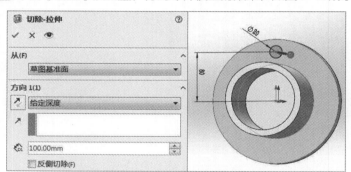

图4-16 属性管理器

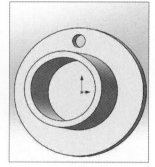

图4-17 零件模型

Step 16 单击【特征】工具栏上的【圆周阵列】按钮 圆周阵列，将FeatureManager切换到【圆周阵列】属性管理器。

Step 17 在【方向1】框中指定阵列轴为大圆的边线，【角度】为360度，【实例数】为8，【要阵列的特征】指定为切除的圆特征，如图4-18所示。

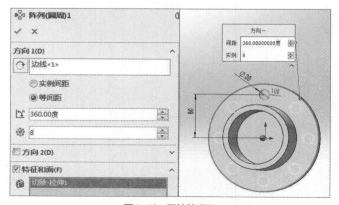

图4-18 属性管理器

Step 18 单击【确定】按钮 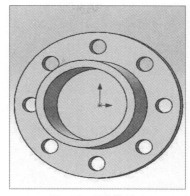，查看零件模型的最终效果，如图4-19所示。

图4-19　零件模型

4.1.3　曲线驱动阵列

曲线驱动的阵列沿曲线路径阵列一个或者多个特征。

首先绘制模型，如图4-20所示。在矩形面上绘制一条曲线，退出当前草图，如图4-21所示。

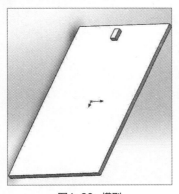

图4-20　模型

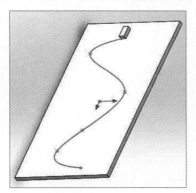

图4-21　绘制曲线

单击【特征】工具栏上的【曲线驱动的阵列】按钮 ，将FeatureManager切换到【曲线驱动的阵列】属性管理器，【方向1】指定为曲线，【实例数】为8，【间距】为100，【要阵列的特征】指定为小矩形，如图4-22所示。最后单击【确定】按钮 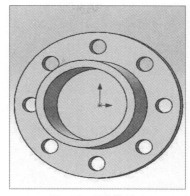，完成曲线驱动阵列操作，效果如图4-23所示。

图4-22　属性管理器

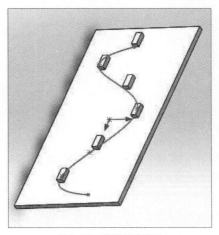

图4-23　曲线驱动阵列

4.1.4 表格驱动阵列

表格驱动阵列可以使用x、y坐标来对指定的源特征进行阵列，比较适用于阵列无规律的特征情况。

首先打开绘制的模型，如图4-24所示。单击【特征】常用工具栏上的【坐标系】按钮 ，将FeatureManager切换到【坐标系】属性管理器，依次指定坐标系的原点、X轴、Y轴和Z轴，如图4-25所示。设置完成后单击【确定】按钮 ，即可完成坐标系的创建，效果如图4-26所示。

图4-24 打开模型

图4-25 属性管理器

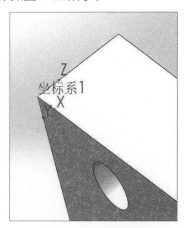

图4-26 创建坐标系

然后单击【特征】常用工具栏上的【表格驱动的阵列】按钮 ，将FeatureManager切换到【由表格驱动的阵列】对话框，设置参考点为【重心】，设置坐标系为【坐标系1】，要复制的特征选择【切除-拉伸1】，按各个阵列实例的顺序输入坐标值，如图4-27所示。

最后单击【确定】按钮，完成表格驱动的阵列操作，效果如图4-28所示。

图4-27 【由表格驱动的阵列】对话框

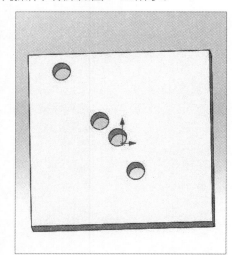

图4-28 表格驱动的阵列

下面介绍【由表格驱动的阵列】对话框中各参数的含义。

- **读取文件：**输入包含x、y坐标的阵列表或者文字文件。
- **所选点：**选中该单选按钮，将参考点设置到所选顶点或者草图点。
- **重心：**选中该单选按钮，将参考点设置到源特征的重心。
- **坐标系：**用来设置生成表格阵列的坐标系，包括原点、从【FeatureManager设计树】中选择所生成的坐标系。

- **要复制的实体：**根据多实体零件生成阵列。
- **要复制的特征：**根据特征生成阵列，可以选择多个特征。
- **要复制的面：**根据构成特征的面生成阵列，选择图形区域中的所有面。
- **几何体阵列：**只使用特征的几何体生成阵列。

4.1.5 填充阵列

填充阵列是在限定的实体平面或者草图区域中进行的阵列复制。

绘制一个模型，在圆面上绘制一条构造线，退出当前草图，如图4-29所示。单击【特征】常用工具栏上的【填充阵列】按钮 填充阵列，将FeatureManager切换到【填充阵列】属性管理器。

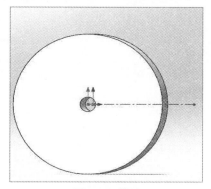

图4-29 模型

在【填充边界】列表框中选择圆面，在【阵列布局】选项区域中单击【圆周】按钮，在【环间距】数值框中填入20mm，选择【每环的实例】单选按钮，设置【实例数】为6，【边距】为10mm，将【阵列的方向】指定为创建的构造线，【要阵列的特征】指定为切除的孔，如图4-30所示。

设置完成后单击【确定】按钮 ✓，完成填充阵列的设置，效果如图4-31所示。

图4-30 属性管理器

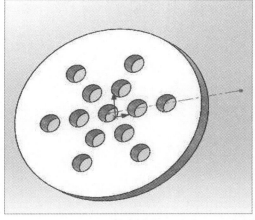

图4-31 填充阵列

下面介绍【填充阵列】属性管理器中各参数的含义。

- **选择面或共平面上的草图、平面曲线：**定义要使用阵列填充的区域。
- **穿孔：**为钣金穿孔式阵列生成网格。【实例间距】用于设置实例中心之间的距离；【交错断续角度】用于设置各实例行之间的交错断续角度，起始点位于阵列方向所使用的向量处；【边距】设置填充边界与最远端实例之间的边距，可以将边距的数值设置为零；【阵列方向】用于设置方向参考。

- **圆周：** 生成圆周形阵列。【环间距】用于设置实例环间中距离；【目标间距】用于设置每个环内实例间距离以填充区域；【每环的实例】使用实例数填充区域；【实例间距】用于设置每个环内实例中心间的距离；【实例数】设置每环的实例数；【边距】用于设置填充边界与最远端实例之间的边距，可以将边距的数值设置为零；【阵列方向】用于设置方向参考。
- **方形：** 用于生成方形阵列。【环间距】设置实例环间的距离；【每边的实例】使用实例数填充区域；【实例数】用于设置方形各边的实例数；【边距】用于设置填充边界与最远端实例之间的边距，可以将边距的数值设置为零；【阵列方向】设置方向参考。
- **多边形：** 生成多边形阵列。【环间距】用于设置实例环间的距离；【多边形边】用于设置阵列中的多边形的边数；【每边的实例】使用实例数填充区域；【实例间距】用于设置每个环内实例中心间的距离；【实例数】设置每个多边形每条边的实例数量。
- **所选特征：** 选择需要阵列的特征。
- **生成源切：** 为要阵列的源特征自定义切除形状。
- **圆：** 表示生成圆形切割作为源特征，用户可以设置【直径】和【顶点或草图点】的相关参数。
- **方形：** 生成方形切割作为源特征，用户可以设置【尺寸】【顶点或草图点】和【旋转】等参数。
- **菱形：** 生成菱形切割作为源特征，在下面区域设置相关参数。
- **多边形：** 生成多边形切割作为源特征，设置相关参数。

4.2　圆角特征

圆角在实际的工程中应用广泛，如零件的尖锐部分经过圆角处理后可以更安全地使用，防止危险的发生。圆角沿着实体或者曲面特征中的一条或者几条边线来生成内圆角或者外圆角。

4.2.1　等半径圆角特征

等半径圆角即是选择多条边线，圆角半径都相等。下面介绍具体的操作方法。

绘制正方体模型，如图4-32所示。单击【特征】常用工具栏上的【圆角】按钮 ，将FeatureManager切换到【圆角】属性管理器。设置【圆角类型】为【恒定大小圆角】，【要圆角化的项目】列表框中选择【边线<4>】选项，设置【半径】为25mm，如图4-33所示。

单击【确定】按钮 ，完成等半径圆角特征的设置，效果如图4-34所示。

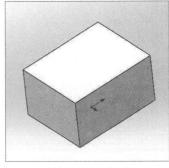
图4-32　绘制模型

图4-33　属性管理器

图4-34　等半径圆角

下面介绍【等半径】相关参数的含义。

- **连线、面、特征和环：** 在图形区域中选择要进行圆角处理的实例。
- **切线延伸：** 将圆角延伸到所有与所选面相切的面。
- **完整预览：** 显示所有连线的圆角预览。
- **部分预览：** 显示一条边线的圆角预览。
- **无预览：** 不显示边线的圆角预览，可减少重建模型时间。
- **半径：** 在数值框中输入数值，设置圆角的半径值。
- **多半径圆角：** 在每条选中的边线处出现半径数值框，输入数值即可改变半径的大小。
- **距离：** 在顶点处设置圆角逆转距离。
- **逆转顶点：** 在图形区域中选择一个或多个顶点。
- **逆转距离：** 以【距离】的数值列举边线数。
- **通过面选择：** 应用通过隐藏边线的面选择边线。
- **圆形角：** 生成含圆形角的等半径角。
- **保持边线：** 模型边线保持不变，而圆角则进行调整。
- **保持曲面：** 圆角边线调整为连续和平滑，而模型边线更改以与圆角边线匹配。

4.2.2 变半径圆角特征

变半径圆角是指生成含可变半径值的圆角，使用控制点帮助定义圆角。

绘制直径为65mm，高度为100mm的圆柱体，如图4-35所示。单击【特征】常用工具栏上的【圆角】按钮，将FeatureManager切换到【圆角】属性管理器。设置【圆角类型】为【变量大小圆角】，【要圆角化的项目】列表框中选择圆柱的棱边，在【附加的半径】框中单击，选择半径的控制点，输入圆角的半径值，如图4-36所示。单击【确定】按钮，完成多半径圆角特征，效果如图4-37所示。

图4-35 绘制圆柱

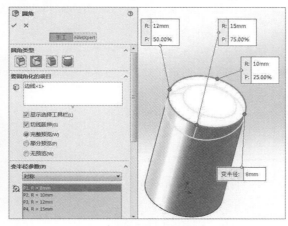

图4-36 【圆角】属性管理器

图4-37 多半径圆角

下面介绍【变半径】的参数含义。

- **半径：** 在数值框中输入数值，设置圆角的半径值。
- **附加的半径：** 列举在【圆角项目】选项区域的【边线、面、特征和环】选项中选择的边线顶点，并列举在图形区域中选择的控制点。
- **设定未指定的：** 应用当前【半径】至【附加的半径】下所有未指定半径的项目。
- **设定所有：** 应用当前的【半径】到【附加的半径】下的所有项目。

- **实例数：** 设置控制点的数量，默认添加3个变半径控制点，分别为25%、50%和75%。
- **平滑过渡：** 圆角半径平滑过渡。
- **直线过渡：** 圆角半径线性过渡。

4.2.3　面圆角特征

面圆角用于混合非相邻或非连续的面，单击【面圆角】按钮，然后设置相关参数。

绘制模型，如图4-38所示。单击【特征】常用工具栏上的【圆角】按钮，将FeatureManager切换到【圆角】属性管理器。在【圆角类型】选项区域单击【面圆角】按钮，在【面组1】框中选择凸台侧面，在【面组2】框中选择凸台顶面，输入半径值，如图4-39所示。

单击【确定】按钮，完成面圆角特征操作，效果如图4-40所示。

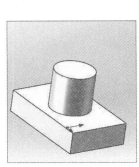 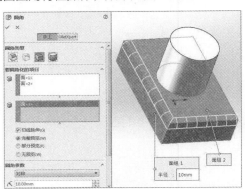 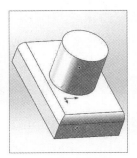

图4-38　模型　　　　图4-39　属性管理器　　　　图4-40　面圆角特征

4.2.4　完整圆角特征

选择3组相邻的面或者面组，生成与这3个面或者面组相切的圆角。单击【完整圆角】按钮，设置相关参数。

绘制模型，如图4-41所示。单击【特征】常用工具栏上的【圆角】按钮，将FeatureManager切换到【圆角】属性管理器。在【圆角类型】选项区域中单击【完整圆角】按钮，在【面组1】【面组2】和【面组3】列表框中按如图4-42所示，指定三个面。

单击【确定】按钮，完成完整圆角的操作，效果如图4-43所示。

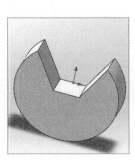 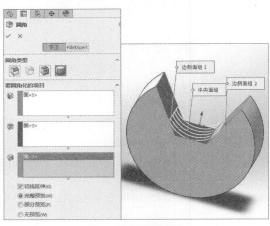 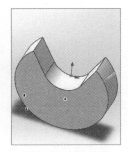

图4-41　绘制模型　　　　图4-42　属性管理器　　　　图4-43　圆角特征

下面介绍【完整圆角】相关参数的含义。

- **通过面选择：** 在上色或HLR显示模式中应用隐藏边线的选择。
- **切线延伸：** 将圆角延伸到所有与所选边线相切的边线。
- **圆角面：** 选择需要调整大小或删除的圆角，在图形区域中选择个别边线，从包含多条圆角边线的圆角特征中删除边线或者调整其大小。
- **边角面：** 在图形区域中选取圆角。
- **复制目标：** 选取目标圆角以复制在边角面下选取的圆角。

4.3 倒角特征

倒角特征是在所选边线、面或者顶点上生成倾斜的特征。倒角特征的生成方法根据倒角类型可分为【角度距离】【距离距离】【顶点】【等距面】和【面-面】五种类型。下面分别介绍这五种类型倒角特征的生成方法。

1. 角度距离

下面介绍角度距离的具体操作方法。

绘制长方体，如图4-44所示。单击【特征】常用工具栏上的【倒角】按钮 ⚙，将FeatureManager切换到【倒角】属性管理器。选择【倒角类型】为【角度距离】，【要倒角化的项目】中选择矩形的一条边线，【倒角参数】中距离设置为10mm，角度设置为45度，如图4-45所示。

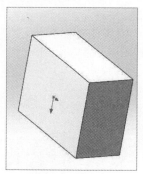

图4-44 绘制模型

图4-45 属性管理器

单击【确定】按钮 ✔，完成角度距离的操作，效果如图4-46所示。

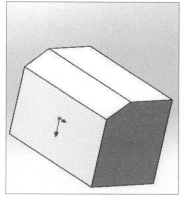

图4-46 角度距离效果

2. 距离距离

下面介绍距离距离的具体操作方法。

首先绘制一个长方体，如图4-47所示。单击【特征】常用工具栏上的【倒角】按钮◎，将FeatureManager切换到【倒角】属性管理器。选择【倒角类型】为【距离距离】，【要倒角化的项目】列表框中选择矩形的一条边线，【倒角参数】距离设置为10mm，如图4-48所示。

单击【确定】按钮✓，完成距离距离的操作，效果如图4-49所示。

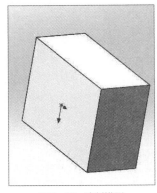

图4-47　绘制模型　　　　　图4-48　属性管理器　　　　　图4-49　距离距离效果

3. 顶点

下面介绍顶点的具体操作方法。

首先绘制长方体，如图4-50所示。单击【特征】常用工具栏上的【倒角】按钮◎，将FeatureManager切换到【倒角】属性管理器。选择【倒角类型】为【顶点】，【要倒角化的顶点】中选择矩形的一个顶点，【倒角参数】选项区域中【距离1】【距离2】和【距离3】均设置为15mm，如图4-51所示。

单击【确定】按钮✓，完成顶点的操作，效果如图4-52所示。

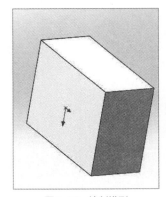

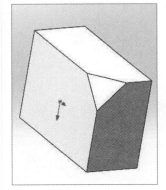

图4-50　绘制模型　　　　　图4-51　属性管理器　　　　　图4-52　顶点的效果

4. 等距面

下面介绍等距面的操作方法。

首先绘制长方体，如图4-53所示。单击【特征】常用工具栏上的【倒角】按钮◎，将FeatureManager切换到【倒角】属性管理器。选择【倒角类型】为【等距面】，【要倒角化的项目】选项区域中选择矩形的一个面，【倒角参数】中等距距离设置为10mm，如图4-54所示。

单击【确定】按钮✓，完成等距面的操作，效果如图4-55所示。

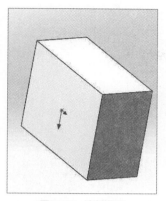

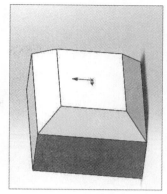

图4-53　绘制模型　　　　图4-54　属性管理器　　　　图4-55　等距面效果

5. 面-面

下面介绍面-面的具体操作。

首先绘制长方体，如图4-56所示。单击【特征】常用工具栏上的【倒角】按钮⚙，将FeatureManager切换到【倒角】属性管理器。选择【倒角类型】为【面-面】，【要倒角化的项目】选项区域中【面组1】和【面组2】分别选择矩形相邻的两个面，【倒角参数】距离设置为10mm，如图4-57所示。

单击【确定】按钮✓，完成面-面操作，效果如图4-58所示。

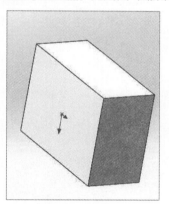

图4-56　绘制模型　　　　图4-57　属性管理器　　　　图4-58　面-面效果

4.4　孔特征

孔特征是指在已有的零件上生成各种类型的孔，在SolidWords中孔特征分为简单直孔和异形孔。

4.4.1　简单直孔特征

简单直孔是指一般的直孔且是光孔，在平面上放置孔并设定深度，一次只能放置一个孔，且需要再次进入草图标注或约束位置。下面介绍简单直孔的生成和编辑的具体操作方法。

首先绘制长宽高各为100mm、100mm、10mm的长方体，如图4-59所示。单击【特征】常用工具栏上的【简单直孔】按钮⚙，将FeatureManager切换到【孔】属性管理器。在【从】下拉列表中选择【草图基准面】选项，将【终止条件】设置为【给定深度】，设置深度为10mm，孔直径为20mm，如图4-60所示。单击【确定】按钮✓，效果如图4-61所示。

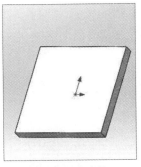

图4-59　长方体

图4-60　属性管理器

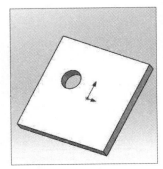

图4-61　直孔特征

　　然后在FeatureManager中单击孔的草图，在关联菜单中单击【编辑草图】按钮，如图4-62所示。进入草图编辑界面。按键盘上的空格键，单击【正视于】按钮，标注草图如图4-63所示。退出草图，结束草图编辑，得到的效果如图4-64所示。

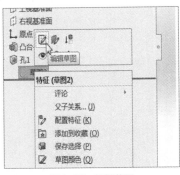

图4-62　编辑草图

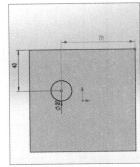

图4-63　标注草图

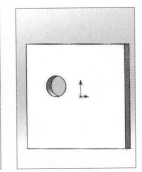

图4-64　结束草图编辑

4.4.2　异形孔向导

　　异形孔向导是针对生成孔特征的工具，通过该命令不需要查询设计书册，直接按照各国的标准件选择设计对应的标准孔，异形孔可以是沉头孔、光孔、螺纹孔等。一次可以放置多个孔，但是只能放置同一种类型的孔。下面介绍异形孔向导的具体操作方法。

　　首先绘制长宽高各为100mm、100mm、20mm的长方体，如图4-65所示。单击【特征】常用工具栏上的【异形孔向导】按钮，将FeatureManager切换到【孔规格】属性管理器。打开【类型】选项卡，设置【孔类型】为【直螺纹孔】，【标准】为GB，孔规格为M30，【终止条件】为【完全贯穿】，【螺纹线类型】为【完全贯穿】，如图4-66所示。单击【确定】按钮，效果如图4-67所示。

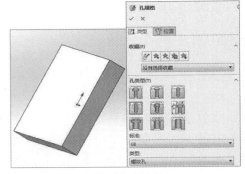

图4-65　长方体

图4-66　属性管理器

图4-67　异形孔

然后在FeatureManager中单击孔的草图,在关联菜单中单击【编辑草图】按钮,如图4-68所示。进入草图编辑界面。按键盘上的空格键,单击【正视于】按钮↓,标注草图如图4-69所示。退出草图,结束草图编辑,得到的效果如图4-70所示。

图4-68 编辑草图

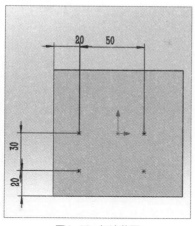
图4-69 标注草图

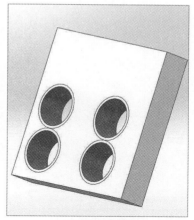
图4-70 结束草图编辑

4.5 拔模特征

拔模特征是用指定的角度斜削模型中所选的面,是型腔零件更容易脱出模具,可以在现有的零件中插入拔模,或者在进行拉伸特征时拔模,也可以将拔模应用到实体或者曲面模型中。

4.5.1 中性面拔模

拔模面是拔模操作的对象,是实体中的某一个面。中性面是拔模操作中的参考面,在拔模操作中中性面不发生变化。下面介绍中性面拔模的具体操作方法。

首先绘制长方体,如图4-71所示。单击【特征】常用工具栏上的【拔模】按钮,将FeatureManager切换到【拔模】属性管理器。在【拔模类型】选项区域选择【中性面】单选按钮,【拔模角度】设置为10度,指定【中性面】和【拔模面】,如图4-72所示。

最后单击【确定】按钮,效果如图4-73所示。

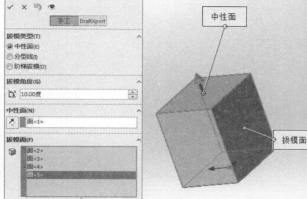

图4-71 长方体

图4-72 属性管理器

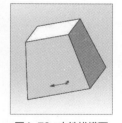
图4-73 中性拔模面

4.5.2 分型线拔模

以分型线为参考，对拔模面上的分型线进行拔模。下面介绍分型线拔模的具体操作方法。

建立一个长方体，并在长方体侧面距离50mm插入参考基准面1，在参考基准面1上绘制一条直线，如图4-74所示。单击曲线工具栏上的【分割线】按钮，将FeatureManager切换到【分割线】属性管理器。

在【选择】框中分别指定【要投影的草图】和【要分割的面】，如图4-75所示。单击【确定】按钮，效果如图4-76所示。

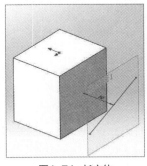 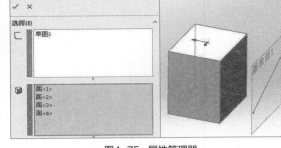 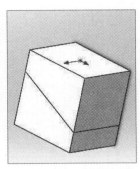

图4-74　长方体　　　　　　　　图4-75　属性管理器　　　　　　　　图4-76　分割线

单击【特征】常用工具栏上的【拔模】按钮，将FeatureManager切换到【拔模】属性管理器。设置【拔模类型】为【分型线】，【拔模角度】为10度，单击【拔模方向】框，选择顶面指示为拔模方向，在【分型线】列表框中按住Ctrl键，将4条分割线全部选取，如图4-77所示。

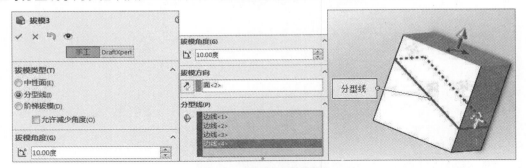

图4-77　【拔模】属性管理器

最后单击【确定】按钮，效果如图4-78所示。

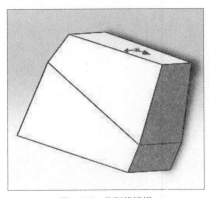

图4-78　分型线拔模

4.5.3 阶梯拔模

阶梯拔模是分型线拔模的变体，以中性面为拔模参考，使用分型线控制拔模操作范围。下面介绍阶梯拔模的操作方法。

建立一个长方体，并在长方体侧面距离50mm插入参考基准面1，在参考基准面1上绘制一条直线，如图4-79所示。单击曲线工具栏上的【分割线】按钮 ，将FeatureManager切换到【分割线】属性管理器。在【选择】列表框中分别指定【要投影的草图】和【要分割的面】，如图4-80所示。

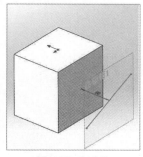
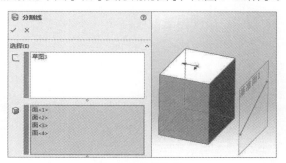

图4-79 长方体 　　　　　　　　　　　图4-80 属性管理器

单击【确定】按钮 ，得到如图4-81所示的分割线。

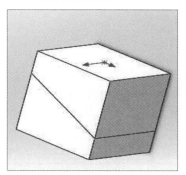

图4-81 分割线

然后，单击【特征】常用工具栏上的【拔模】按钮 ，将FeatureManager切换到【拔模】属性管理器。在【拔模类型】选项区域分别选中【阶梯拔模】和【垂直阶梯】单选按钮，【拔模角度】为10度，单击【拔模方向】框，选择顶面指示为拔模方向，在【分型线】列表框中将4条分割线全部选取，如图4-82所示。单击【确定】按钮 ，效果如图4-83所示。

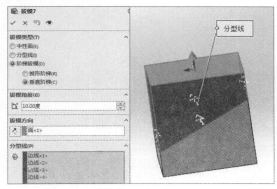
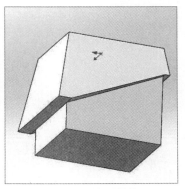

图4-82 属性管理器 　　　　　　　　　　图4-83 阶梯拔模

4.6 筋特征

筋特征用来在草图轮廓与现有零件之间添加指定方向和厚度的材料，形成筋板，增加零件的整体强度。使用一个或者多个开环或者闭环草图拉伸实体生成筋。下面介绍筋特征的具体操作方法。

绘制模型，并插入参考基准面1，并在基准面1上绘制开环草图，如图4-84所示。单击曲线工具栏上的【筋】按钮，将FeatureManager切换到【筋1】属性管理器。

在【厚度】选项区域中单击【两侧】按钮，厚度设置为10mm，拉伸方向设置为【平行于草图】，如图4-85所示。

单击【确定】按钮，效果如图4-86所示。

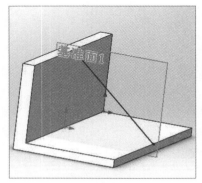

图4-84 模型

图4-85 属性管理器

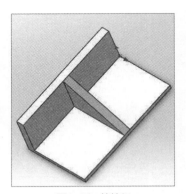

图4-86 筋特征

4.7 圆顶特征

用户可以同时在模型中添加一个或多个圆顶到所选的平面或非平面。下面介绍圆顶特征的具体操作方法。

首先绘制模型，如图4-87所示。单击【曲线】工具栏上的【圆顶】按钮，将FeatureManager切换到【圆顶】属性管理器。

然后，在【到圆顶的面】列表框中选择要生成圆顶特征的平面，设置距离为5mm，如图4-88所示。

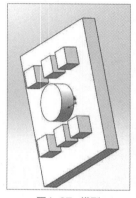

图4-87 模型

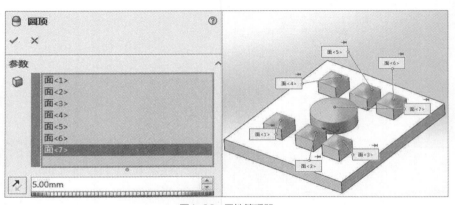

图4-88 属性管理器

最后，单击【确定】按钮，得到如图4-89所示的圆顶特征。

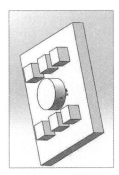

图4-89　圆顶

4.8　镜像特征

　　镜像特征是指对称于基准面（或一个平面）镜像所选的特征。镜像源特征变化，镜像的复制特征也会变化。

　　首先绘制模型，如图4-90所示。单击【曲线】工具栏上的【镜像】按钮，将FeatureManager切换到【镜像】属性管理器。

　　然后在【镜像面/基准面】列表框中，选择【右视基准面】，在【要镜像的特征】列表框中选择要镜像的特征，如图4-91所示。单击【确定】按钮，效果如图4-92所示。

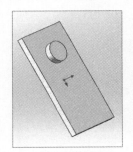

图4-90　模型

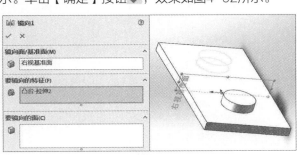

图4-91　属性管理器

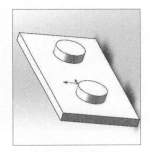

图4-92　镜像特征

4.9　抽壳特征

　　抽壳用于在选定面的方向上挖空零件，生成薄壁特征。下面介绍抽壳特征的具体操作方法。

　　绘制长方体，如图4-93所示。单击【曲线】工具栏上的【抽壳】按钮，将FeatureManager切换到【抽壳】属性管理器。设置厚度为10mm，单击【移除的面】列表框，单击选择要移除的面，如图4-94所示。

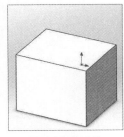

图4-93　长方体

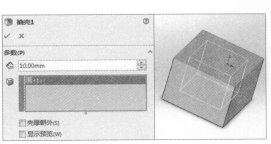

图4-94　属性管理器

最后，单击【确定】按钮 ✅，完成抽壳特征操作，效果如图4-95所示。

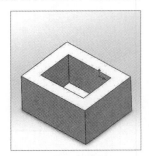

图4-95 抽壳特征

实例 绘制壳体零件图

机械零件按照形状大致可以分为轴套类零件、轮盘类零件、叉架类零件以及箱体类零件4个类型，下面我们以绘制壳体类零件支架为例，具体介绍壳体类零件的绘制方法。

Step 01 执行【文件】|【新建】命令，打开【新建SolidWorks文件】对话框，单击【零件】按钮后，单击【确定】按钮，新建一个零件模型文件，如图4-96所示。

Step 02 在工具栏的【特征】选项卡上单击【拉伸凸台/基体】按钮，进入草图绘制界面，如图4-97所示。

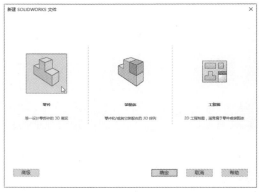

图4-96 新建零件

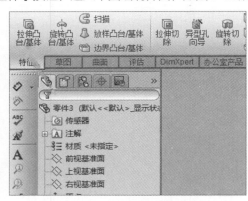

图4-97 单击【拉伸凸台/基体】按钮

Step 03 在控制区选择【前视基准面】作为零件的基准面，确定草图基准面，然后在【草图】选择卡中选择【直线】选项，然后以原点为起始点绘制图4-98所示的草图，注意线条的水平和竖直。

Step 04 单击【智能尺寸】按钮，进行尺寸标注，如图4-99所示。

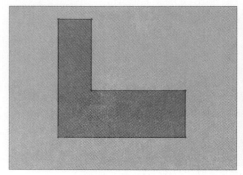

图4-98 绘制草图

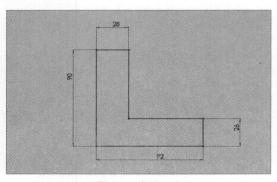

图4-99 标注尺寸

Step 05 然后单击【绘制圆角】按钮，为图形倒3mm圆角，之后单击界面右上角的 ✔ 按钮，完成草图的绘制，如图4-100所示。

Step 06 单击界面右上角的【退出草图】按钮 ，退出草图操作模式，进入拉伸特征操作，设置拉伸长度为60mm后，单击界面右上角的 ✔ 按钮，如图4-101所示。

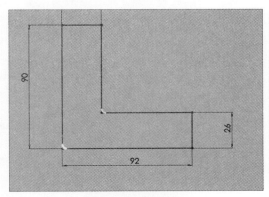

图4-100 绘制圆角

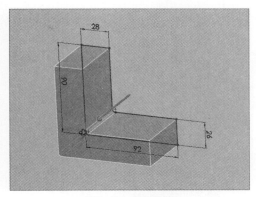

图4-101 拉伸图形

Step 07 执行【圆角】命令，为零件倒角，设置圆角大小为5mm，之后单击界面右上角的 ✔ 按钮，如图4-102所示。

Step 08 操作完成后，使用鼠标中键在绘图区翻转零件查看效果，如图4-103所示。

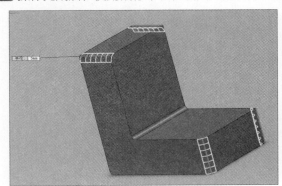

图4-102 倒圆角

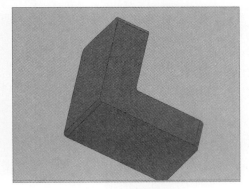

图4-103 翻转零件

Step 09 单击【抽壳】按钮后，设置厚度为2mm，在绘图区分别选择3个面，如图4-104所示。

Step 10 最后单击界面右上角的【确定】按钮，完成壳体零件模型的创建，如图4-105所示。

图4-104 单击【抽壳】按钮

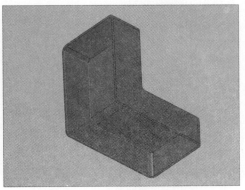

图4-105 查看壳体零件成型效果

上机实训：绘制泵头壳体零件图

机械零件按照形状大致可以分为轴套类零件、轮盘类零件、叉架类零件以及箱体类零件4个类型，下面我们以绘制泵头壳体零件为例，具体介绍多特征零件需要的步骤。

01 执行【文件>新建】命令，在打开的【新建SOLIDWORKS文件】对话框中选择【零件】选项后，单击【确定】按钮，进入零件设计环境，如图4-106所示。

02 在【特征】工具栏上单击【拉伸凸台/基体】按钮，进入草图绘制界面，如图4-107所示。

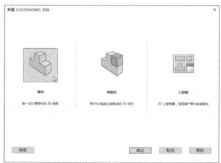

图4-106 新建零件

图4-107 单击【拉伸凸台/基体】按钮

03 在绘图区选择【右视基准面】作为零件的基准面，进入草图界面，如图4-108所示。

04 在基准面中单击【直线】下三角按钮，选择【中心线】选项，沿水平和垂直方向绘制两条中心线，并且以中心为基准画两个同心圆（外圆80，内圆48），左右各画两个对称小圆（直径8），左边小圆的同心大圆直径为24，尺寸如图4-109所示。

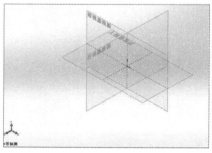

图4-108 确定草图基准面

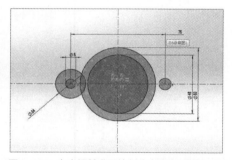

图4-109 在右视基准面绘制这个图像并标注尺寸

05 单击【周边圆】按钮，绘制两个与上图两圆外切的圆形，如图4-110所示。

06 然后使用【裁剪】工具，把多余不要的弧线裁剪掉，如图4-111所示。

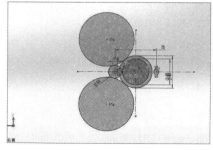

图4-110 绘制外切圆

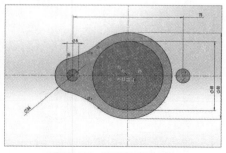

图4-111 裁剪图形后如图

07 单击【镜像】按钮，并重复着裁剪和标注尺寸，注意几何关系，之后单击 ，进入拉伸特征模式，如图4-112所示。

08 在左侧控制区设置拉伸长度为28mm，单击绘图区右上角的 按钮，如图4-113所示。然后执行【文件>保存】命令，在打开的【另存为】对话框中选文件的保存路径后，设置【文件名】为【泵头壳体】，在后续的操作中随时注意保存。

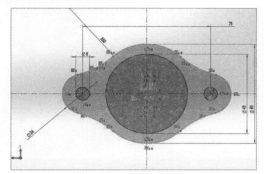

图4-112 镜像并标注尺寸

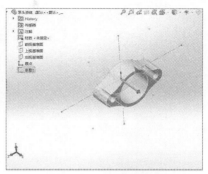

图4-113 编辑拉伸尺寸

09 继续单击【拉伸凸台/基体】按钮，选择刚才画的零件外侧面为草图基准面。继续以原点为基准绘制圆，和上下两个小圆孔，尺寸如图4-114所示。

10 单击 退出草图，设置拉伸长度为14mm，勾选【合并结果】复选框，如图4-115所示。

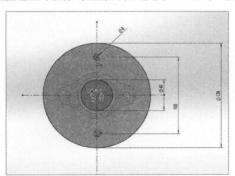

图4-114 绘制同心圆标注尺寸

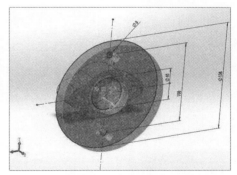

图4-115 编辑拉伸尺寸

11 以上述图形外表面为基准面绘制两个同心圆，外圆直径为60，内圆直径40，如图4-116所示。

12 单击 退出草图，设置拉伸长度为20mm，勾选合并对象，如图4-117所示。

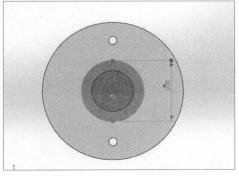

图4-116 绘制同心圆草图

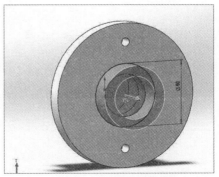

图4-117 编辑拉伸尺寸

SOLIDWORKS

13 单击【草图】工具，在上视基准面绘制连接板草图，直线工具即可，并画一个中心线，镜像一个草图到上面，图形尺寸如图4-118所示。

14 单击【旋转凸台/基体】钮，先选一个草图（在所选轮廓里），旋转角度选40，类型选择两侧对称，如图4-119所示。

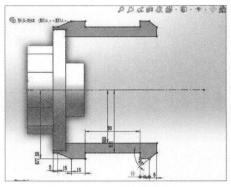

图4-118 在上视图绘制草图

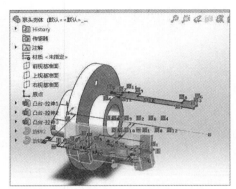

图4-119 旋转基体

15 重复上一步骤，旋转另外一个草图，效果如图4-120所示。

16 单击【草图】按钮，在上视基准面绘制草图矩形，并且给两个角倒圆32，如图4-121所示。

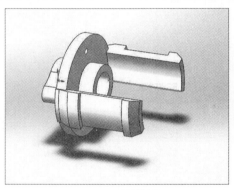

图4-120 旋转效果

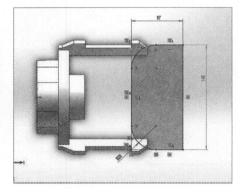

图4-121 上视图绘制图

17 单击【拉伸凸台/基体】按钮，方向1拉伸长度为68mm，方向2拉伸106，如图4-122所示。

18 单击【圆角】按钮，选择【面圆角】选项，圆角大小32，选择图4-123所示几个倒圆面。

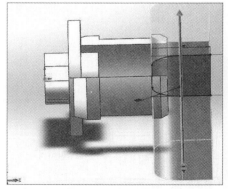

图4-122 两侧拉伸凸台

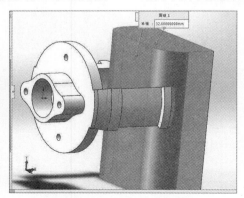

图4-123 给壳体倒圆角

⓳ 重复上述步骤，选择壳体下面几个草图面，效果如图4-124所示。

⓴ 单击【草图】按钮，在前视基准面画圆形腔体，尺寸如图4-125所示。

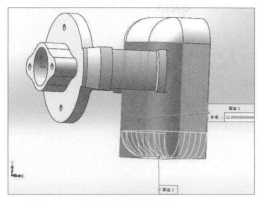

图4-124 继续圆角面

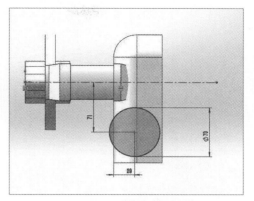

图4-125 绘制圆形并标注尺寸

㉑ 单击【拉伸凸台/基体】按钮，选择两侧拉伸长度168mm，如图4-126所示。

㉒ 单击【抽壳】按钮，设置尺寸为10mm，选择壳体背面，如图4-127所示。

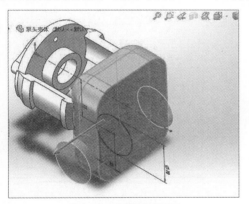

图4-126 拉伸圆形草图

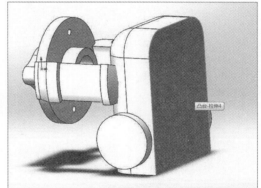

图4-127 给壳体抽壳

㉓ 单击【拉伸切除】按钮，给壳体底圆柱画同心圆直径50完全切除，如图4-128所示。

㉔ 单击【拉伸切除】按钮，在草图界面壳体顶面画圆直径10一个圆孔，位置如图4-129所示。

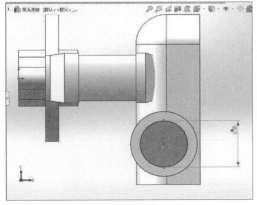

图4-128 完全切除一个直径50圆孔

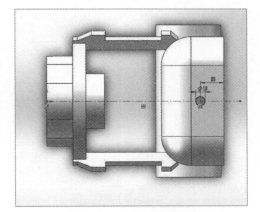

图4-129 绘制一个直径10圆孔

143

25 退出草图，拉伸切除长度为15mm，效果如图4-130所示。

26 选择壳体没有抽壳的面为基准画圆孔，直径为55，基准为圆心，如图4-131所示。

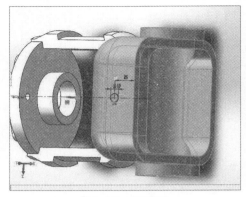

图4-130 切除圆孔

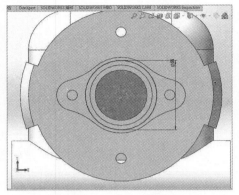

图4-131 在壳体外侧面绘制孔

27 单击【拉伸凸台/基体】按钮，方向1拉伸长度为10mm，方向2拉伸15，如图4-132所示。

28 单击【拉伸切除】按钮，在上述凸台表面画直径40完全切除，如图4-133所示。

图4-132 拉伸凸台

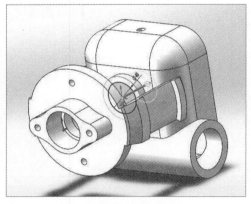

图4-133 切除圆孔

29 单击【草图】按钮，在前世基准面画壳体凸台草图，尺寸如图4-134所示。

30 单击【草图】按钮，以壳体背面为基准，点击【转换实体引用】按钮，将壳体的外边全选，直接抽出草图，如图4-135所示。

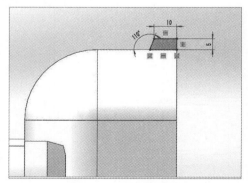

图4-134 绘制凸台草图

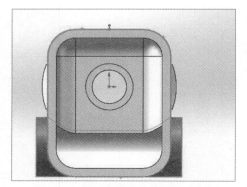

图4-135 用转换实体引用工具抽出草图

31 单击【扫描】按钮，选择前视基准面的草图为草图界面，壳体外边草图为路径，如图4-136所示。

32 单击 ✓ 按钮，退出扫描命令，最后泵头壳体效果如图4-137所示。

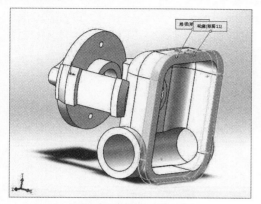

图4-136 扫描出壳体凸台

图4-137 最终效果

Chapter

05

曲线与曲面设计

本章概述

SolidWorks 2018中提供了大量的曲线和曲面设计命令，并且可以对现有的曲面进行编辑。通过对曲线和曲面特征编辑命令的灵活运用，可以完成汽车、飞机、轮船等复杂曲面产品的设计工作。

核心知识点

- 了解各种曲线和曲面特征的作用
- 掌握各种曲线和曲面特征的创建方法
- 理解曲面的创建步骤

5.1 创建曲线

曲线通常作为扫描路径，用在放样或者扫描的引导线、放样的中心线或线路系统建立实体特征或曲面特征。SolidWorks的曲线包括投影曲线、组合曲线、螺旋线/涡状线、分割线、通过参考点的曲线、通过XYZ的曲线等。

5.1.1 投影曲线

投影曲线是从草图投影到模型面或草图基准面上生成的曲线。

1. 面上草图

将在基准面上绘制的草图曲线投影到实体的某个面上，所生成的曲线。

单击【曲线】常用工具栏上的【投影曲线】按钮 🔟，将FeatureManager切换到【投影曲线】属性管理器。设置投影类型为【面上草图】，如图5-1所示。

要投影的草图为椭圆，投影面为圆柱面，如图5-2所示。单击【确定】按钮 ✅，投影曲线如图5-3所示。

图5-1 【投影曲线】属性管理器

图5-2 设置投影面

图5-3 投影曲线

2. 草图上草图

在相交的两个基准面上分别绘制草图，两个草图各自沿垂直方向投影在空间中相交生成一条曲线。投影曲线特征的方法如下。

单击【曲线】工具栏上的【投影曲线】按钮 🔟，将FeatureManager切换到【投影曲线】属性管理器。设置投影类型为【草图上草图】，要投影的草图为【草图1】和【草图2】，如图5-4所示。

设置完成后，单击【确定】按钮 ✅，投影曲线如图5-5所示。

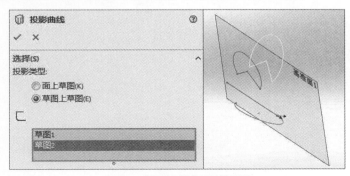

图5-4 【投影曲线】属性管理器

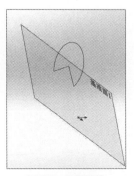

图5-5 投影曲线

5.1.2 组合曲线

组合曲线是将多条曲线、草图实体或者模型边线组合成一条新的单一曲线。组合曲线可以作为生成放样或扫描的引导曲线。组合曲线特征的方法如下。

单击【曲线】工具栏上的【组合曲线】按钮，将FeatureManager切换到【投影曲线】属性管理器。在要连接的实体中选择模型朝上面的所有曲线，如图5-6所示。

然后，单击【确定】按钮 ，投影曲线如图5-7所示。

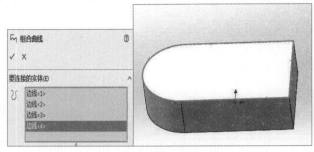

图5-6 【组合曲线】属性管理器

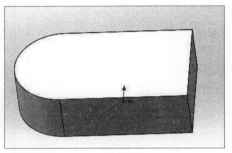

图5-7 组合曲线

5.1.3 螺旋线/涡状线

螺旋线/涡状线既可以作为扫描特征的一个路径或引导曲线，也可以作为放样特征的引导曲线。

1. 螺旋线

螺旋线特征的操作方法如下。

首先，在前视基准面上绘制一个圆，如图5-8所示。

然后，单击曲线工具栏上的【螺旋线/涡状线】按钮 ，选择步骤一中的圆。将FeatureManager切换到【螺旋线/涡状线】属性管理器。定义方式设置为【螺距和圈数】，恒定螺距，螺距设置为18mm，圈数设置为5，起始角度设置为180度，选中【顺时针】单选按钮，如图5-9所示。

设置完成后，单击【确定】按钮 ，得到的螺旋线如图5-10所示。

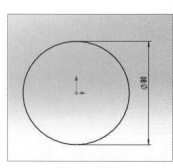

图5-8 绘制圆

图5-9 【螺旋线/涡状线】属性管理器

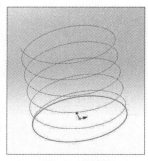

图5-10 螺旋线

2. 涡状线

涡状线特征的操作方法如下。

首先，在前视图基准面上绘制一个圆，如图5-11所示。

然后，单击曲线工具栏上的【螺旋线/涡状线】按钮❽，选择步骤一中的圆。将FeatureManager切换到【螺旋线/涡状线】属性管理器。设置定义方式为【涡状线】，螺距设置为20mm，圈数为5，起始角度为180度，选中【逆时针】单选按钮，如图5-12所示。

设置完成后，单击【确定】按钮✔，得到的涡状线如图5-13所示。

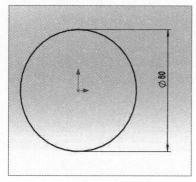  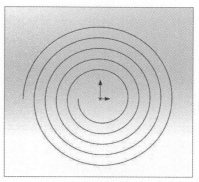

图5-11 绘制圆　　　　图5-12 属性管理器　　　　图5-13 涡状线

下面介绍【螺旋线/涡状线】属性管理器中各参数的含义。

- **螺距和圈数：** 设置螺距和圈数的值来生成螺旋线。
- **高度和圈数：** 设置高度和圈数的数值来生成螺旋线。
- **高度和螺距：** 设置高度和螺距的值生成螺旋线。
- **涡状线：** 设置螺距和圈数的值来生成涡状线。
- **螺距：** 在数值框中输入螺距的值。
- **反向：** 反转螺旋线开始旋转方向。
- **起始角度：** 在螺旋线开始旋转的角度。
- **顺时针/逆时针：** 设置螺旋线的旋转方向。
- **锥形角度：** 设置锥形螺纹线的角度。
- **锥度外张：** 设置螺纹线的锥度为外张。

实例　绘制弹簧模型

本案例利用【螺旋线/涡状线】建立一个直径为50mm弹簧的模型。其中螺旋线按高度【100mm】，圈数【10圈】，起始角度180度，旋向为逆时针，弹簧圆钢直径为5mm。下面介绍具体操作方法。

Step 01 单击标准工具栏的【新建】按钮，系统弹出【新建SolidWorks文件】对话框，选择【零件】。单击确定，进入零件设计环境，在前视基准面上绘制一个圆，标注直径为50mm，如图5-14所示。

Step 02 单击曲线工具栏上的❽【螺旋线/涡状线】按钮，选择Step 01的圆。将FeatureManager切换到【螺旋线/涡状线】属性管理器。

Step 03 设置【螺旋线/涡状线】属性管理器中的【定义方式】为【高度和圈数】，在【参考】中选中【恒定螺距】，高度设置为100，圈数设置为10，起始角度为180度，选中【逆时针】单选按钮，如图5-15所示。此时草图如图5-16所示。

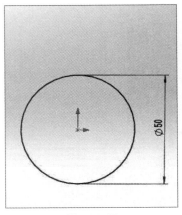

图5-14 圆

图5-15 属性管理器

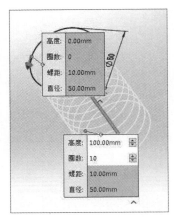

图5-16 草图状态

Step 04 单击【插入】菜单，选择【参考几何体】下拉菜单中的【基准面】。将FeatureManager切换到【基准面】属性管理器。选中螺旋线的终点和线，单击【确定】按钮，建立图5-17所示的【基准面1】。

Step 05 在【基准面1】上绘制直径为5mm的圆，鼠标选中圆心和螺旋线的终点，在【点】属性管理器中的参数框中X值设置为0，Y值设置为0，如图5-18所示，单击【确定】按钮，圆心和螺旋线终点重合，如图5-19所示。

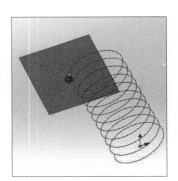

图5-17 建立参考面

图5-18 属性管理器

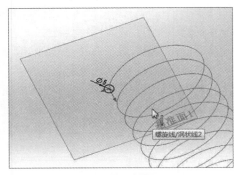

图5-19 绘制圆

Step 06 退出草图，选择【扫描】命令 扫描，在【扫描】属性管理器中指定【轮廓】为5mm的圆，【路径】为螺旋线，如图5-20所示，草图如图5-21所示。

Step 07 单击【确定】按钮，生成如图5-22所示的弹簧模型。

图5-20 属性管理器

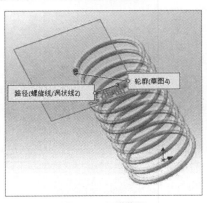

图5-21 扫描草图

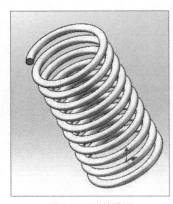

图5-22 弹簧模型

5.1.4 分割线

分割线是将草图投影到模型面上所生成的曲线。它可以将所选的面分割为多个分离的面，从而可以单独选取每一个面。分割线共有三种：投影、轮廓和交叉点。

1. 轮廓

轮廓分割线是在某一方向上看到的实体最大的外围轮廓线。曲面外形分模时常用此种方法。分割线特征的操作方法如下。

首先，建立圆柱模型，圆柱底面半径45mm，高100mm。基准面1和上视基准面的距离为90mm，如图5-23所示。

然后，单击【曲线】工具栏上的【分割线】按钮圆或者选择【插入】|【曲线】|【分割线】命令，将FeatureManager切换到【分割线】属性管理器。设置分割类型为【轮廓】，拔模方向为【基准面1】，要分割的面为圆柱面，如图5-24所示。

设置完成后，单击【确定】按钮✔，得到的分割线如图5-25所示。

下面介绍【轮廓】分割类型各参数的含义。

- **拔模方向：** 选择拔模的基准面。
- **要分割的面：** 在列表框中选择需要分割的面。
- **角度：** 在数值框中设置拔模的角度值。

图5-23 预先建立的模型

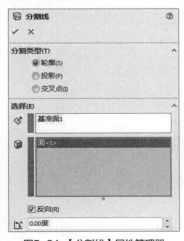

图5-24 【分割线】属性管理器

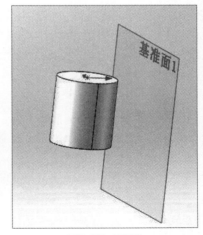

图5-25 分割线

2. 投影

将草图投影到曲面上，并将所选的面分割。

绘制圆柱模型，圆柱底面半径45mm，高100mm。基准面1和上视基准面的距离为90mm，在基准面1上作直径50mm的圆，如图5-26所示。

单击【曲线】工具栏上的【分割线】按钮圆，将FeatureManager切换到【分割线】属性管理器。设置分割类型为【投影】，选择要投影的草图为圆，要分割的面为圆柱面，如图5-27所示。

单击【确定】按钮✔，得到的分割线如图5-28所示。

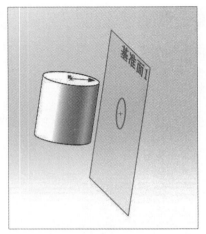

图5-26 预先建立的模型

图5-27 【分割线】属性管理器

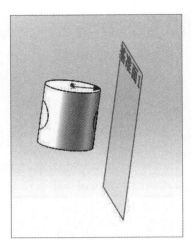

图5-28 分割线

下面介绍【投影】分割类型各参数的含义。

- **要投影的草图：**在列表框中选择需要投影的草图。
- **单向：**以单方向分割来生成分割线。

3. 交叉点

以交叉实体、曲面、面、基准面或者曲面样条曲线来分割所选面。

首先，建立如图5-29所示的模型，圆柱底面半径为45mm，高为100mm，在前视基准面上作一曲面与圆柱相交。

然后，单击曲线工具栏上的【分割线】按钮，将FeatureManager切换到【分割线】属性管理器。设置分割类型为【交叉点】，分割实体/面/基准面为曲面，要分割的面为圆柱面，如图5-30所示。

最后，单击【确定】按钮，隐藏曲面后，得到的分割线如图5-31所示。

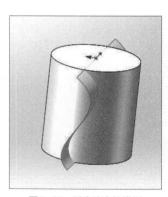

图5-29 预先建立的模型

图5-30 【分割线】属性管理器

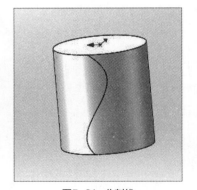

图5-31 分割线

下面介绍【交叉点】属性管理器中各参数的含义。

- **分割所有：**分割所有可以分割的面。
- **自然：**按照曲面的形状进行分割。
- **线性：**按照线性进行分割。

5.1.5　通过参考点的曲线

　　添加通过定义的点或已存在的点作为参考点而生成的样条曲线。

　　首先，建立如图5-32所示的模型，在矩形的四周绘制五个点后，退出草图。

　　然后，单击【曲线】工具栏上的【通过参考点的曲线】按钮，将FeatureManager切换到通过参考点的曲线属性管理器。依次选取矩形四周的点，选中【闭环曲线】复选框，如图5-33所示。

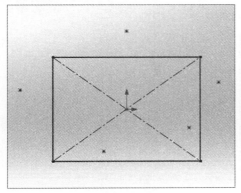

图5-32　矩形周围的点

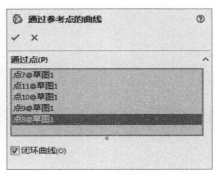

图5-33　属性管理器

　　设置完成后，单击【确定】按钮，得到通过参考点的曲线，如图5-34所示。

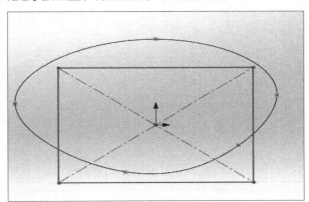

图5-34　通过参考点的曲线

　　下面介绍【通过参考点的曲线】属性管理器中各参数的含义。

● **通过点：** 选择一个或多个平面上的点。
● **闭环曲线：** 勾选该复选框，生成闭合的曲线。

5.1.6　通过XYZ点的曲线

　　通过输入一系列空间点的X、Y和Z值或利用存在的txt.或.sldcrv数据文件定义的点，生成通过这些点的样条曲线。通过XYZ点的曲线特征的操作方法如下。

　　首先，单击曲线工具栏上的【通过XYZ点的曲线】按钮，将FeatureManager切换到【曲线文件】对话框，在对话框中输入点的X、Y、Z坐标，如图5-35所示。如果事先已经编辑好坐标文件，单击【浏览】直接导入数据文件即可。

　　设置完成后，单击【确定】按钮，绘制的曲线如图5-36所示。

图5-35 输入坐标

图5-36 曲线

5.2 创建曲面

曲面特征一般是通过草图生成实体，用于构造复杂的3D模型。创建曲面特征的方法和创建实体特征的方法基本一致，比如拉伸、旋转、扫描、放样等。

5.2.1 拉伸曲面

由草图沿着指定的方向拉伸形成有边界的平面区域。拉伸曲面特征的操作方法如下。

首先，在前视基准面上绘制一段圆弧，如图5-37所示。

然后，单击曲面工具栏上的【拉伸曲面】按钮◈或者选择【插入】|【曲面】|【拉伸曲面】命令，将FeatureManager切换到【曲面-拉伸】属性管理器。设置开始条件为【草图基准面】，设置方向1为【给定深度】，深度值为50mm，如图5-38所示。

设置完成后，单击【确定】按钮✔，得到拉伸曲面，如图5-39所示。

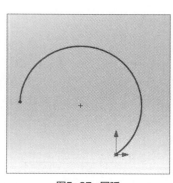

图5-37 圆弧

图5-38 【曲面-拉伸】属性管理器

图5-39 拉伸曲面

下面介绍【曲面-拉伸】属性管理器中各参数的含义。

- **草图基准面：** 拉伸的开始面为选中的草图基准面。
- **顶点：** 选择顶点作为拉伸曲面的开始条件。
- **行距：** 从选中的基准面等距的基准面上开始拉伸曲面。
- **终止条件：** 设定拉伸曲面的终止方式。
- **拉伸方向：** 设置拉伸的方向。

- **深度：**设置曲面拉伸的距离。
- **向外拔模：**设置向内或向外拔模。

5.2.2 旋转曲面

旋转曲面是将一条轮廓曲线绕指定的一条轴线旋转一定角度得到的曲面。

在前视基准面上绘制一段轮廓线，如图5-40所示。单击【曲面】工具栏上的【拉伸曲面】按钮，将FeatureManager切换到【曲面-旋转】属性管理器。将旋转轴设置为【直线】，设置方向1为【给定深度】，角度为360度，如图5-41所示。

单击【确定】按钮，得到旋转曲面，如图5-42所示。

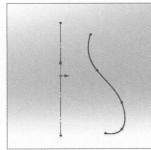
图5-40 轮廓线

图5-41 【曲面-旋转】属性管理器

图5-42 旋转曲面

下面介绍【曲面-旋转】属性管理器中各参数的含义。
- **旋转轴：**设置曲面旋转所围绕的轴，可以是中心线、直线或是一条边。
- **反向：**改变曲面旋转的方向。
- **旋转类型：**设置旋转曲面的类型，包括【给定深度】【成形到一顶点】【成形到一面】【到离指定面指定的距离】和【两侧对称】。
- **角度：**设置旋转曲面的角度。

5.2.3 扫描曲面

扫描曲面是一个扫描轮廓沿着一条路径生成的曲面。

在前视基准面上绘制一条路径。在上视基准面上绘制一条曲线轮廓，添加几何关系，使得轮廓和路径重合，如图5-43所示。单击【曲面】工具栏上的【扫描曲面】按钮，将FeatureManager切换到【曲面-扫描】属性管理器。选择轮廓和路径，如图5-44所示。

单击【确定】按钮，得到扫描曲面，如图5-45所示。

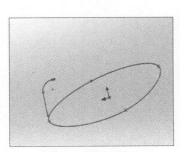
图5-43 轮廓和路径

图5-44 【曲面-扫描】属性管理器

图5-45 扫描曲面

5.2.4 放样曲面

放样曲面是指通过两个或者多个轮廓之间过渡生成的曲面。

1. 简单放样

下面介绍简单放样曲面特征的操作方法。

首先，绘制3个放样轮廓，如图5-46所示。

单击【曲面】工具栏上的【放样曲面】按钮 ，将FeatureManager切换到【曲面-放样】属性管理器在轮廓列表框中按顺序选择在步骤一中绘制的轮廓线，如图5-47所示。

单击【确定】按钮 ✅，得到放样曲面，如图5-48所示。

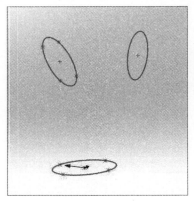

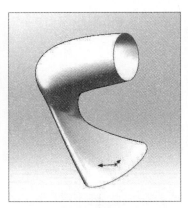

图5-46　绘制3个放样轮廓　　　　图5-47　属性管理器　　　　图5-48　放样曲面

下面介绍简单放样相关参数的含义。

- **轮廓：**用于设置放样曲面的划图轮廓。
- **上移/下移：**选择草图轮廓，然后单击对应的按钮，调整顺序。
- **方向向量：**根据方向向量所选实体应用相切的约束。
- **垂直于轮廓：**应用垂直于开始或线束轮廓的相切约束。

2. 引导线放样

使用引导线控制两条或两条以上的轮廓线生成的放样曲面。引导线放样曲面特征的操作方法如下。

绘制3个放样轮廓，如图5-49所示。使用3D草图绘制一个引导线，如图5-50所示。

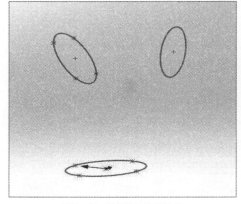

图5-49　绘制3个放样轮廓　　　　　　　图5-50　引导线

单击曲面工具栏上的 ↓【放样曲面】按钮，将FeatureManager切换到【曲面-放样】属性管理器。在轮廓列表框中按顺序选择在步骤一中绘制的轮廓线，在引导线列表框中选择绘制的引导线，如图5-51所示。

单击【确定】按钮 ✔，得到放样曲面，如图5-52所示。

图5-51 属性管理器　　　　　图5-52 放样轮廓

下面介绍引导线放样的相关参数含义。

● **引导线**：在列表框中选择引导线以控制放样的曲面。
● **下移/下移**：选择引导线，单击相应的按钮，调整引导线的顺序。
● **引导线相切类型**：在列表中选择相应的选项，控制放样与引导线相遇处的相切。

3. 中心线放样

中心线引导放样形状，或者可以由中心线和引导线引导放样曲面。中心线放样曲面特征的操作方法如下。

首先，绘制3个放样轮廓，如图5-53所示。使用3D草图绘制一个引导线和一个中心线，如图5-54所示。

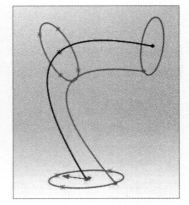

图5-53 绘制放样轮廓　　　　　图5-54 引导线和中心线

单击曲面工具栏上的【放样曲面】按钮 ↓，将FeatureManager切换到【曲面-放样】属性管理器。在轮廓列表框中按顺序选择绘制的轮廓线，在引导线列表框中选择绘制的引导线，在中心线参数列表框中选择绘制的中心线，如图5-55所示。

单击【确定】按钮 ✔，得到放样曲面，如图5-56所示。

图5-55 属性管理器

图5-56 放样曲面

下面介绍中心线放样的相关参数含义。

● **中心线：**使用中心线引导放样，可以和引导线是同一条线。

● **截面数：**在轮廓之间围绕中心线添加截面。

5.2.5 边界曲面

以双向在轮廓之间生成边界曲面。边界曲面特征的操作方法如下。

首先，使用3D草图绘制边界轮廓，如图5-57所示。

然后，单击曲面工具栏上的【边界曲面】按钮 ◈，将FeatureManager切换到【边界-曲面】属性管理器。在【方向1】列表框中选择两个边界轮廓线，在【方向2】列表框中选择另外两个边界轮廓线，如图5-58所示。

设置完成后，单击【确定】按钮 ✔，得到边界曲面，如图5-59所示。

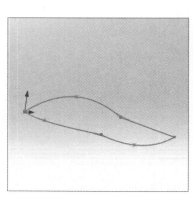

图5-57 绘制边界轮廓

图5-58 属性管理器

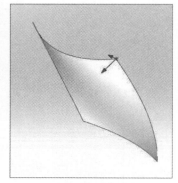

图5-59 边界曲面

5.3 编辑曲面

编辑曲面利用已有的曲面实体来生成相关联的曲面实体。曲面特征是一种过渡特征。编辑曲面包括等距曲面、延展曲面、缝合曲面、延伸曲面、剪裁曲面、填充曲面、中面、替换面和圆角曲面等。

5.3.1　等距曲面

使用一个或者多个相邻的面来生成等距曲面。等距曲面的方法如下。

首先，打开一个已经绘制好的曲面，如图5-60所示。

然后，单击曲面工具栏上的【等距曲面】按钮，将FeatureManager切换到【等距曲面】属性管理器。在【等距参数】框中选择绘制好的曲面，在【等距距离】框中填入10mm，如图5-61所示。

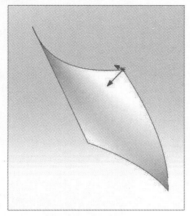

图5-60　绘制好的曲面

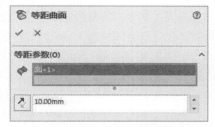

图5-61　【等距曲面】属性管理器

设置完成后，单击【确定】按钮✔，得到等距曲面，如图5-62所示。

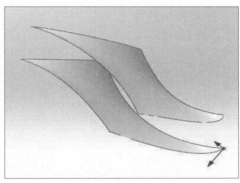

图5-62　等距曲面

下面介绍【等距曲面】属性管理器中各参数的含义。

● **要等距的曲面或面：**选中要等距的曲面或者平面。

● **反转等距方向：**设置反转等距的方向。

● **等距距离：**在数值框中输入数值，用于设置等距的距离。

5.3.2　延展曲面

通过所选平面方向延展实体或者曲面的边线而生成的曲面。延展曲面的方法如下。

首先，绘制如图5-63所示曲面。然后，单击曲面工具栏上的【延展曲面】按钮，将FeatureManager切换到【延展曲面】属性管理器。在【延展方向参考】框中选择基准面1，选择要延展的边线，延展距离设置为20mm，如图5-64所示。设置完成后，单击【确定】按钮✔，得到延展曲面，如图5-65所示。

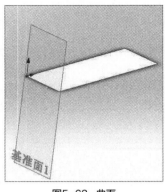

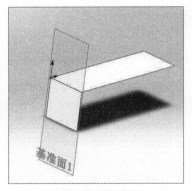

图5-63 曲面 　　　　　　　　图5-64 属性管理器 　　　　　　　　图5-65 延展曲面

下面介绍【延展曲面】属性管理器中各参数的含义。

● **延展方向参考：** 在图形区域中选择一个面或者基准面。

● **反转延展方向：** 改变曲面延展的方向。

● **要延展的边线：** 在图形中选择需要延展的边线。

● **沿切面延伸：** 使曲面沿模型中的相切面继续延展。

● **延展距离：** 在数值框中输入数值，设置延展的距离。

5.3.3　缝合曲面

缝合曲面是将两个或者多个曲面组合在一起形成一张曲面，曲面的边线必须相邻但不必重合。

单击工具栏上的【缝合曲面】按钮 🔟，将FeatureManager切换到【曲面缝合】属性管理器。在要缝合的曲面列表框中选择两个曲面，调整缝隙范围，如图5-66所示。单击【确定】按钮 ✔，得到缝合曲面，如图5-67所示。

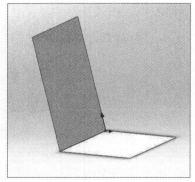

图5-66 属性管理器 　　　　　　　　　　图5-67 缝合曲面

🔧实例　绘制瓶盖

模型中瓶盖由曲面绘制而成，在本案例中主要用到曲面的相关知识，如旋转曲面、放样曲面和缝合曲面等。下面介绍绘制瓶盖的具体操作方法。

Step 01 执行【文件】|【新建】命令，在打开的【新建SOLIDWORKS文件】对话框中选择【零件】选项后，单击【确定】按钮，进入零件设计环境，如图5-68所示。

Step 02 执行【插入】|【曲面】|【旋转曲面】命令，选取【前视基准面】进入草图界面，如图5-69所示。

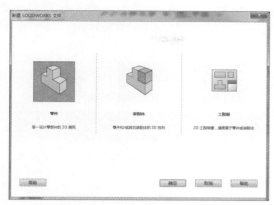

图5-68 新建零件

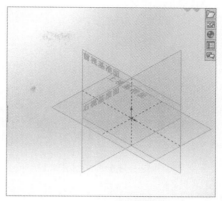

图5-69 选取前视基准面

Step 03 执行【直线】【圆弧】命令在绘图区绘制草图，如图5-70所示。

Step 04 退出草图绘制，进入旋转特征模式，选取长度为7的构造线作为旋转轴，设置旋转方向为【给定深度】，旋转角度为360度，如图5-71所示。

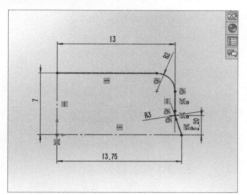

图5-70 绘制草图

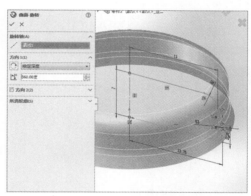

图5-71 旋转曲面

Step 05 单击绘图区右上角的 ✔ 按钮，查看效果，然后执行【保存】命令，如图5-72所示。

Step 06 选择【上视基准面】选项，单击【草图绘制】按钮 ⊏ 绘制草图，效果如图5-73所示。

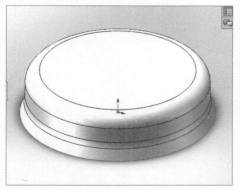

图5-72 旋转曲面后效果

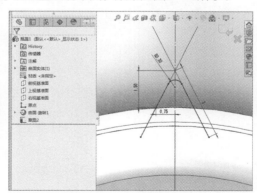

图5-73 绘制草图

Step 07 单击【退出草图】按钮 ⊏ 退出草图。执行【特征】|【参考几何体】|【基准面】命令，选取【上视基准面】作为第一参考，设置偏移距离4mm，单击绘图区右上角的 ✔ 按钮，如图5-74所示。

Step 08 单击绘图区【基准面1】选取草图绘制按钮 ⊏ 绘制草图，效果如图5-75所示。

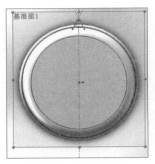

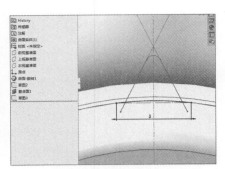

图5-74　创建基准面　　　　　　　　图5-75　绘制草图

Step 09 单击【退出草图】按钮。执行【插入】|【曲面】|【放样曲面】命令,轮廓依次选取【草图3】【草图2】,单击绘图区右上角的✔按钮,放样曲面,如图5-76所示。

Step 10 单击绘图区【基准面1】选取隐藏按钮,隐藏【基准面1】,旋转视图,放样曲面效果如图5-77所示。

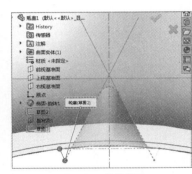

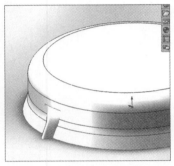

图5-76　放样曲面　　　　　　　　图5-77　放样曲面效果图

Step 11 调整视图,执行【插入】|【曲面】|【剪裁曲面】命令,选取旋转曲面作为【剪裁工具】,选取【移除选择】命令,要移除的部分选取旋转曲面内部的两片紫色部分,单击绘图区右上角的✔按钮剪裁曲面,如图5-78所示。

Step 12 执行【插入】|【曲面】|【剪裁曲面】命令,选取放样曲面作为【剪裁工具】,选取【移除选择】命令,要移除的部分选取紫色部分,单击绘图区右上角的✔按钮剪裁曲面,效果图如图5-79所示。

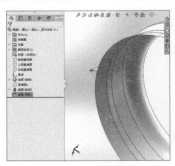

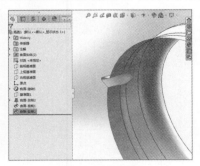

图5-78　剪裁曲面　　　　　　　　图5-79　剪裁曲面

Step 13 调整视图,执行【插入】|【曲面】|【缝合曲面】命令,选择【曲面-剪裁1】【曲面-剪裁2】,单击绘图区右上角的✔按钮缝合曲面,如图5-80所示。

Step 14 调整视图,执行【插入】|【曲面】|【圆角】命令,命令选取曲面接触边缘边线,设置圆角半径为0.3mm,如图5-81所示。

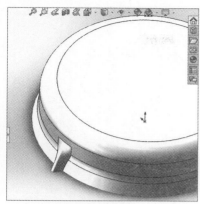

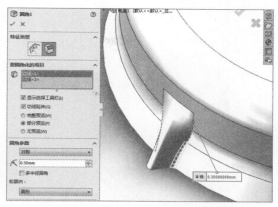

图5-80 缝合曲面　　　　　　　　　　　　图5-81 设置圆角

Step 15 单击绘图区右上角的 ✔ 按钮执行圆角命令，效果图如图5-82所示。

Step 16 单击绘图区【上视基准面】选取草图绘制按钮 ⊏ 绘制草图，效果如图5-83所示。

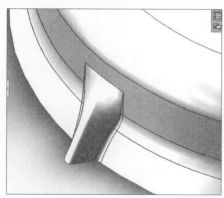

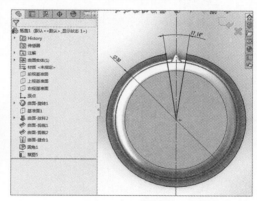

图5-82 圆角效果图　　　　　　　　　　　　图5-83 绘制草图

Step 17 单击绘图区右上角的【退出草图】按钮 退出草图，执行【插入】|【曲面】|【拉伸曲面】命令，设置方向1终止条件为【给定深度】，深度7mm，如图5-84所示。

Step 18 单击绘图区右上角的 ✔ 按钮，拉伸曲面，效果如图5-85所示。

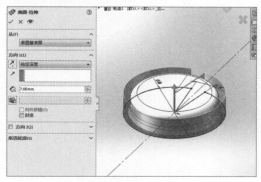

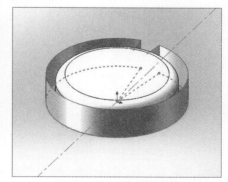

图5-84 【曲面-拉伸】　　　　　　　　　　图5-85 拉伸曲面效果

Step 19 执行【插入】|【曲面】|【剪裁曲面】命令，选取拉伸曲面作为【剪裁工具】，选取【移除选择】命令，要移除的部分选取紫色部分，如图5-86所示。

Step 20 单击绘图区右上角的 ✔ 按钮，效果如图5-87所示。

图5-86 剪裁曲面

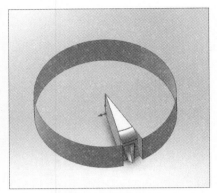

图5-87 剪裁后效果图

Step 21 执行【插入】|【曲面】|【剪裁曲面】命令，选取剪裁曲面作为【剪裁工具】，选取【移除选择】命令，要移除的部分选取紫色部分，如图5-88所示。

Step 22 单击绘图区右上角的 ✔ 按钮，效果如图5-89所示。

图5-88 剪裁曲面

图5-89 剪裁后效果图

Step 23 执行【插入】|【面】|【删除】命令，选取图示要删除的面，如图5-90所示。

Step 24 单击绘图区右上角的 ✔ 按钮，效果如图5-91所示。

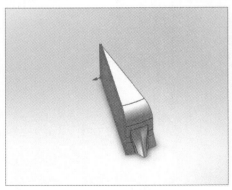

图5-90 选择删除面

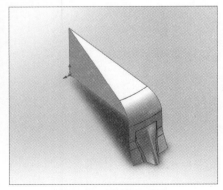

图5-91 删除面效果图

Step 25 执行【插入】|【特征】|【删除/保留实体】命令，选取图示曲面作为【要删除的实体】，如图5-92所示。

Step 26 单击绘图区右上角的 ✔ 按钮，效果如图5-93所示。

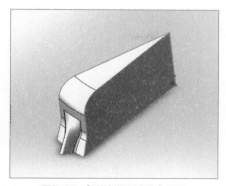

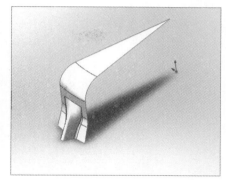

图5-92 【删除/保留实体】设置 图5-93 删除实体效果图

Step 27 执行【模型树】||【曲面-旋转】||【草图1】操作，单击⬛按钮，效果如图5-94所示。

Step 28 执行【特征】||【线性阵列】||【圆周阵列】命令，选取图示构造线作为阵列轴，设置角度360度，实例数21，选取图示蓝色部分作为要阵列的实体，如图5-95所示。

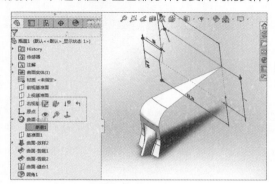

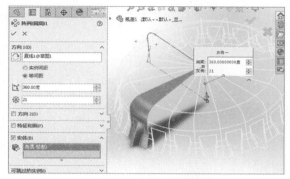

图5-94 显示草图1 图5-95 【圆周阵列】设置

Step 29 单击绘图区右上角的 ✔ 按钮，效果如图5-96所示。

Step 30 隐藏【草图1】，执行【插入】||【曲面】||【缝合曲面】命令，框选全部曲面，勾选【合并实体】复选框，如图5-97所示。

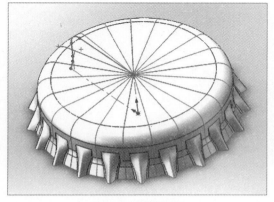

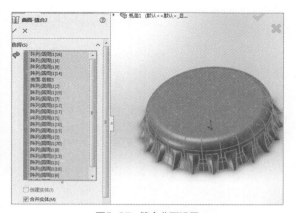

图5-96 阵列效果图 图5-97 缝合曲面设置

Step 31 单击绘图区右上角的 ✔ 按钮，效果如图5-98所示。

Step 32 执行【插入】||【凸台/基体】||【加厚】命令，选取图示缝合后的曲面，设置【加厚侧边2】，厚度【0.1mm】，复选【合并结果】命令，如图5-99所示。

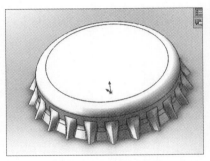
图5-98　曲面缝合效果

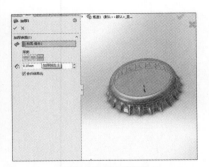
图5-99　加厚设置

Step 33 单击绘图区右上角的 ✔ 按钮，最终效果如图5-100所示。

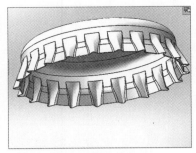
图5-100　最终效果

5.3.4　延伸曲面

延伸曲面是指沿一条或者多条边线或者一个曲面来扩展曲面，并使曲面的扩展部分与原曲面保持一定的几何关系。延伸曲面特征的方法如下。

单击工具栏上的【延伸曲面】按钮 ✎，将FeatureManager切换到【延伸曲面】属性管理器。选择曲面，设置终止条件为【距离】，并在数值框中输入20mm，延伸类型为【同一曲面】，如图5-101所示。

设置完成后，单击【确定】按钮 ✔，得到延伸曲面，如图5-102所示。

图5-101　属性管理器

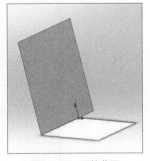
图5-102　延伸曲面

下面介绍【延伸曲面】属性管理器各参数的含义。
- **所选面/边线：**在图形中选择延伸的边线或面。
- **距离：**选中该单选按钮后，在数值框中输入数值确定延伸曲面的距离。
- **成形到某一点：**选择某一点，并将曲面延伸到指定的点。
- **成形到某一面：**选择面，并将曲央延伸至指定的面。
- **同一曲面：**以原有曲面的曲率沿曲面的几何体进行延伸。
- **线性：**沿指定的边线相切于原有曲面进行延伸。

5.3.5 剪裁/解除剪裁曲面

剪裁曲面是指沿着曲面、基准面或草图作为剪裁工具，剪裁相交的曲面，将不需要的部分去掉。解除剪裁曲面是指沿其边界延伸现有曲面来修补曲面上的洞及外部边线。

1. 剪裁曲面

剪裁曲面的操作方法如下。

单击工具栏上的【剪裁曲面】按钮◈或者执行【插入】|【曲面】|【剪裁曲面】命令，将FeatureManager切换到【剪裁曲面】属性管理器。设置【剪裁类型】为【相互】，选择剪裁的曲面，选中【移除选择】单选按钮，选择要移除的部分，如图5-103所示。

设置完成后，单击【确定】按钮◈，得到剪裁曲面，如图5-104所示。

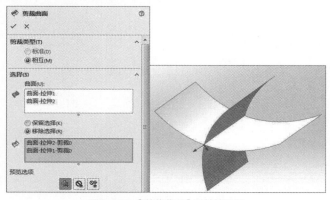

图5-103 【剪裁曲面】属性管理器   图5-104 剪裁曲面

下面介绍【剪裁曲面】属性管理器中各参数的含义。

- **剪裁类型：** 在该选项组中选择相应的剪裁类型，包括【标准】和【相互】两种类型。
- **剪裁工具：** 在图形中选择曲面、草图实体或曲线作为剪裁其他曲面的工具。
- **保留选择：** 选择剪裁曲面中需要保留的区域为保留部分。
- **移除选择：** 选择剪裁曲面中需要移除的区域为移除部分。

2. 解除剪裁曲面

解除剪裁曲面特征的操作方法如下。

单击工具栏上的【解除剪裁曲面】按钮◈，将FeatureManager切换到【解除剪裁曲面】属性管理器。在所选面/边界列表框中选择两个面，输入延伸的百分比为25%，如图5-105所示。

设置完成后，单击【确定】按钮◈，得到解除剪裁曲面，如图5-106所示。

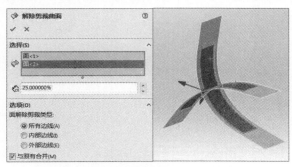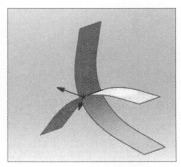

图5-105 【解除剪裁曲面】属性管理器   图5-106 解除剪裁曲面

5.3.6 填充曲面

填充曲面是指沿着曲面或实体边线、草图或曲线定义的边界，对曲面修补而生成的曲面区域。还可以选择约束或者约束点，控制填充曲面内部形状。填充曲面特征的操作方法如下。

首先，需要填充的模型如图5-107所示。

然后，单击曲面工具栏上的【填充曲面】按钮 ◈，将FeatureManager切换到【曲面填充】属性管理器。在【修补边界】栏选择曲面边线，如图5-108所示。

设置完成后，单击【确定】按钮 ✔，得到填充曲面，如图5-109所示。

  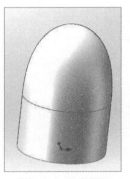

图5-107 模型   图5-108 属性管理器   图5-109 填充曲面

下面介绍【曲面填充】属性管理器各参数的含义。

- **修补边界：** 定义所应用的修补边线。
- **交替面：** 只有在实体模型上生成修补时才能使用该按钮。
- **应用到所有边线：** 将相同的曲率控制应用到所有边线中。
- **优化曲面：** 用于对曲面进行优化。
- **显示预览：** 以上色方式显示曲面填充预览。

5.3.7 中面

在实体上选择合适的双对面，在双对面之间可以生成中面。合适的双对面必须处处等距，且属于同一实体。生成中面的操作方法如下。

首先，预先建立如图5-110所示的模型。

然后，单击曲面工具栏上的【中面】按钮 ◈，将FeatureManager切换到【中面1】属性管理器。在【选择】栏分别指定【面1】和【面2】，如图5-111所示。

设置完成后，单击【确定】按钮 ✔，得到填充曲面，如图5-112所示。

  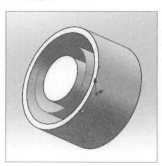

图5-110 模型   图5-111 属性管理器   图5-112 中面

5.3.8　替换面

利用新曲面实体替换曲面或者实体中的面，这种方式被称为替换面。替换曲面实体不必与旧的面具有相同的边界。在替换面时，原来实体中的相邻面自动延伸并剪裁到替换曲面和实体。

首先，预先建立如图5-113的模型。

然后，单击曲面工具栏上的【替换面】按钮 ，将FeatureManager切换到【替换面1】属性管理器。在【替换参数】栏分别指定【替换的目标面】和【替换曲面】，如图5-114所示。

设置完成后，单击【确定】按钮 ，隐藏右侧曲面，得到替换面，如图5-115所示。

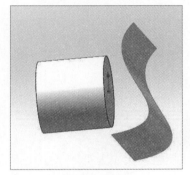

图5-113　模型

图5-114　属性管理器

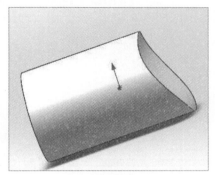

图5-115　替换面

5.3.9　删除面

删除面是从实体模型中删除面以生成曲面，或者从曲面模型中删除面。删除面特征的操作方法如下。

首先，进入草图绘制界面，绘制一个矩形，在实体绘制工具栏中选择【拉伸凸台/基体】命令按钮。绘制出如图5-116所示的模型。

然后，单击曲面工具栏上的【删除面】按钮 ，将FeatureManager切换到【删除面】属性管理器。在【选择】栏中选定【要删除的面】为长方体的顶面，在下方的【选择】单选框中，选择【删除】按钮，如图5-117所示。

设置完成后，单击【确定】按钮 ，得到已经删除长方体顶面的删除面，原来的长方体实体变为由5个面组成的曲面，如图5-118所示。

图5-116　模型

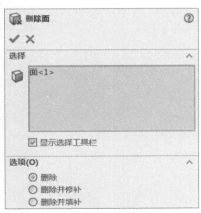

图5-117　属性管理器

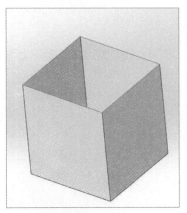

图5-118　删除面

上机实训：绘制鼠标效果

本章主要学习曲线和曲面的相关知识，下面通过制作鼠标模型，进一步学习投影曲线、曲面放样、边界曲面、曲面剪裁以及曲面加厚等知识。下面介绍具体操作步骤。

01 首先新建SolidWorks文件。执行【文件】|【新建】命令，在打开的【新建SOLIDWORKS文件】对话框中新建一个零件文件，如图5-119所示。

02 单击【草图】常用工具栏中【草图绘制】按钮，选择【前视基准面】，执行【直线】，【样条曲线】命令，绘制草图1，如图5-120所示。

图5-119　新建文件

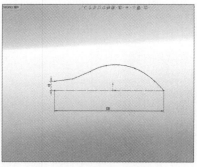

图5-120　绘制直线和曲线

03 单击【草图绘制】按钮，选择【上视基准面】，执行【样条曲线】和【直线】命令，绘制草图2，如图5-121所示。

04 单击【草图绘制】按钮，选择【上视基准面】，把草图2转化为实体，镜像草图2，再把草图2转化为构造线，得到草图3，如图5-122所示。

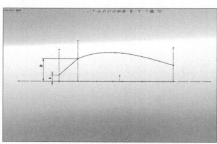

图5-121　绘制草图

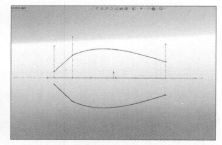

图5-122　将草图转化为构造线

05 单击【草图绘制】按钮，选择【上视基准面】，执行【直线】命令，绘制草图4，如图5-123所示。

06 单击【草图绘制】按钮，选择【上视基准面】，执行【样条曲线】命令，绘制草图5，如图5-124所示。

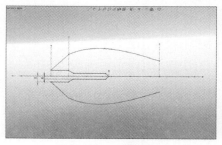

图5-123　绘制草图4

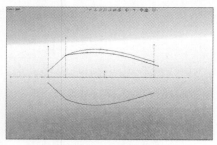

图5-124　绘制草图5

07 单击【草图绘制】按钮，选择【上视基准面】，把草图5转化为实体，镜像草图5，再把草图5转化为构造线，得到草图6，如图5-125所示。

08 单击【草图绘制】按钮，选择【前视基准面】，执行【样条曲面】命令，绘制草图7，如图5-126所示。

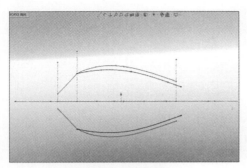
图5-125 镜像草图5

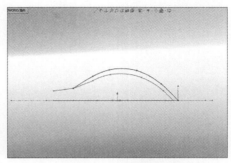
图5-126 绘制草图7

09 单击【草图绘制】按钮，选择【上视基准面】，执行【圆弧】命令，绘制草图8，如图5-127所示。

10 在【曲线】指令中选择【投影曲线】命令，在【投影类型】选项区域选择【草图上的草图】，在【要投影一些草图】选项区域选择草图1、草图2，得到曲线1，如图5-128所示。

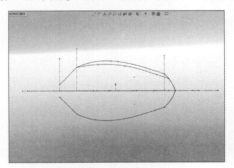
图5-127 绘制圆弧

图5-128 投影曲线

11 在【曲线】指令中选择【投影曲线】命令，在【投影类型】选项区域选择【草图上的草图】，在【要投影一些草图】选项区域选择草图1、草图3，得到曲线2，如图5-129所示。

12 在【曲线】指令中选择【投影曲线】命令，在【投影类型】选项区域选择【草图上的草图】，在【要投影一些草图】选项区域选择草图5、草图7，得到曲线3，如图5-130所示。

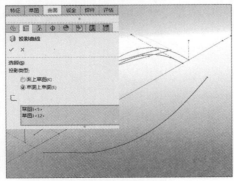
图5-129 投影曲线

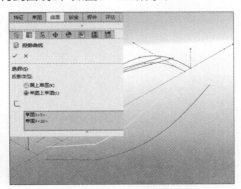
图5-130 投影曲线

13 在【曲线】指令中选择【投影曲线】命令，在【投影类型】选项区域选择【草图上的草图】，在【要投影一些草图】选项区域选择草图6、草图7，得到曲线4，如图5-131所示。

14 曲线1、曲线2、曲线3、曲线4效果，如图5-132所示。

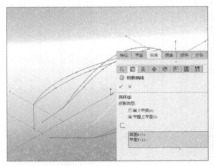

图5-131　投影曲线

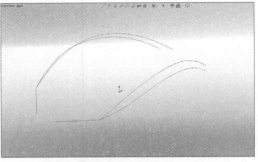

图5-132　查看效果

15 单击【3D草图绘制】按钮，执行【直线】命令，绘制3D草图1，如图5-133所示。

16 单击【草图绘制】按钮，选择【右视基准面】，执行【圆弧】命令，绘制草图9，草图9两个端点需与两端曲线建立【穿透关系】，如图5-134所示。

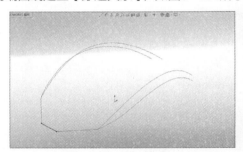

图5-133　绘制3D草图1

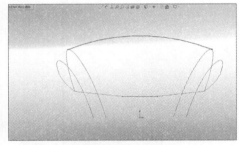

图5-134　绘制圆弧

17 单击【草图绘制】按钮，选择【前视基准面】，执行【样条曲线】命令，绘制草图10，草图10左侧端点与3D草图1建立重合关系，草图10与草图9建立重合关系，草图10右端点与原点建立水平关系，如图5-135所示。

18 对绘制好的草图执行【曲面放样】命令。在【曲面】常用工具栏中选择【曲面放样】命令，在【轮廓】选项区域中选择3D草图1、草图9为轮廓，选择草图10作为【引导线】，得到曲面放样1，如图5-136所示。

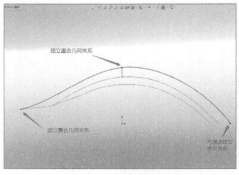

图5-135　绘制草图10

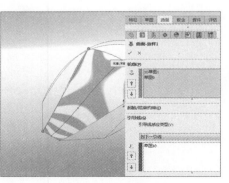

图5-136　曲面放样

19 在【曲线】指令中选择【投影曲线】命令，在【投影类型】选项区域选择【面上草图】，选择草图4作为【要投影的草图】，选择曲面放样1作为【投影面】，得到曲面5，如图5-137所示。

20 做基准面1，在【特征】选项中选择【基准面】命令，在【第一参考】选项中选择【右视基准面】，【偏移距离】为5mm，如图5-138所示。

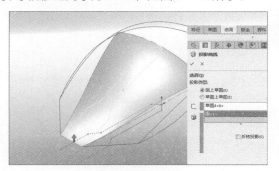

图5-137 投影面

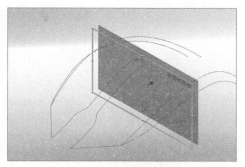

图5-138 设置偏移

21 做基准面2，在【特征】选项中选择【基准面】命令，在【第一参考】选项中选择【右视基准面】，【偏移距离】为15mm，勾选【反转等距】复选框，如图5-139所示。

22 做基准面3，在【特征】选项中选择【基准面】命令，在【第一参考】选项中选择【右视基准面】，【偏移距离】为40mm，勾选【反转等距】复选框，如图5-140所示。

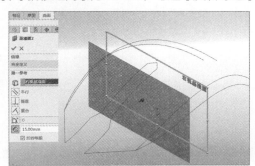

图5-139 设置偏移

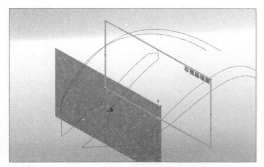

图5-140 设置偏移

23 单击【3D草图绘制】命令，执行【转换实体应用】命令，绘制3D草图2，如图5-141所示。

24 单击【3D草图绘制】命令，执行【转换实体应用】命令，绘制3D草图3，如图5-142所示。

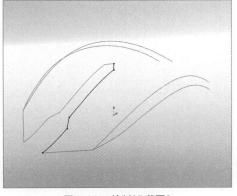

图5-141 绘制3D草图2

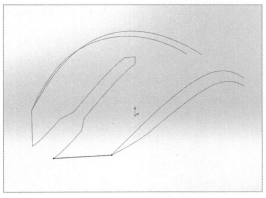

图5-142 绘制3D草图3

25 单击【3D草图绘制】命令，执行【转换实体应用】命令，绘制3D草图4，如图5-143所示。

26 单击【草图绘制】按钮，选择【前视基准面】，执行【样条曲线】命令，绘制草图11，如图5-144所示。

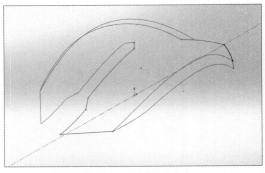
图5-143 绘制3D草图4

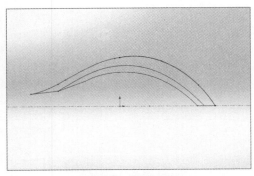
图5-144 绘制草图11

27 单击【草图绘制】按钮，选择【基准面1】，执行【圆弧】命令，绘制草图12，与构造线建立相切几何关系，如图5-145所示。

28 单击【草图绘制】按钮，选择【基准面2】，执行【圆弧】命令，绘制草图13，如图5-146所示。

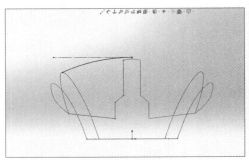
图5-145 绘制草图12

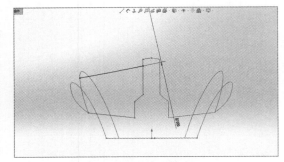
图5-146 绘制草图13

29 单击【草图绘制】按钮，选择【基准面3】，执行【直线】命令，绘制草图14，如图5-147所示。

30 对绘制好的草图执行【曲面填充】命令。在【曲面】常用工具栏中选择【曲面填充】命令，在【修补边界】选项区域中选择3D草图2、草图11、3D草图4、曲线4、3D草图3为修补边界，选择草图12、13、14作为【约束曲线】，得到曲面填充1，如图5-148所示。

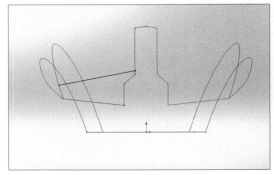
图5-147 绘制草图14

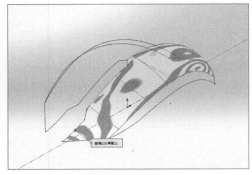
图5-148 曲面填充

31 单击【3D草图绘制】命令，执行【转换实体应用】命令，绘制3D草图5，如图5-149所示。

32 在【曲面】常用工具栏中选择【曲面填充】命令，在【修补边界】选项区域中选择3D草图5为修补边界，得到曲面填充2，如图5-150所示。

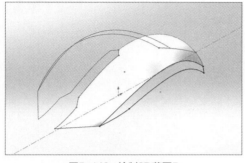

图5-149 绘制3D草图5

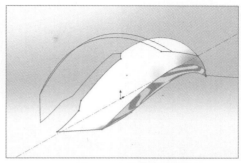

图5-150 曲面填充

33 在【特征】常用工具栏中选择【镜像】命令，在【镜像面】选项区域中选择【前世基础面】为基准面，选择曲面填充1、曲面填充2为要镜像的实体，如图5-151所示。

34 在【曲面】常用工具栏中选择【曲面缝合】命令，选择曲面填充1、曲面填充2以及镜像1为【要缝合的曲面和面】，勾选【合并实体】和【缝隙控制】复选框，得到曲面缝合1，如图5-152所示。

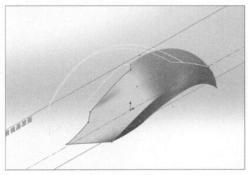

图5-151 镜像面

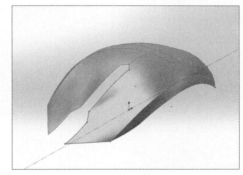

图5-152 曲线缝合

35 在【曲面】常用工具栏中选择【加厚】命令，在【要加厚的曲面】选项中选择曲面缝合1，【厚度】选择中输入2mm，如图5-153所示。

36 做基准面4，在【特征】选项中选择【基准面】命令，在【第一参考】选项中选择【上视基准面】，【偏移距离】为5mm，勾选【反转等距】复选框，如图5-154所示。

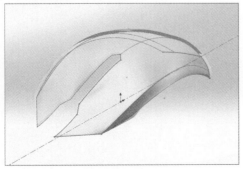

图5-153 加厚曲面

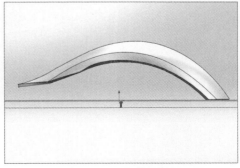

图5-154 设置偏移

37 单击【草图绘制】按钮，选择【基准面4】，执行【直线】【样条曲线】【圆角】命令，绘制草图15，如图5-155所示。

38 在【曲面】常用工具栏中选择【平面区域】命令，在【交界实体】选项中选择草图15为交界实体，得到曲面-基准面1，如图5-156所示。

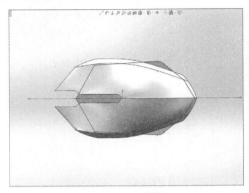

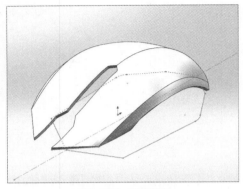

图5-155　绘制草图15　　　　　　　　　　　图5-156　平面区域

39 单击【草图绘制】按钮，选择【曲面-基准面1】，执行【转化实体引用】命令，绘制草图16，如图5-157所示。

40 单击【3D草图绘制】命令，执行【转换实体应用】命令，绘制3D草图6，如图5-158所示。

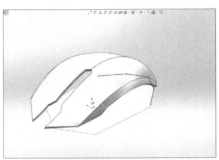

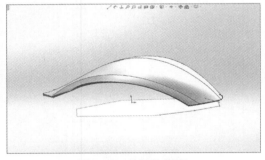

图5-157　绘制草图16　　　　　　　　　　　图5-158　绘制3D草图6

41 单击【3D草图绘制】命令，执行【直线】命令，绘制3D草图7，如图5-159所示。

42 对绘制好的草图执行【曲面放样】命令。在【曲面】常用工具栏中选择【曲面放样】命令，在【轮廓】选择中选择3D草图6、草图16为轮廓，依次选择3D草图7的三条直线为【引导线】，如图5-160所示。

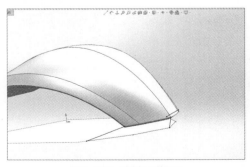

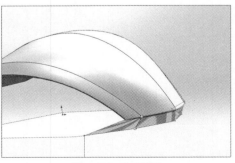

图5-159　绘制3D草图7　　　　　　　　　　图5-160　曲面放样

43 单击【草图绘制】按钮，选择【曲面-基准面1】，执行【直线】命令，绘制草图17，如图5-161所示。

44 单击【草图绘制】按钮，选择【前视基准面】，执行【直线】命令，绘制草图18，如图5-162所示。

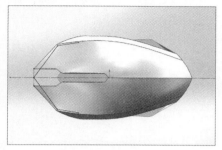

图5-161 绘制草图17

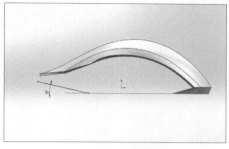

图5-162 绘制草图18

45 在【曲线】指令中选择【投影曲线】命令，在【投影类型】选项区域选择【草图上草图】单选按钮，在【要投影的草图】选项区域选择草图17、草图18，得到曲线6，如图5-163所示。

46 对绘制好的草图执行【边界-曲面】命令。在【曲面】常用工具栏中选择【边界-曲面充】命令，在【方向1】选项中选择曲面6为曲线，在【方向2】选项中选择边线，边线2位曲线，勾选【合并切面】复选框，得到边界-曲面1，如图5-164所示。

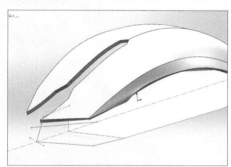

图5-163 投影曲线

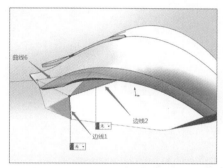

图5-164 边界曲面

47 单击【草图绘制】按钮，选择【曲面-基准面1】，执行【转化实体引用】命令，把草图4转化为实体，绘制草图19，如图5-165所示。

48 在【曲线】指令中选择【分割线】命令，在【投影类型】选项区域选择【草图19】为要投影的草图，选择面1、面2、面3、面4、面5作为【要分割的面】，得到分割线1，如图5-166所示。

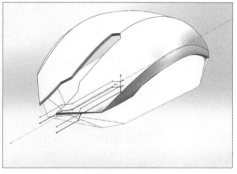

图5-165 绘制草图19

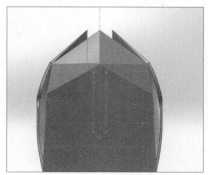

图5-166 分割线

49 在【曲线】指令中选择【删除面】命令，在【要删除的面】选项区域选择面1、面2、面3、面4、面5为要删除的面，勾选【删除】复选框，如图5-167所示。

50 单击【3D草图绘制】命令，执行【转换实体应用】【直线】命令，绘制3D草图8，如图5-168所示。

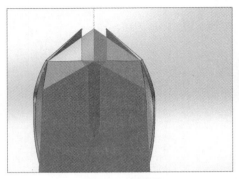

图5-167　删除面

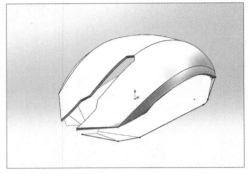

图5-168　绘制3D草图8

51 单击【3D草图绘制】命令，执行【曲面上偏移】命令，绘制3D草图9，如图5-169所示。

52 单击【3D草图绘制】命令，执行【圆弧】【直线】命令，绘制3D草图10，如图5-170所示。

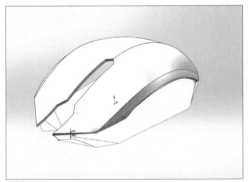

图5-169　绘制3D草图9

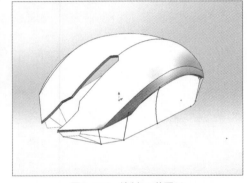

图5-170　绘制3D草图10

53 对绘制好的草图执行【曲面放样】命令。在【曲面】常用工具栏中选择【曲面放样】命令，在【轮廓】选择中选择3D草图8、3D草图9为轮廓，依次选择3D草图10的直线与圆弧为【引导线】，得到曲面放样3，如图5-171所示。

54 在【特征】常用工具栏中选择【镜像】命令，在【镜像面】选项区域中选择【前视基础面】为基准面，选择曲面放样3为要镜像的实体，勾选【合并实体】复选框，如图5-172所示。

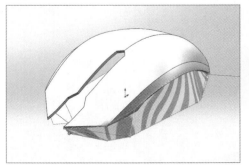

图5-171　曲面放样

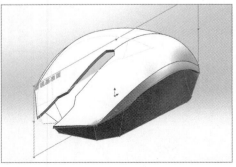

图5-172　镜像面

55 在【曲面】常用工具栏中选择【曲面缝合】命令，选择曲面放样31、曲面放样2、删除面1以及镜像2为【要缝合的曲面和面】，勾选【合并实体】和【缝隙控制】复选框，得到曲面缝合2，如图5-173所示。

56 单击【3D草图绘制】命令，执行【转换实体应用】【直线】命令，绘制3D草图11，如图5-174所示。

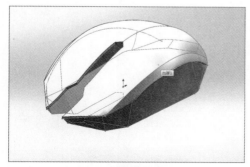

图5-173 曲面缝合

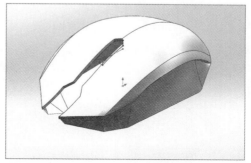

图5-174 绘制3D草图11

57 对绘制好的草图执行【曲面填充】命令。在【曲面】常用工具栏中选择【曲面填充】命令，在【修补边界】选项区域中选择3D草图11为修补边界，得到曲面填充3，如图5-175所示。

58 单击【草图绘制】按钮，选择【上视基准面】，执行【直线】命令，绘制草图20，如图5-176所示。

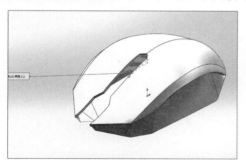

图5-175 曲面填充

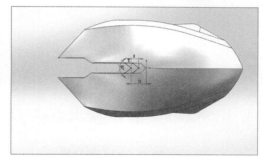

图5-176 绘制草图20

59 在【曲线】指令中选择【分割线】命令，在【投影类型】选项区域选择【草图20】为要投影的草图，选择曲面填充3作为【要分割的面】，得到分割线2，如图5-177所示。

60 在【曲面】常用工具栏中选择【曲面等距】命令，选择面1为【要等距的曲面或面】，【反转等距方向】输入2mm，依次对另外两个分割面进行【曲面等距】操作，如图5-178所示。

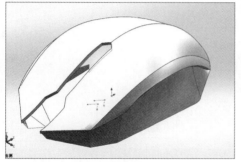

图5-177 分割线

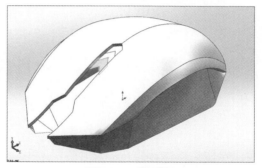

图5-178 曲面等距

61 在【曲面】常用工具栏中选择【加厚】命令，在【要加厚的曲面】选项中选择曲面等距1，【厚度】选择中输入2mm，依次对另外两个分割面进行【曲面等距】进行【加厚】操作，如图5-179所示。

62 在【特征】常用工具栏中选择【倒角】命令，在【要倒角化的项目】选项区域中选择边线1、边线2，【倒角参数】中距离输入0.5mm，角度输入45度，依次对另外两个加厚处理的曲面进行【倒角】操作，如图5-180所示。

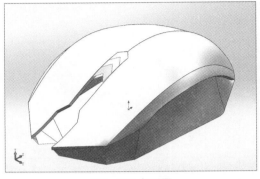

图5-179 加厚面

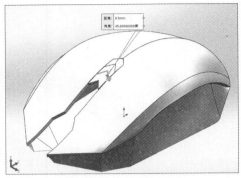

图5-180 执行倒角操作

63 单击【草图绘制】按钮，选择【前视基准面】，执行【圆】命令，绘制草图21，如图5-181所示。

64 在【特征】常用工具栏中选择【凸台拉伸】命令，在【方向1】选项中选择【两侧对称】选项，【深度】选项中输入7mm，得到凸台拉伸1，如图5-182所示。

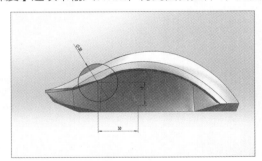

图5-181 绘制草图21

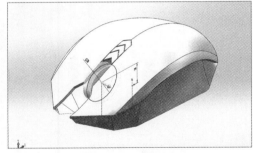

图5-182 凸台拉伸

65 单击【草图绘制】按钮，选择【前视基准面】，执行【圆】命令，绘制草图22，如图5-183所示。

66 在【特征】常用工具栏中选择【凸台拉伸】命令，在【方向1】选项中选择【两侧对称】选项，【深度】选项中输入20mm，勾选【合并结果】复选框，得到凸台拉伸2，如图5-184所示。

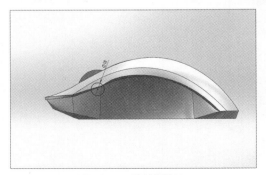

图5-183 绘制草图22

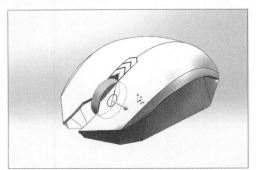

图5-184 凸台拉伸

67 在【特征】常用工具栏中选择【圆角】命令，在【要圆角化的项目】选项区域中选择边线1、边线2，【倒角参数】中距离输入1mm，如图5-185所示。

68 单击【草图绘制】按钮，选择【上视基准面】，执行【直线】命令，绘制草图23，如图5-186所示。

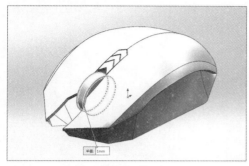

图5-185 执行圆角操作

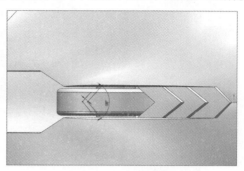

图5-186 绘制草图23

69 在【特征】常用工具栏中选择【包覆】命令，在【包覆类型】选项区域中选择【浮雕】，在【包覆方法】选项区域中选择【样条曲线】，选择草图23为【源草图】，选择拉伸凸台1的面为【包覆草图的面】，厚度输入0.25mm，如图5-187所示。

70 在【特征】常用工具栏中选择【圆周阵列】命令，在【方向1】选项区域中选择边线1为【阵列轴】，【总角度】输入360度，【实例数】输入25，在【特征和面】选项区域中选择包覆1位【要阵列的特征】，如图5-188所示。

图5-187 包覆操作

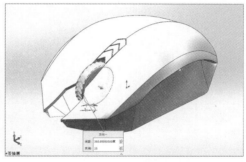

图5-188 圆周阵列

71 单击【草图绘制】按钮，选择【前视基准面】，执行【圆角】【矩形】【直线】命令，绘制草图24，如图5-189所示。

72 在【曲线】指令中选择【分割线】命令，在【投影类型】选项区域选择【草图24】为要投影的草图，依次选择面1到面6作为【要分割的面】，两面分割，得到分割线3，如图5-190所示。

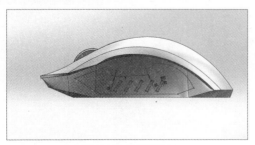

图5-189 绘制草图24

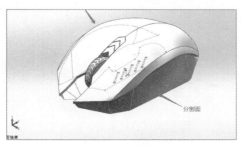

图5-190 分割线

73 在【曲面】常用工具栏中选择【曲面等距】命令，选择面1到面3为【要等距的曲面或面】，【反转等距方向】输入0.5mm【注意方向】，对另外一个分割面进行【曲面等距】操作，如图5-191所示。

74 在【曲面】常用工具栏中选择【加厚】命令，在【要加厚的曲面】选项中选择上步曲面等距，【厚度】选项中输入0.45mm，依次对另外一个曲面等距进行【加厚】操作，如图5-192所示。

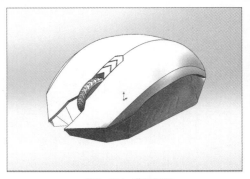
图5-191　曲面行距

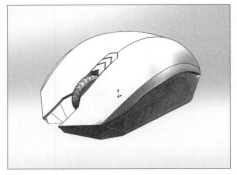
图5-192　加厚面

75 单击【草图绘制】按钮，选择【前视基准面】，执行【直线】命令，绘制草图25，如图5-193所示。

76 在【曲线】指令中选择【分割线】命令，在【投影类型】选项区域选择草图25为要投影的草图，选择图示面作为【要分割的面】，勾选【单相】和【反向】复选框，得到分割线4，如图5-194所示。

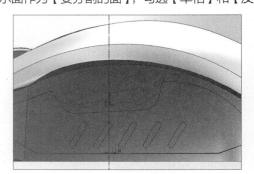
图5-193　绘制草图25

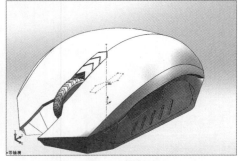
图5-194　分割线

77 在【曲面】常用工具栏中选择【曲面等距】命令，选择上步分割线作为【要等距的曲面或面】，【反转等距方向】输入1mm【注意方向】，如图5-195所示。

78 在【曲面】常用工具栏中选择【加厚】命令，在【要加厚的曲面】选项中选择上步曲面等距，【厚度】选项中输入1mm，依次对另外一个曲面等距进行【加厚】操作，如图5-196所示。

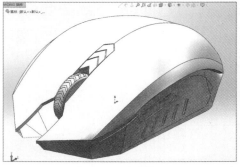
图5-195　曲面等距

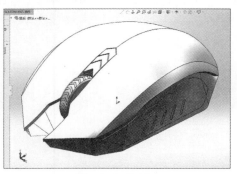
图5-196　加厚面

79 在【特征】常用工具栏中选择【倒角】命令，在【要倒角化的项目】选项区域中选择加厚面，【倒角参数】中距离输入0.5mm，角度输入45度，依次另外一个加厚处理的曲面进行【倒角】操作，如图5-197所示。

80 单击【3D草图绘制】命令，执行【直线】命令，绘制3D草图12，如图5-198所示。

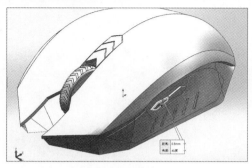

图5-197　倒角操作

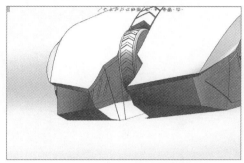

图5-198　绘制3D草图12

81 在【曲面】常用工具栏中选择【曲面填充】命令，在【修补边界】选项区域中选择3D草图12、边线1，边线2为修补边界，得到曲面填充4，如图5-199所示。

82 单击【3D草图绘制】命令，执行【转换实体引用】命令，绘制3D草图13，如图5-200所示。

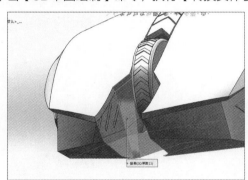

图5-199　曲面填充

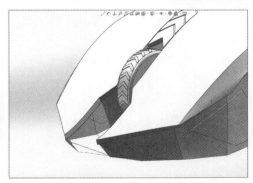

图5-200　绘制3D草图13

83 单击【3D草图绘制】命令，执行【直线】命令，绘制3D草图14，如图5-201所示。

84 在【曲面】常用工具栏中选择【曲面填充】命令，在【修补边界】选项区域中选择3D草图13、边线1、3D草图14为修补边界，得到曲面填充5，如图5-202所示。

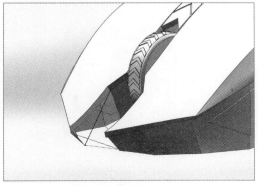

图5-201　绘制3D草图14

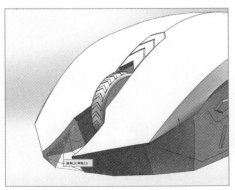

图5-202　曲面填充

85 单击【3D草图绘制】命令，执行【直线】命令，绘制3D草图15，如图5-203所示。

86 在【曲面】常用工具栏中选择【曲面填充】命令，在【修补边界】选项区域中选择3D草图15、边线1、边线2为修补边界，得到曲面填充6，如图5-204所示。

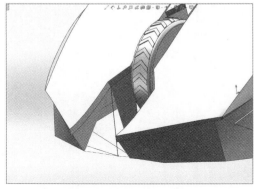

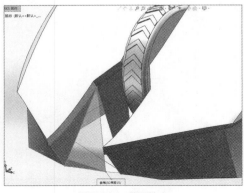

图5-203　绘制3D草图15　　　　　　　　　　图5-204　曲面填充

87 在【曲面】常用工具栏中选择【曲面填充】命令，在【修补边界】选项区域中选择边线1、边线2、边线3、边线4为修补边界，得到曲面填充7，如图5-205所示。

88 单击【3D草图绘制】命令，执行【直线】命令，绘制3D草图16，如图5-206所示。

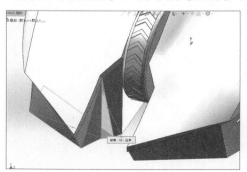

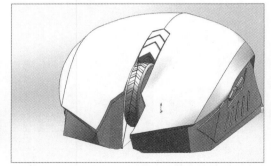

图5-205　曲面填充　　　　　　　　　　图5-206　绘制3D草图16

89 在【曲面】常用工具栏中选择【曲面填充】命令，在【修补边界】选项区域中选择3D草图16、边线1、边线2为修补边界，得到曲面填充8，如图5-207所示。

90 单击【3D草图绘制】命令，执行【直线】命令，绘制3D草图17，如图5-208所示。

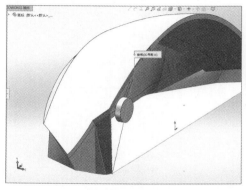

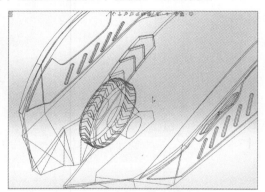

图5-207　曲面填充　　　　　　　　　　图5-208　绘制3D草图

91 在【曲面】常用工具栏中选择【曲面填充】命令，在【修补边界】选项区域中选择3D草图17、边线1、边线2为修补边界，得到曲面填充9，如图5-209所示。

92 单击【3D草图绘制】命令，执行【直线】命令，绘制3D草图18，如图5-210所示。

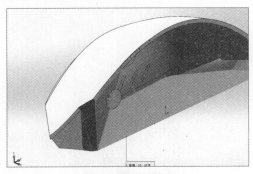

图5-209 曲面填充

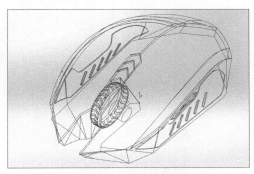

图5-210 绘制3D草图18

93 对绘制好的草图执行【曲面填充】命令。在【曲面】常用工具栏中选择【曲面填充】命令，在【修补边界】选项区域中选择3D草图18、边线1、边线2、边线3为修补边界，得到曲面填10，如图5-211所示。

94 在【曲面】常用工具栏中选择【曲面缝合】命令，依次选择曲面填充4到曲面填充10为【要缝合的曲面和面】，得到曲面缝合3，如图5-212所示。

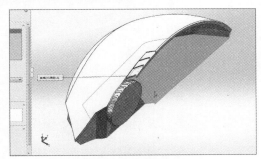

图5-211 曲面填充

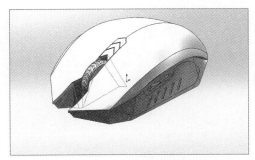

图5-212 曲面缝合

95 在【特征】常用工具栏中选择【镜像】命令，在【镜像面】选项区域中选择【前视基础面】为基准面，选择曲面缝合3为要镜像的实体，勾选【合并实体】复选框，如图5-213所示。

96 到此鼠标模型制作完成，效果如图5-214所示。

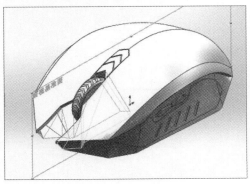

图5-213 镜像面

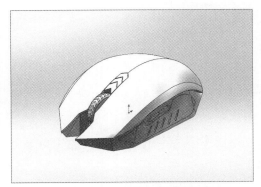

图5-214 查看效果

97 然后上色，编辑布景，设置光源参数，渲染成品效果如图5-215所示。

图5-215 渲染后的效果

Chapter

06

钣金设计

本章概述

　　钣金零件是针对均匀金属薄板（一般6mm以下）的一种综合冷加工工艺，它是工业上常用的零件。SolidWorks可以独立设计钣金零件，也可以在包含此内部零部件的关联装配体中设计钣金零件。本章主要介绍钣金的基础知识和特征。

核心知识点

- 熟练掌握钣金的生成方法
- 熟练掌握建立钣金模型

6.1 钣金的基础知识

SolidWorks为钣金零件的设计提供了非常方便的特征工具，下面将对钣金的折弯系数和钣金的生成进行介绍。

6.1.1 钣金折弯系数

钣金在折弯展平时，材料的一侧会被压缩，另一侧会被拉长，影响的因素很多，主要包括材料的类型、厚度加工状况和折弯的角度等。下面介绍钣金折弯系数各选项的含义。

1. K因子

K因子是折弯计算中的常数，它表示中立板相对于钣金零件厚度的位置的比率。包含K因子的折弯系数计算公式为：

$$BA=（R+KT）A/180$$

在公式中：BA表示折弯系数值；R表示内侧折弯半径；K表示K因子；T表示材料的厚度；A表示折弯的角度（经过折弯材料的角度）。

2. 折弯系数表

折弯系数表是关于材料具体参数的表格，是利用折弯半径和材料的厚度对材料进行一系列计算，它是Excel文件。

3. 折弯系数

折弯系数是沿材料中性轴所测量的圆弧长度。对于折弯半径或角度设置数值时，指定的折弯系数必须介于折弯内侧边线长度与外侧边线的长度之间。计算公式为：

$$Lt=A+B+BA$$

在公式中：L_t表示总展开度；A、B表示平面长度；BA表示折弯的系数。

4. 折弯扣除

折弯扣除的默认值为0，是一种简单算法来描述钣金折弯的过程。折弯扣除是折弯系数与两倍的外部逆转之间的差值。计算公式为：

$$Lt=A+B-BD$$

在公式中：L_t表示总平展的长度；A、B表示平面长度；BD表示折弯扣除值。

6.1.2 钣金的生成

钣金的生成有以下两种方法。

1. 钣金零件建模

使用钣金特有的特征生成钣金零件，在开始设计阶段即为钣金零件。包括以下几种类型：

a. 使用基体法兰创建钣金零件。

b. 在钣金零件中加入法兰特征。

c. 使用延伸面和封闭边角。

d. 建立成形工具。

e. 使用绘制的折弯工具加入折弯特征。

2. 将已有零件转换为钣金零件

使用【转换到钣金】命令将建立的零件模型转换为钣金零件。包括以下几种类型：

a. 输入其他CAD软件的模型，如ProE绘制的IGES格式的文件。

b. 在非钣金零件中识别折弯。

c. 对薄壁零件的边角切口，识别为钣金零件。

d. 将钣金特有的特征添加到转换的钣金零件上。

6.2 钣金特征

钣金特征包括法兰特征、转换到钣金、放样折弯、褶边、边角、成型工具展开、折叠等。

【钣金特征】常用工具栏的显示方法：在功能区选项卡上单击鼠标右键，选择【钣金】选项，如图6-1所示。【钣金】选项卡显示在功能区，如图6-2所示。

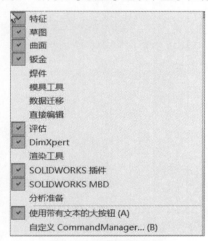

图6-1 选择【钣金】选项

图6-2 【钣金】选项卡

6.2.1 法兰特征

法兰特征包括基体法兰、薄片、边线法兰、斜接法兰，下面详细介绍。

1. 基体法兰

基体法兰是创建钣金零件的起点，系统会将创立完基体法兰特征后的零件转换为钣金零件。

首先，绘制如图6-3所示的草图，然后【退出当前草图】。单击钣金工具栏的【基体法兰/薄片】按钮，将FeatureManager切换到【基体法兰】属性管理器，设置属性管理器。在【方向1】下拉列表中选择【两侧对称】，设置深度为100，钣金参数为2，折弯半径为2，K因子为0.5，自动切释放类型为【矩形】，如图6-4所示。

然后单击【确定】按钮，得到如图6-5所示的零件模型。利用【基体法兰】命令生成一个钣金零件后，钣金特征管理器出现在菜单中，如图6-6所示。

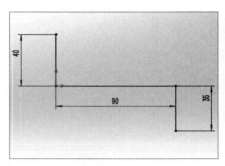

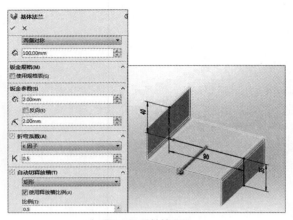

图6-3 草图   图6-4 属性管理器

在钣金特征管理器菜单中包含3个特征，下面介绍具体含义。

- **钣金：** 包含钣金零件的定义，保存了整个零件的默认折弯参数信息，如折弯半径、折弯系数等参数。
- **基体-法兰1：** 是钣金零件的第一个实体特征。
- **平析型式：** 当零件处于折弯状态时，平析型式特征是被压缩的，将该特征解除压缩即可展开钣金零件。若平板型式特征被压缩，则添加到钣金零件的所有新特征将自动插入到平板型式特征中。

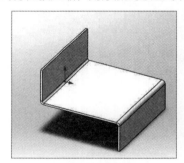

图6-5 模型   图6-6 基体法兰

2. 薄片

薄片特征是在垂直于钣金零件厚度方向上添加相同厚度的凸缘。

首先，单击钣金零件的一个面，在此面上绘制如图6-7所示的草图。

然后，单击钣金工具栏的【基体法兰/薄片】按钮，将FeatureManager切换到【基体法兰】属性管理器，设置属性管理器。选中【合并结果】复选框，如图6-8所示。

最后，单击【确定】按钮，得到图6-9所示的零件模型。

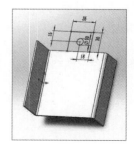

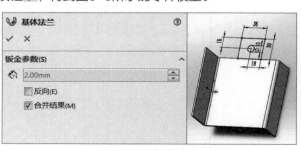

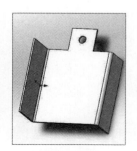

图6-7 草图   图6-8 属性管理器   图6-9 模型

下面介绍【基体法兰】属性管理器中各参数的含义。

- **使用规格表:** 若勾选该复选框,则定义钣金的电子表格及数值。
- **厚度:** 在数值框中输入数值,设置钣金的厚度。
- **反向:** 勾选该复选框,则以相反方向加厚草图。
- **半径:** 设置钣金折弯处的半径。
- **折弯系数:** 单击下三角按钮,在列表中包含【K因子】【折弯系数】【折弯扣除】和【折弯系数表】4种选项。
- **自动切释放槽:** 单击该下三角按钮,可以选择【矩形】【撕裂形】和【矩圆形】选项。

3. 边线法兰

边线法兰为钣金零件加折弯特征。可以利用钣金零件的边线添加法兰,通过所选边线可以设置法兰的尺寸和方向。

单击【钣金】工具栏中的【边线法兰】按钮 边线法兰 ,或者执行【插入】|【钣金】|【边线法兰】命令,将FeatureManager切换到【边线-法兰】属性管理器。单击【边线】列表框,选择边线1和边线2,设置法兰角度为90度,设置长度终止条件为【给定深度】,深度值为18mm,选择【双弯曲】,选择法兰位置为【与折弯相切】,如图6-10所示。

图6-10 属性管理器

单击【确定】按钮 ✔ ,得到图6-11所示的零件模型。

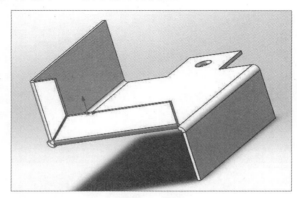

图6-11 模型

下面介绍【边线-法兰】属性管理器中相关参数的含义。

- **选择边线:** 在图形区域中选择边线。
- **编辑法兰轮廓:** 编辑轮廓草图。

- **折弯半径：** 该选项在取消勾选【使用默认半径】复选框时方可使用。
- **缝隙距离：** 设置缝隙的数值。
- **法兰角度：** 设置角度的数值。
- **选择面：** 设置法兰角度的参考面。
- **与面垂直、与面平行：** 选择相应的单选按钮，设置边线法兰与参考面垂直或平行。
- **长度终止条件：** 单击下三角按钮，在列表中选择终止条件。
- **法兰位置：** 单击相应的按钮即可设置相应的位置，【材料在内】表示法兰顶部与实体原有顶部重合；【材料在外】法兰的底部与实体原有顶部重合；【折弯在外】法兰底部将依据折弯半径等距；【虚拟交点的折弯】法兰的内侧面与实体原有顶部边线重合；【与折弯相切】法兰和原有实体原有面均与折弯相切。
- **裁剪侧边折弯：** 移除邻近折弯的多余部分。
- **行距：** 若勾选该复选框，可以生成等距法兰。

4. 斜接法兰

斜接法兰用来生成一段或多段相互连接的法兰并且自动生成必要的切口。斜接法兰特征必须通过一个草图轮廓生成，草图可以包括直线或圆弧，草图平面必须垂直于斜接法兰的第一条边线。

单击钣金零件的一个面，在此面上绘制如图6-12所示的草图。单击钣金工具栏中的【斜接法兰】按钮 斜接法兰，将FeatureManager切换到【斜接法兰】属性管理器，系统自动选定斜接法兰特征的第一条边线，将法兰设置为【材料在内】，如图6-13所示。

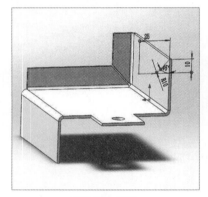
图6-12 草图

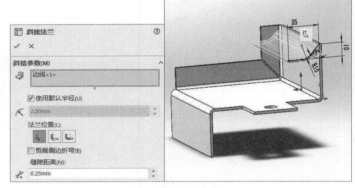
图6-13 属性管理器

单击【确定】按钮 ✓，得到如图6-14所示的零件模型。

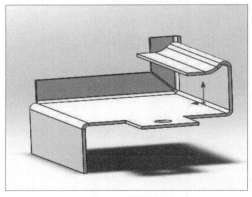
图6-14 斜接法兰

下面介绍【斜接法兰】属性管理器中各参数的含义。

● **沿边线：**选择斜接的边线。

● **开始等距距离、结束等距距离：**设置两个参数为0时，可以让斜接法兰跨越模型的整个边线。

6.2.2　转换到钣金

转换到钣金可以通过选取折弯，将实体/曲面转换到钣金。

首先，绘制如图6-15所示的草图。单击【特征】常用工具栏上的【拉伸凸台/基体】按钮，将FeatureManager切换到【凸台-拉伸】属性管理器。在【方向1】下拉菜单中选择【给定深度】，设置深度为60，如图6-16所示。

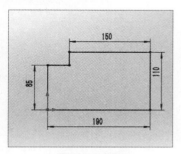

图6-15　草图

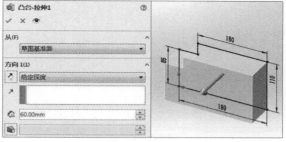

图6-16　属性管理器

单击【确定】按钮，得到如图6-17所示的零件模型。

单击钣金工具栏中的【转换到钣金】按钮，将FeatureManager切换到【转换到钣金】属性管理器。选择固定实体，如图6-18所示。

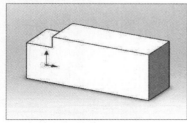

图6-17　模型

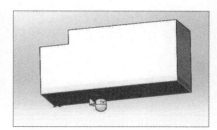

图6-18　选择固定实体

设置钣金厚度为2，折弯半径为2，单击折弯边线列表框，选择折弯边线，如图6-19所示，其余选项选择系统默认值。单击【确定】按钮，得到如图6-20所示的钣金零件模型。

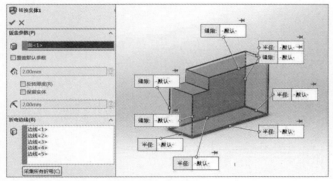

图6-19　属性管理器

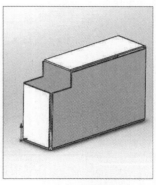

图6-20　钣金零件

解除压缩【平板型式】特征可以展开钣金零件，如图6-21所示。

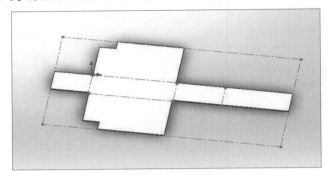

图6-21 展开钣金零件

6.2.3 放样折弯

放样折弯以放样的形式创建折弯并生成钣金特征。放样折弯使用的草图必须是两个无尖锐边缘的开环轮廓。

绘制如图6-22所示的草图。单击【钣金】工具栏中的【放样折弯】按钮 🐞，或者执行【插入】|【钣金】|【放样折弯】命令，将FeatureManager切换到【放样折弯】属性管理器，设置制造方法为【折弯】，单击轮廓列表框，选择放样轮廓，设置钣金厚度为2mm，如图6-23所示。

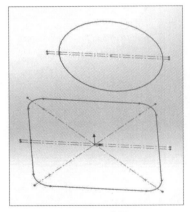

图6-22 草图

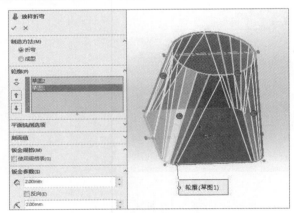

图6-23 属性管理器

单击【确定】按钮 ✔，得到图6-24所示的放样折弯。最后解除压缩【平板型式】特征可以展开钣金零件，效果如图6-25所示。

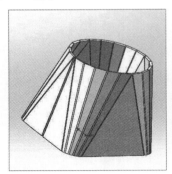

图6-24 放样折弯

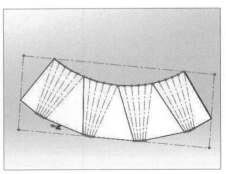

图6-25 展开钣金零件

6.2.4　褶边

褶边工具可以将钣金零件的边线卷成不同的形状，通常用于绘制双折边、卷边。

打开一个钣金零件，如图6-26所示。单击【钣金】工具栏中的【褶边】按钮 褶边，将FeatureManager切换到【褶边】属性管理器。 单击边线列表框，选择褶边边线，单击【材料在内】按钮，设置褶边类型为【打开】，设置长度为10mm，缝隙距离为2mm，如图6-27所示。

单击【确定】按钮 ✔，得到如图6-28所示的褶边。

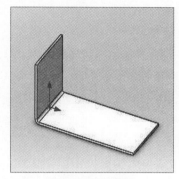

图6-26　钣金零件

图6-27　属性管理器

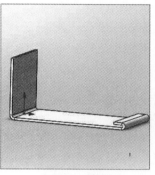

图6-28　褶边

不同的褶边类型生成的钣金如图6-29、图6-30和图6-31所示。

图6-29　闭合

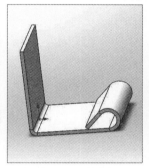

图6-30　撕裂形

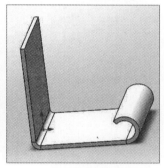

图6-31　滚轧

下面介绍【褶边】属性管理器中各参数的含义。

- **边线：** 在图形中选择需要添加褶边的边线。
- **编辑褶边宽度：** 在图形中编辑褶边的宽度。
- **材料在里、材料在外：** 褶边的材料在内侧或外侧。
- **褶边的类型：** 单击相应的按钮即可设置褶边的类型，包括【闭环】【开环】【撕裂形】和【滚轧】4种类型。
- **长度：** 当单击【闭环】【开环】按钮时，该选项被激活。
- **缝隙距离：** 单击【开环】按钮，该选项被激活。

6.2.5　转折

转折可以从草图线生成两个折弯而将材料添加到钣金零件上。草图只能包含一根直线，直线不一定是垂直或水平的，直线的长度也不一定与正折弯面的长度相同。

打开一个钣金零件，如图6-32所示。在要生成转折的钣金零件表面绘制一条直线，如图6-33所示。

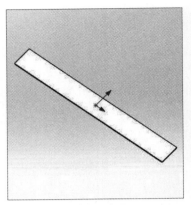

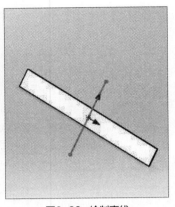

图6-32 钣金零件　　　　　　　　图6-33 绘制直线

单击钣金工具栏的【转折】按钮 ，将FeatureManager切换到【转折】属性管理器，选择固定面为钣金零件顶面，设置转折等距终止条件为【给定深度】，深度为30mm，尺寸位置为【外部等距】，设置转折位置为【折弯中心线】，折弯角度为90度，如图6-34所示。

单击【确定】按钮 ，得到如图6-35所示的转折。

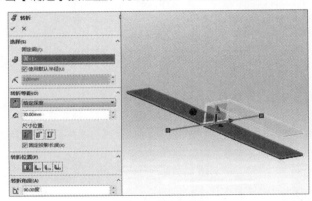

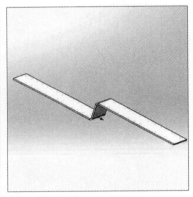

图6-34 属性管理器　　　　　　　　图6-35 转折

6.2.6 绘制的折弯

绘制的折弯可以在钣金零件上添加折弯线，需要预先创建在折弯的面上绘制一条线来定义折弯。

打开一个钣金零件，如图6-36所示。在要生成转折的钣金零件表面绘制一条直线，如图6-37所示。

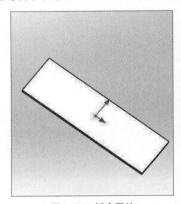

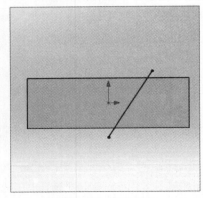

图6-36 钣金零件　　　　　　　　图6-37 绘制直线

单击【钣金】工具栏的【绘制的折弯】按钮 ，将FeatureManager切换到【绘制的折弯】属性管理器，选择固定面为钣金零件顶面，设置转折位置为【折弯中心线】，折弯角度为90度，如图6-38所示。

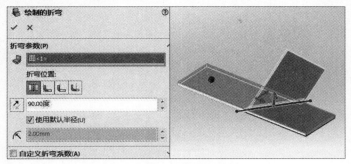

图6-38 属性管理器

单击【确定】按钮 ，得到如图6-39所示的折弯。

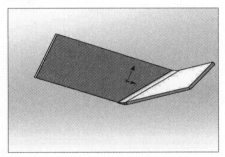

图6-39 生成折弯

下面介绍【绘制的折弯】属性管理器中主要参数的含义。

● **固定面：** 在图形中选择一个不会因为特征而移动的面。

● **折弯位置：** 从左到右的按钮分别为【折弯中心线】【材料在内】【材料在外】和【折弯在外】。

实例 绘制钣金零件

Step 01 单击【草图】工具栏中【草图绘制】按钮 ，系统提示进入选择基准面。在绘图区选择【前视基准面】，进入草图绘制界面，绘制草图，如图6-40所示。

Step 02 单击【钣金】工具栏的【基体法兰/薄片】按钮 ，将FeatureManager切换到【基体法兰】属性管理器，设置折弯半径为2，厚度为2，K因子为0.5，自动切释放类型为【矩形】，如图6-41所示。

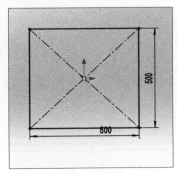

图6-40 草图

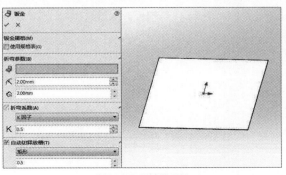

图6-41 属性管理器

Step 03 选中钣金零件的顶面，绘制草图，其中圆的间距为100mm，如图6-42所示。

Step 04 单击【特征】工具栏上的【拉伸切除】按钮 ⚙️，将FeatureManager切换到【拉伸切除】属性管理器，参数按图6-43设置。

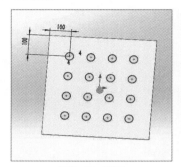

图6-42 草图　　　　　　　　图6-43 属性管理器

Step 05 在钣金零件上绘制如图6-44所示的草图。

Step 06 单击钣金工具栏的【绘制的折弯】按钮 ⚙️，将FeatureManager切换到【绘制的折弯】属性管理器，选择固定面为钣金零件底面，设置转折位置为【折弯中心线】，折弯角度为90度，如图6-45所示。

Step 07 单击【确定】按钮 ✔️，得到如图6-46所示的折弯。

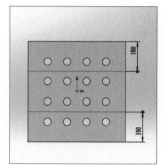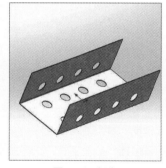

图6-44 草图　　　　　　图6-45 属性管理器　　　　　　图6-46 折弯

Step 08 单击【钣金】工具栏中的【边线法兰】按钮 边线法兰，将FeatureManager切换到【基体法兰】属性管理器，单击【边线】列表框，选择边线1和边线2，设置法兰角度为90度，设置长度终止条件为【给定深度】，深度值为150mm，选择【双弯曲】，选择法兰位置为【材料在内】，如图6-47所示。

Step 09 单击【确定】按钮 ✔️，得到如图6-48所示的折弯。

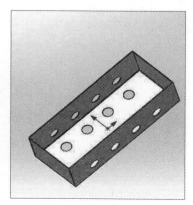

图6-47 属性管理器　　　　　　　　图6-48 折弯效果

Step 10 单击【钣金】工具栏中的【闭合角】按钮🔲，将FeatureManager切换到【闭合角】属性管理器。选择要延伸面为法兰侧面，要匹配的面为法兰另外一个侧面，设置边角类型为【对接】，缝隙距离为0.5，如图6-49所示。

Step 11 单击【确定】按钮✅，得到如图6-50所示的闭合角。

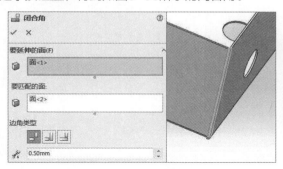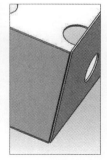

图6-49 属性管理器   图6-50 闭合角

Step 12 单击【钣金】工具中的【焊接的边角】按钮🔘，将FeatureManager切换到【焊接的边角】属性管理器，选择焊接边角的侧面、停止点自动找出，设置圆角半径为1，如图6-51所示。

Step 13 单击【确定】按钮✅，得到如图6-52所示的焊接边角。

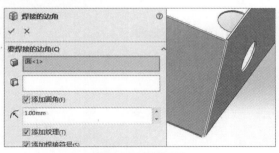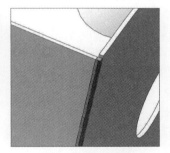

图6-51 属性管理器   图6-52 焊接边角

Step 14 单击任务窗格中的【设计库】按钮🔘，在文件树中打开formingtools文件夹，单击打开louvers（百叶窗）文件夹，选择louvers成形工具，并将其拖动到钣金零件的面上，此时FeatureManager切换到【库特征】属性管理器。在将特征放置在目标面之前使用Tab键反转特征，并使用方向键将成形工具旋转，松开鼠标。此时FeatureManager切换到【成形工具】属性管理器。

Step 15 通过属性管理器设置成形工具的位置，选择方位面为钣金零件的侧面，设置旋转角度为270度，如图6-53所示。

Step 16 打开位置选项卡，使用草图对成形工具中心点定位，单击【确定】按钮✅，得到如图6-54所示的百叶窗。

图6-53 成形工具   图6-54 百叶窗

右键单击FeatureManager中的最下方的【平板样式】 ，在弹出的快捷菜单中选择【解除压缩】，得到如图6-55所示的钣金零件。

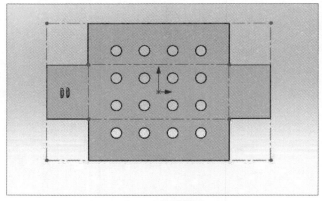

图6-55　钣金零件

6.2.7　交叉折断

交叉折断主要用于大型钣金件平面，增加强度，减少变形概率。

打开一个钣金零件，如图6-56所示。单击钣金工具中的【交叉-折断】按钮 ，将FeatureManager切换到【交叉折断】属性管理器，选择面为钣金零件顶面，系统自动添加交叉轮廓，设置断开半径为1，断开角度为90度，如图6-57所示。

单击【确定】按钮 ，得到如图6-58所示的折弯。

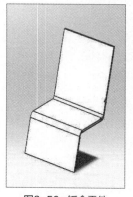
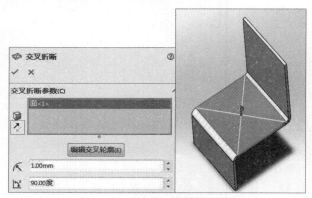
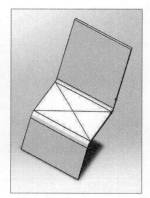

图6-56　钣金零件　　　　　　　　图6-57　属性管理器　　　　　　　　图6-58　交叉折断

6.2.8　边角

边角分为闭合角、焊接的边角和断开的边角/边角剪裁。下面详细介绍具体的操作。

1. 闭合角

闭合角可以延伸对接切口的一个面，使该面与对接切口的另一个面重叠。

打开一个钣金零件，如图6-59所示。单击钣金工具中的【闭合角】按钮 ，将FeatureManager切换到【闭合角】属性管理器，选择要延伸面为法兰侧面，要匹配的面为法兰另外一个侧面，设置边角类型为【重叠】，缝隙距离为1，如图6-60所示。

单击【确定】按钮 ，得到如图6-61所示的闭合角。

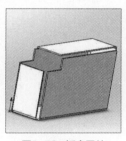
图6-59 钣金零件

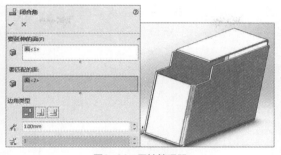
图6-60 属性管理器

图6-61 闭合角

下面介绍3种边角类型的含义。
- **对接：** 特征的内侧面与另一个特征的侧壁面相接。
- **重叠：** 所选择的延伸面特征重叠另一特征的侧壁。
- **欠重叠：** 另一特征的侧壁重叠于所选择的延伸面特征。

2. 焊接的边角

焊接的边角可以添加焊缝到折叠的钣金零件边角，包括斜接法兰、边线法兰及闭合角。

打开一个钣金零件，先进行闭合角操作，如图6-62所示。单击钣金工具中的【焊接的边角】按钮，将FeatureManager切换到【焊接的边角】属性管理器，选择焊接边角的侧面、停止点自动找出，设置圆角半径为1，如图6-63所示。

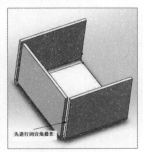
图6-62 钣金零件

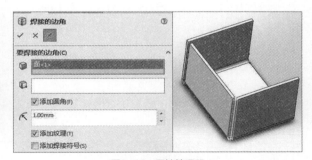
图6-63 属性管理器

单击【确定】按钮，得到如图6-64所示的焊接边角。

图6-64 焊接的边角

3. 断开的边角/边角剪裁

断开边角类似切除边角的辅助修饰性钣金特征，被断开的边缘可以生成两种特征，分别为倒角和圆角。

打开一个钣金零件，如图6-65所示。单击钣金工具中的【断开的边角】按钮，将Feature-Manager切换到【断开的边角】属性管理器，选择边角的面、设置折叠类型为【倒角】，距离为20，如图6-66所示。

单击【确定】按钮，得到如图6-67所示的断开的边角。

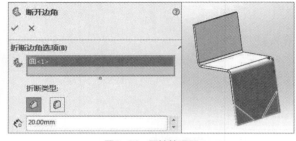

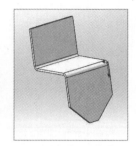

图6-65　钣金零件　　　　　　图6-66　属性管理器　　　　　　图6-67　断开的边角

6.2.9　成形工具

钣金成形工具在钣金零件中用于所有的折弯、伸展和冲模。

1. 使用成形工具

下面介绍成形工具的操作方法。

打开钣金零件，如图6-68所示。单击任务窗格中的【设计库】按钮，在文件树中找到formingtools文件夹，并单击打开，如图6-69所示。

打开louvers（百叶窗）文件夹，选择louvers成形工具，并将其拖动到钣金零件的面上，此时FeatureManager切换到【库特征】属性管理器。在将特征放置在目标面之前使用Tab键反转特征，并使用方向键将成形工具旋转，松开鼠标。此时FeatureManager切换到【成形工具】属性管理器。

通过属性管理器设置成形工具的位置，选择方位面为钣金零件的侧面，设置旋转角度为270度，如图6-70所示。

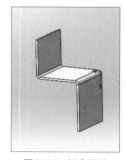

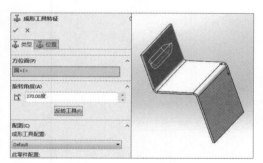

图6-68　钣金零件　　　　　图6-69　设计库　　　　　　图6-70　属性管理器

打开位置选项卡，使用草图对成形工具中心点定位，单击【确定】按钮，得到如图6-71所示的百叶窗。

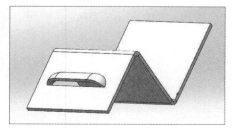

图6-71　生成百叶窗

2. 创建成形工具

用户可以自己创建成形工具，并将其添加到设计库中，创建的成形工具与系统自带成形工具使用方法相同。

首先，绘制如图6-72所示的草图。单击【特征】常用工具栏上的【拉伸凸台/基体】按钮，将FeatureManager切换到【凸台-拉伸】属性管理器，在【从】下拉列表中选择【草图基准面】，默认为沿一个方向拉伸，在【方向1】下拉列表中选择【给定深度】，设置深度为20mm，如图6-73所示。

单击工具栏上的【抽壳】按钮，将FeatureManager切换到【抽壳】属性管理器，输入厚度为2mm，单击【移除的面】列表框，单击选择要移除的面，如图6-74所示。

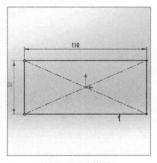

图6-72 草图

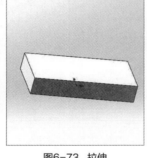

图6-73 拉伸

图6-74 抽壳

然后，保存该模型，名称为【新百叶窗】。在FeatureManager中的零件名称上单击鼠标右键，在弹出的快捷菜单中选择【添加到库】命令，如图6-75所示。

将FeatureManager切换到【添加到库】属性管理器。保存【新百叶窗】到【设计库文件夹】，选择保存的路径为DesignLibrary\formingtools\louvers，如图6-76所示。

最后，单击【确定】按钮，完成将创建的成形工具保存到设计库，如图6-77所示。

图6-75 添加到库

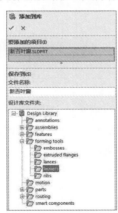

图6-76 保存路径

图6-77 完成操作

6.2.10 通风口

使用草图实体在钣金设计中生成通风口供空气流通。

打开钣金零件，如图6-78所示。在钣金零件平面上绘制草图，如图6-79所示。单击钣金工具栏的【通风口】按钮，将FeatureManager切换到【通风口】属性管理器，选择封闭的草图线段作为通风口的边界，在几何体属性中，系统为通风口自动选择钣金平面，设置圆角半径为2，筋板宽度设置为3，翼梁宽度为2，如图6-80所示。

SOLIDWORKS

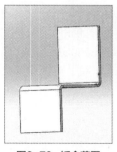

图6-78 钣金草图

图6-79 草图

图6-80 属性管理器

单击【确定】按钮，生成通风口，如图6-81所示。

图6-81 通风口

6.2.11 展开/折叠

使用展开和折叠工具可以在钣金零件中展开和折叠一个、多个或所有的折弯。

1. 展开

展开有两个命令：【展开】 是将钣金零件一个或者多个折弯展开，【展开】 是将钣金零件的全部折弯展开。以全部折弯展开为例，介绍展开的方法。

打开钣金零件，如图6-82所示。单击钣金工具栏的【展开】按钮，将FeatureManager切换到【展开】属性管理器，选择一个面作为固定面，系统自动展开所有的折弯，如图6-83所示。

单击【确定】按钮，生成展开，如图6-84所示。

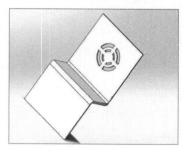

图6-82 钣金零件

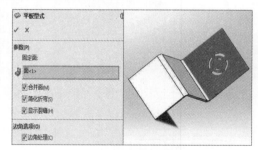

图6-83 属性管理器

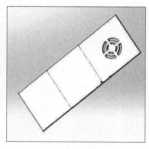

图6-84 展开

2. 折叠

折叠可以在钣金零件中将已展开的钣金再次恢复为折弯状态，是相对于展开的逆操作。

打开已展开的钣金零件，如图6-85所示。 单击操作界面右上角的【折叠】按钮，可恢复为折弯状态，如图6-86所示。

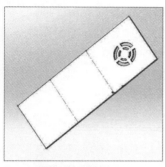

图6-85 钣金零件

图6-86 折弯状态

6.2.12 切口

切口特征通常用在由实体零件转换为钣金零件的过程中，该特征也可以添加到其他任何零件中。下面介绍切口特征的使用方法。

打开一个实体零件，该零件具有相邻平面且厚度一致，如图6-87所示。单击钣金工具栏的【切口】按钮，将FeatureManager切换到【切口】属性管理器，选择要切口的边线，输入切口缝隙为2mm，如图6-88所示。

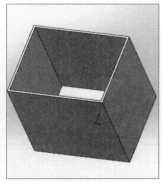

图6-87 实体零件

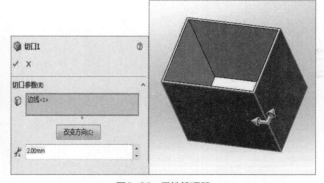

图6-88 属性管理器

单击【确定】按钮，生成切口，如图6-89所示。

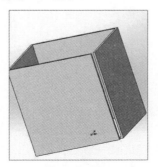

图6-89 切口

 上机实训：绘制钣金脸盆

　　Solidworks制作三维实体功能强大，对于各种分类明确的零件有各种强大的绘制功能，比如实体、零件、装配体和工程图，还有钣金、焊接、有限元分析、模具、仿真等，都更便捷和真实，今天我们以一个常见的钣金脸盆为例，练习一些钣金中的常用工具，介绍一些具体步骤。

01 执行【文件】|【新建】命令，在打开的【新建SOLIDWORKS文件】对话框中选择【零件】选项后，单击【确定】按钮，进入零件设计环境，如图6-90所示。

02 右击常用工具栏的标题菜单，勾选【钣金】复选框，之后整个钣金工具栏都会打开，钣金所有功能都可看到，如图6-91所示。

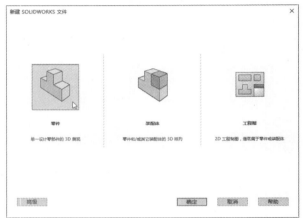

图6-90　新建零件　　　　　　　　　　　　　　　图6-91　打开钣金工具栏

03 在绘图区选择【上视基准面】作为零件的基准面，在草图界面以原点为中心绘制矩形，如图6-92所示。

04 单击【智能尺寸】按钮，为矩形的长宽分别标注800和600，如图6-93所示。

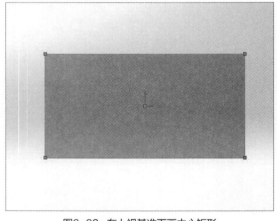 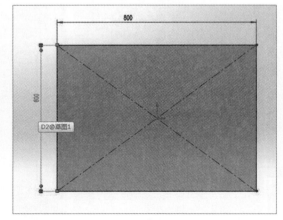

图6-92　在上视基准面画中心矩形　　　　　　　　　图6-93　标注尺寸

05 单击【基体法兰/薄片】按钮，覆盖默认参数设置为1mm，如图6-94所示。

06 然后单击【边线法兰】按钮，选择一侧长边，设置角度为90度，给定深度为20mm，用外部虚拟交点，位置选择第一种材料在内，如图6-95所示。

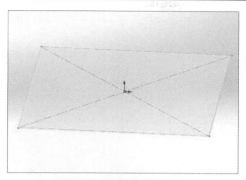

图6-94 给矩形加基体法兰

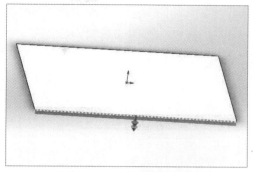

图6-95 给边线做边线法兰

07 继续使用【边线法兰】工具，选择两侧边，角度为90度，给定深度为20mm，用外部虚拟交点，位置选择第三种折弯在外，如图6-96所示。

08 继续使用【边线法兰】工具，选择第一个生成折弯的侧边，角度为90度，给定深度为20mm，用外部虚拟交点，位置选择第三种折弯在外，单击绘图区右上角的 ✔ 按钮，如图6-97所示。然后执行【文件>保存】命令，在打开的【另存为】对话框中选择文件的保存路径后，设置【文件名】为【钣金脸盆】，在后续的操作中随时注意保存。

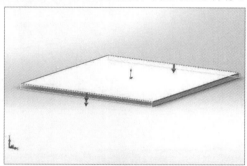

图6-96 两侧折边

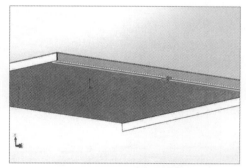

图6-97 第一个折弯继续折弯

09 继续使用【边线法兰】工具，选择两侧边折弯的边，角度为90度，给定深度为20mm，用外部虚拟交点，位置选择第三种折弯在外，如图6-98所示。

10 这时你会发现与刚才的折弯边有干涉现象，重新在上述两边线法兰工具里单击【编辑法兰轮廓】按钮，将两边线法兰的轮廓改成45度，如图6-99所示。

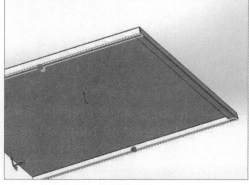

图6-98 在两侧弯继续折弯

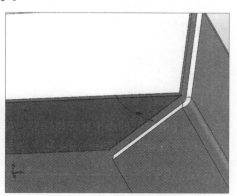

图6-99 修改折弯法兰轮廓

[11] 单击【闭合角】按钮，在要延伸的面中选择上述折弯开口，点击需要闭合的面，设置边角类型为【重合】，如图6-100所示。

[12] 执行【闭合角】命令，选中另一侧需要闭合的面，至此边角可以充分结合，如图6-101所示。

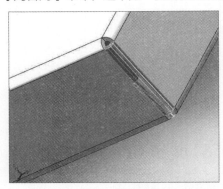

图6-100 闭合一侧边角，令它无开口

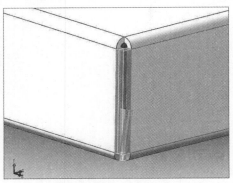

图6-101 闭合另一侧

[13] 执行【边线法兰】命令，选择另一侧长边，给定深度选择方向，折弯朝上，角度为90度，给定深度为20mm，用外部虚拟交点，位置选择第一种材料在内，如图6-102所示。

[14] 执行【摺边】命令，选择材料在内，类型为【闭合】，大小为20mm，如图6-103所示。

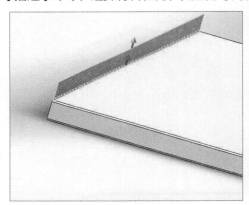

图6-102 另一侧边线法兰

图6-103 给折弯摺边

[15] 新建零件，绘制一个大的基体方块，只要比需要的模型尺寸大（长宽可以都是800），拉伸长度也随意（因为最后要删掉），最后留下模型，我们先做一个蓄水的下沉，如图6-104所示。

[16] 在基体上绘制模型，矩形长765，宽565，给四角倒圆20，拉伸为5，如图6-105所示。

图6-104 绘制一个大的基体

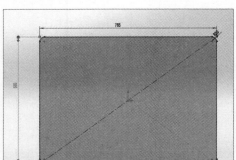

图6-105 绘制模型并标注尺寸

17 单击【圆角】按钮，一般的冲压都有倒角，倒角为2，如图6-106所示。

18 单击【拉伸切除】按钮，将开始所绘制的基体删除，如图6-107所示。

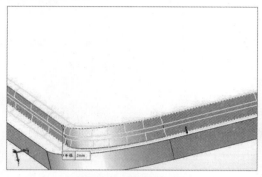

图6-106 两侧拉伸凸台

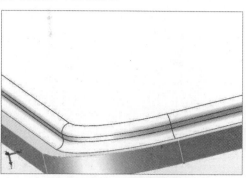

图6-107 给壳体倒圆角

19 单击【钣金】工具栏中【成型工具】按钮，在停止面选择图形背面，要移除的面可不填（遇到需要删除的才用到），这里我们就制作好了一个，效果如图6-108所示。

20 可以保存零件，但是一定要另存为并选择保存类型为Form tool，保存到FORM TOOL的设计文件夹里（根据自己solidworks的安装目录来），这里才算完成一个模型制作，如图6-109所示。

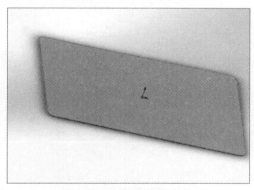

图6-108 用成型工具做成模型

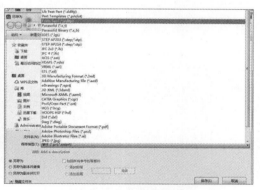

图6-109 保存为成型模版

21 继续新建另一个成型工具，绘制一个大的基体方块，长宽可以都是800×600，拉伸长度也随意，然后在基体平面上绘制一个草图，效果如图6-110所示。

22 单击【智能尺寸】按钮，给所画图形添加标注，如图6-111所示。

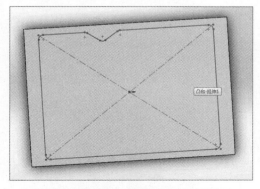

图6-110 制作基体方块并在平面上绘制草图

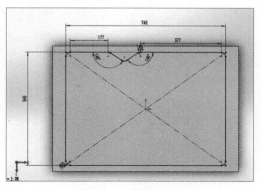

图6-111 标注尺寸

23 单击【基体拉伸】按钮，给草图拉伸为5，并给上下边线添加圆角为2，最后将原来的基体凸台完全切除，如图6-112所示。

24 单击【成型工具】按钮，选择模型底面为停止面，并保存为模型模版，如图6-113所示。

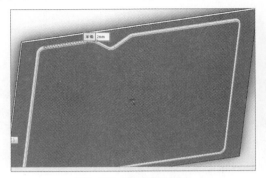

图6-112　拉伸草图并倒角

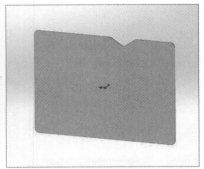

图6-113　做成模版并保存

25 继续新建另一个成型工具，绘制一个大的基体方块，长宽可以都是500×500，拉伸长度也可随意，然后在基体平面上绘制一个草图，模型长宽400×390，如图6-114所示。

26 单击【基体拉伸】，拉伸长度为180，如图6-115所示。

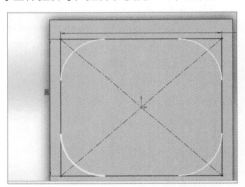

图6-114　画基体并在基体上面画草图

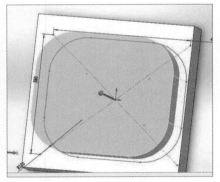

图6-115　拉伸长度180

27 单击【圆角】按钮，外边线圆角为60，如图6-116所示。

28 单击【圆角】按钮，下边线圆角为20，如图6-117所示。

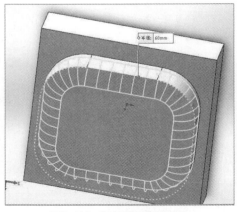

图6-116　外边线执行圆角操作

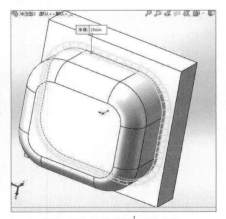

图6-117　下边线执行圆角操作

29 单击【草图】按钮，以原点为中心在所绘基体底面绘制直径为60的圆，如图6-118所示。

30 单击【基体拉伸】按钮，拉伸长度为10，如图6-119所示。

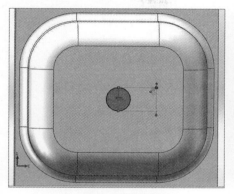

图6-118 绘制圆形草图

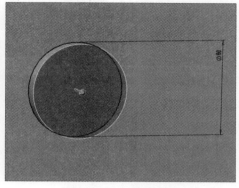

图6-119 拉伸长度为10

31 单击【圆角】按钮，圆形凸台上下倒角为2mm，如图6-120所示。

32 把原始的基体删除，单击【成型工具】按钮，这里注意除了停止面选择底面，还要选择刚绘制的小圆底面为要移除的面，因为成型后不需要这个面了，如图6-121所示。

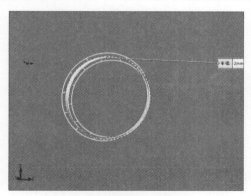

图6-120 给小凸台倒圆角

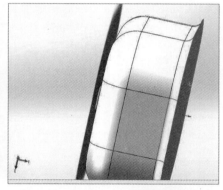

图6-121 成型工具，注意要选移除的面

33 继续新建另一个成型工具，绘制一个大的基体方块，长宽可以都是500×300，拉伸长度也可随意，然后在基体平面上画一个如下直槽口草图，模型长宽200×25，如图6-122所示。

34 单击【基体拉伸】按钮，拉伸长度为20mm，并给模型的上下边线倒圆角，圆角为2，如图6-123所示。

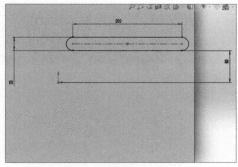

图6-122 画基体并在基体上面画草图

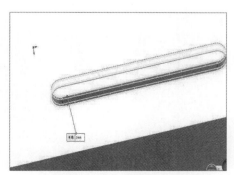

图6-123 拉伸长度20，倒角2

35 单击【拉伸切除】按钮，绘制一个和基体一样的草图，把基体切除，如图6-124所示。

36 单击【成型工具】按钮，停止面选择模型底面，如图6-125所示。到此4个成型工具全部做完，记得都得另存为，另存为SLDFTP格式，系统会提示你需要保存的文件夹，然后在后续操作中直接调用。

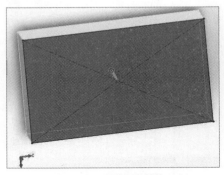

图6-124　拉伸切除基体

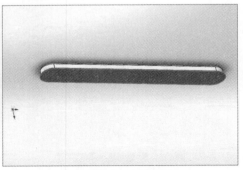

图6-125　制作成型工具

37 单击【设计库】按钮，找到FORM TOOL的路径（保存的模具），可以找到你所绘制的模型，以便我们调用，如图6-126所示。

38 直接拖动冲压型1到绘图区，在位置选项卡中将模型和原钣金图原点重合，如图6-127所示。

图6-126　打开设计库

图6-127　拖动冲压型1，并修改位置

39 直接拖动冲压型2到绘图区，在位置选项卡中将模型和原钣金图原点重合，如图6-128所示。

40 使用【简单直孔】工具，在图6-129所示位置绘制个圆孔。

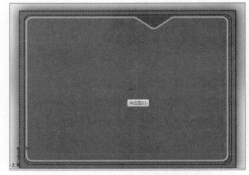

图6-128　将冲压型2拖动到绘图区

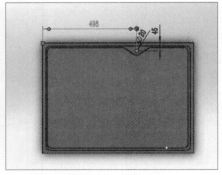

图6-129　绘制圆孔

41 直接拖动冲压型3到绘图区，在位置选项卡中将模型位置进行修改，如图6-130所示。

42 直接拖动冲压型4到绘图区，在位置选项卡中将模型位置进行修改，如图6-131所示。

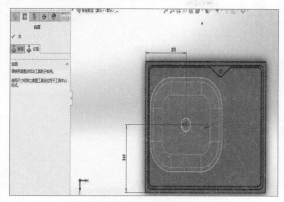

图6-130 将冲压型3拖动到绘图区

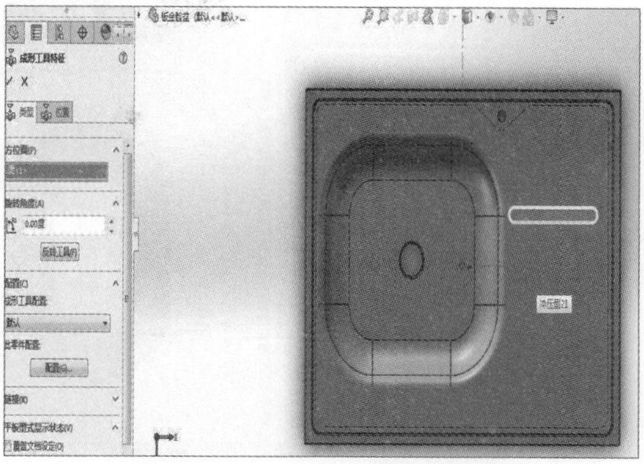

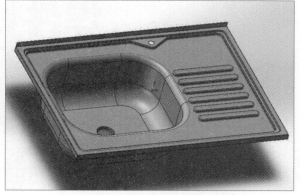

图6-131 将冲压型4拖动到绘图区

43 使用【线性阵列】工具，将冲压型4沿着Y轴阵列6个，间距可自行设置，如图6-132所示。

44 最终钣金洗脸盆的效果如图6-133所示。

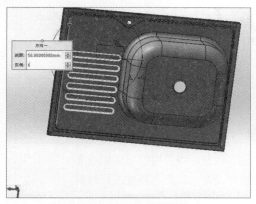

图6-132 将冲压型4阵列6个

图6-133 最终效果

Chapter

07

焊件设计

本章概述

　　焊件是由多个零件焊接在一起组成的。在本章中，我们将学习利用线图来绘制结构形式，并在线上插入截面的方法绘制实体，从而方便地进行焊件设计。

　　焊件虽然是装配体，但多数情况下焊接件在材料明细表中作为单独的零件来处理，因此应该尽量将焊件零件作为多实体零件来建模。

核心知识点

- 了解焊件的生成方法
- 掌握焊件特征的操作步骤
- 熟练建立焊件模型

7.1 焊件基础

在介绍焊件的各种操作之前，用户首先要了解焊件特征的工具栏与菜单，熟练掌握本节知识，为以后的操作奠定基础。

7.1.1 焊件选项卡

在默认情况下，界面上是不显示【焊件】选项卡的。用户可以通过在功能区选项卡上单击鼠标右键，在弹出的快捷菜单中选择【焊件】命令，如图7-1所示。操作完成后，在功能区显示【焊件】选项卡，如图7-2所示。

图7-1 导入【焊件】选项卡

图7-2 焊件选项卡

7.1.2 焊件工具栏

在默认情况下，界面上是不显示【焊件】工具栏的。用户可以通过在功能区空白处上单击鼠标右键，在快捷菜单中选择【焊件】命令，如图7-3所示。操作完成后，【焊件】工具栏显示在界面中，如图7-4所示。

图7-3 导入焊件工具栏

图7-4 焊件工具栏

7.2 焊件特征

SolidWorks中焊件特征分为【结构构件】【剪裁/延伸】【顶端盖】【角撑板】【焊缝】等。本节将详细介绍焊件各特征。

7.2.1 焊件

焊件特征是焊接零件设计的起点，用来激活焊件环境。无论何时添加焊件特征，该特征均作为用户建立的第一个特征。

调用【焊件】命令，有以下3种方式。

（1）单击【焊件】常用工具栏中的【焊件】按钮 🦀 。

（2）执行【插入】|【焊件】|【焊件】命令。

（3）单击焊件工具栏中的【焊件】按钮 🦀 。

单击焊件工具栏中的【焊件】按钮 🦀 ，FeatureManager中的焊件特征将在其他特征的上面，如图7-5所示。

图7-5　焊件特征

7.2.2 结构构件

使用【结构构件】工具，可以使多个带基准面的2D草图、3D草图或二者组合的草图生成焊件。单击【焊件】常用工具栏上的【结构构件】按钮 🎯 ，也可以执行【插入】|【焊件】|【结构构件】命令，FeatureManager切换到【结构构件】属性管理器，如图7-6所示。

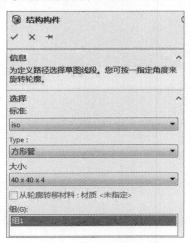

图7-6　【结构构件】属性管理器

在【选择】选项区域中包含几个选项,下面介绍各选项的含义。

● **标准:** 选择之前所定义的iso、ansi inch或者自定义标准。

● **Type:** 选择轮廓的类型,如管道、方形管、角铁、C槽和矩形管等。

● **大小:** 设置轮廓的大小。

● **组:** 可以在绘图区域中选择一组草图实体。

实例 绘制椅子焊接支架零件图

本小节介绍结构构件的相关知识,下面以绘制一款椅子焊接支架零件为例,介绍生成结构构件的方法。下面介绍具体的操作方法。

Step 01 执行【文件>新建】命令,在打开的【新建SOLIDWORKS文件】对话框中选择【零件】选项,单击【确定】按钮,进入零件设计环境,如图7-7所示。

Step 02 在【草图】常用工具栏中选择【3D草图】命令,进入草图绘制界面,如图7-8所示。

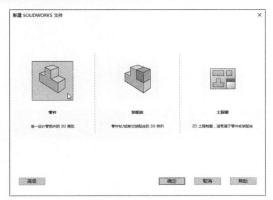

图7-7 新建零件

图7-8 选择【3D草图】命令

Step 03 在绘图区选择XZ平面作为零件的基准面,按Tab键切换,进入草图界面,选择【中心矩形】命令,以原点为中心绘制矩形,如图7-9所示。

Step 04 在绘图区选择矩形一条边,然后在左侧控制区中勾选【作为构造线】复选框,如图7-10所示。

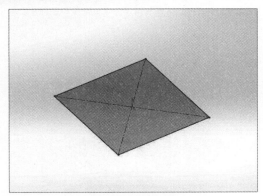

图7-9 确定草图基准面

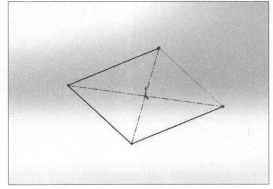

图7-10 在XZ基准面绘制矩形并选构造线

Step 05 单击【智能尺寸】按钮,进行尺寸标注,矩形侧边为500,下边为400,如图7-11所示。

Step 06 然后单击【草图】常用工具栏中的【基准面】按钮,选择【前视基准面】和构造线为参考,设置角度为15度,勾选【反向】复选框,如图7-12所示。

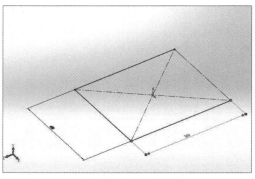

图7-11　添加尺寸

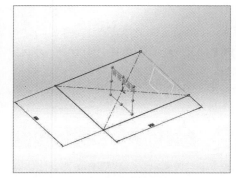

图7-12　添加新的基准面

Step 07 在新基准面绘制中心矩形，删除下边线，如图7-13所示。

Step 08 拖动矩形下面两端点与原矩形两端点重合，并用智能尺寸标注侧边为600，如图7-14所示。

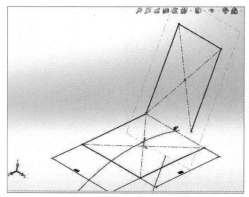

图7-13　新建矩形删除下边线

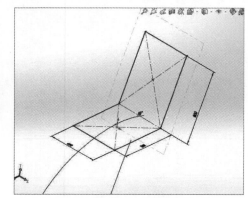

图7-14　拖动两点重合，侧边标注600

Step 09 单击【绘制圆角】按钮，圆角半径设为75mm。给两矩形的四个边角倒角，如图7-15所示。

Step 10 继续给两个矩形连接处倒圆角，之后单击 ✔ 按钮，并绘制一条直线连接两个倒角下端点处，单击右上角的 ↳ 按钮，退出草图，如图7-16所示。

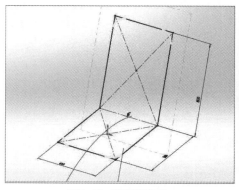

图7-15　给图形倒圆角

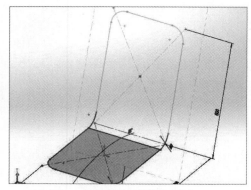

图7-16　连接圆角点绘制一条直线

Step 11 单击【焊接】常用工具栏的【结构构件】按钮 ⊕，标准栏选择ISO，类型选择【方形管】选项，方管尺寸选择30×30×2.6。依次选取两个矩形的外形线作为【组1】，并勾选【合并圆弧段实体】复选框，可以看到管件按照绘制的轨迹自然变成一个焊接支架，如图7-17所示。

Step 12 单击【新组】按钮，选取剩下的草图线段为【组2】，单击 ✔ 按钮，如图7-18所示。

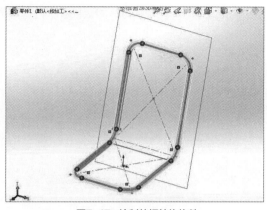

图7-17 绘制外框结构构件

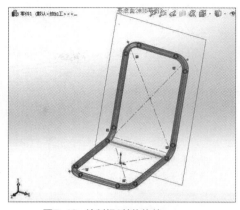

图7-18 绘制组2结构构件

Step 13 单击常用工具栏中的【基准面】按钮，选择【右视基准面】选项，选择【平行】选项，平行间距230，如图7-19所示。

Step 14 在新基准面绘制椅子支腿草图，高度为450，上边为400，两支腿与竖直平面角度为15度，倒角为75mm，然后绘制一条与两支腿相交的横线，距离为150，单击 ✔ 按钮，如图7-20所示。

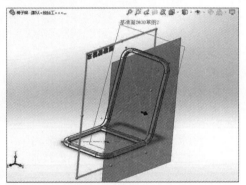

图7-19 重新添加基准面

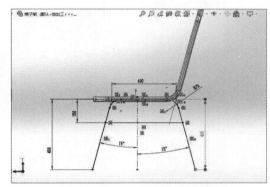

图7-20 绘制椅子支腿图形标注尺寸

Step 15 单击【焊接】常用工具栏的【结构构件】按钮 ⚙，标准栏选择ISO，类型选择【方形管】选项，方管尺寸选择30×30×2.6。依次选取两个支腿的外形线作为【组1】，并勾选【合并圆弧段实体】复选框，如图7-21所示。

Step 16 单击【新组】按钮，选取剩下的草图线段为【组2】，单击 ✔ 按钮，如图7-22所示。

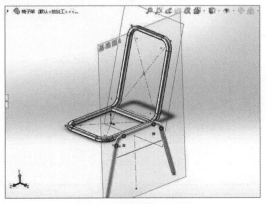

图7-21 绘制支腿结构构件

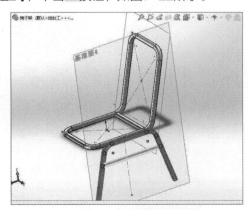

图7-22 绘制支腿横撑结构构件

Step 17 单击工具栏中的【基准面】按钮，选择【上视基准面】选项，选择【平行】选项，平行间距为445，如图7-23所示。

Step 18 椅子腿的底部需要与地面平齐，单击【焊接】常用工具栏的【剪裁/延伸】按钮 📐，选择椅子支腿方管，剪裁边界选择上述新建基准面，单击 ✔ 按钮，如图7-24所示。

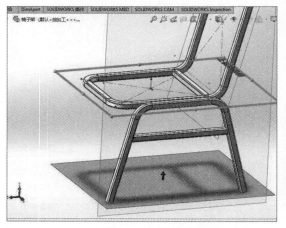

图7-23　重新添加基准面　　　　　　　图7-24　执行【剪裁/延伸】操作

Step 19 在【特征】常用工具栏中选择【镜像】命令，镜像面选择【右视基准面】，选择需要镜像的实体，因为上述绘图都已经变成实体，选择刚才绘制的椅子支腿实体，如图7-25所示。

Step 20 预览视图，单击 ✔ 按钮，椅子的支架就绘制完成，效果如图7-26所示。

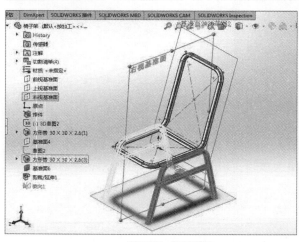
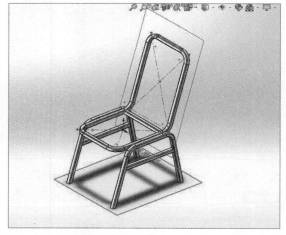

图7-25　绘制草图　　　　　　　　　　图7-26　添加尺寸

7.2.3　自定义构件轮廓

软件自带的焊接件库往往种类有限不符合GB需求，需要对焊接件库进行扩充。下面以矩形截面为例，添加矩形截面到焊接件库。

绘制如图7-27所示的矩形，将矩形的中心放置在原点上。草图完成后，保存文件为【库200-150-10.sldlfp】格式，右键单击FeatureManager中零件名字，在弹出的快捷菜单中选择【添加到库】命令，如图7-28所示。再次保存退出当前零件。将上步创建的【库200-150-10.sldlfp】文件保存到位置\SOLIDWORKS\lang\chinese-simplified\weldment profiles\iso\新创建库中。

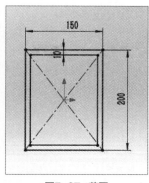

图7-27 草图　　　　　　　　图7-28 添加到库

然后进行结构构件的相关设置，可以将【库200-150-10】截面应用到结构构件中，如图7-29所示。

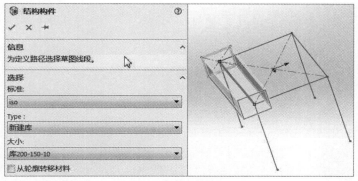

图7-29 新添加的截面应用

7.2.4 剪裁/延伸

剪裁和延伸功能可以使用线段和其他实体来剪裁线段，使之在焊件零件中正确对接。单击【焊件】常用工具栏上的【剪裁/延伸】按钮，也可以执行【插入】|【焊件】|【剪裁/延伸】命令，将FeatureManager切换到【剪裁/延伸】属性管理器，如图7-30所示。

图7-30 【剪裁/延伸】属性管理器

下面介绍该属性管理器中各选项区域的含义。

- **边角类型：** 在该选项区域中可以单击对应的按钮对剪裁的边角类型进行设置，包括【终端剪裁】【终端斜接】【终端对接1】和【终端对接2】4种类型。
- **要剪裁的实体：** 对【终端剪裁】【终端对接1】和【终端对接2】类型，可以选择要剪裁的一个实体；对于【终端剪裁】类型，可以选择要剪裁的一个或多个实体。

7.2.5　顶端盖

对于圆管、方管等零件，为了防尘和防水，可用钢板将其两端封焊。

单击【焊件】常用工具栏上的【顶端盖】按钮◉。将FeatureManager切换到【顶端盖】属性管理器。在【参数】选项下选择如图7-31所示的平面，设置【厚度方向】为【向外】，厚度为5，其余默认值。

创建边角，选中【边角处理】复选框，可为端盖设置边角，在【倒角距离】中设定数值为5mm，如图7-32所示。单击【确定】按钮✔，得到如图7-33所示的顶端盖。

图7-31　选中面

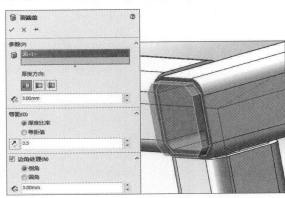

图7-32　属性管理器

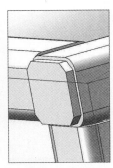

图7-33　顶端盖

7.2.6　角撑板

角撑板可用于两个交叉梁平面的结构之间，加强构件的强度和刚度。

单击【焊件】常用工具栏上的【角撑板】按钮◢。将FeatureManager切换到【角撑板】属性管理器。在【支撑面】选项中选择要添加角撑板的两个面，在【轮廓】选项中选择【三角形轮廓】，设置d1为50mm，d2为50mm，如图7-34所示。

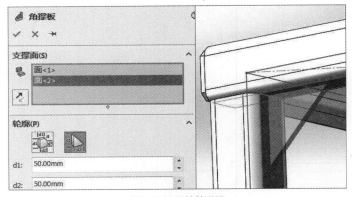

图7-34　属性管理器

单击【倒角】按钮，设置d5为12.5mm，d6为12.5mm，厚度选择【两边】，设置角撑板厚度为5mm，选择【轮廓定位于中点】，如图7-35所示。单击【确定】按钮 ✓，得到如图7-36所示的角撑板。

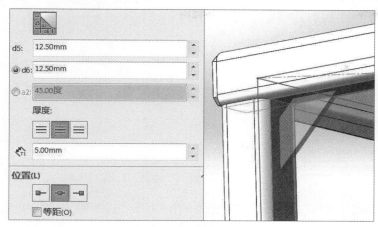

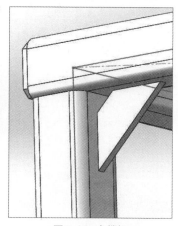

图7-35 属性管理器　　　　　　　　　　　　　　　图7-36 角撑板

7.2.7　焊缝

在任何交叉的焊件实体之间加全长、间歇或交错的圆角焊缝。

单击【焊件】常用工具栏上的【焊缝】按钮 🖎。将FeatureManager切换到【焊缝】属性管理器。单击【焊接路径】框，在图形区选择焊接平面，设置焊缝大小为3，如图7-37所示。单击【确定】按钮 ✓，得到如图7-38所示的焊缝。

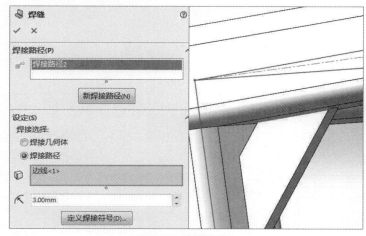

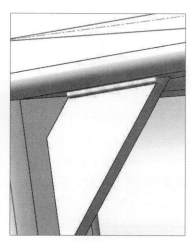

图7-37 属性管理器　　　　　　　　　　　　　　　图7-38 焊缝

🔧实例　绘制蒸发器支架零件图

采购的大型设备的支架到了施工现场一般都需要修改或重做，经常需要设计制作一个针对需要的工况的焊接支架，下面以绘制一款蒸发器支架零件为例，具体介绍焊接制图基础方法。

Step 01 执行【文件>新建】命令，在打开的【新建SOLIDWORKS文件】对话框中选择【零件】选项后，单击【确定】按钮，进入零件设计环境，如图7-39所示。

Step 02 在【焊接】常用工具栏中选择【3D草图】命令，进入草图绘制界面，如图7-40所示。

SOLIDWORKS

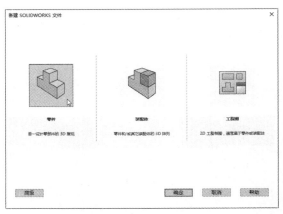

图7-39 新建零件

图7-40 选择【3D草图】命令

Step 03 在绘图区选择上视基准面，执行【参考几何体】命令，创建一个平行于上视基准面，平行距离为1000的参考面，如图7-41所示。

Step 04 在新基准面绘制一个中心矩形，使用智能尺寸标注分别为2000和850，如图7-42所示。

图7-41 制作平行于上视基准面的草图基准面

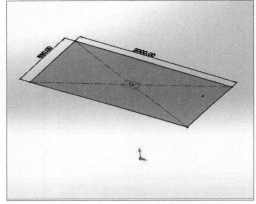

图7-42 绘制中心矩形，标注长和宽

Step 05 然后单击【草图】常用工具栏中的【基准面】按钮，选择与前视基准面平行和矩形边线重合，创建一个新基准面，如图7-43所示。

Step 06 选择新基准面，在面上绘制一条竖直直线，长975，如图7-44所示。

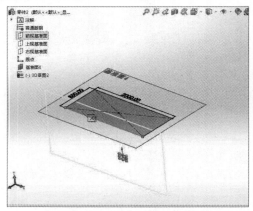

图7-43 添加新的基准面

图7-44 绘制竖直直线

224

Step 07 选择【焊接】工具栏的【结构构件】命令，设置标准为ISO，选择120×12的C型槽钢，选择矩形边框线，并调整位置，如图7-45所示。

Step 08 继续添加周围结构焊件，取消勾选【应用边角处理】复选框，如图7-46所示。

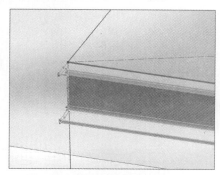

图7-45 绘制结构构件并调整位置

图7-46 取消勾选【应用边角处理】复选框

Step 09 选择【焊接】常用工具栏的【结构构件】命令，选择80×6的等边角钢（没有型材库的可以上网下载），选择竖直的绘图线可以生成支腿，之后单击✔按钮，如图7-47所示。

Step 10 继续绘制加强板，在支腿外侧平面绘制右下图所示的形状，并标注尺寸，之后单击右上角的↳按钮退出草图，如图7-48所示。

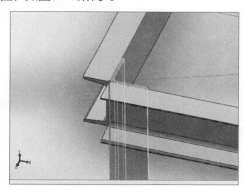

图7-47 添加等边角钢80×6的支腿

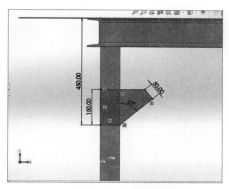

图7-48 绘制加强板草图

Step 11 单击【特征】常用工具栏的【拉伸凸台/基体】按钮，设置给定深度为6mm，如图7-49所示。

Step 12 单击【草图绘制】按钮，在加强板内侧绘制草图，长525的斜线，注意配合几何关系，之后单击✔按钮，如图7-50所示。

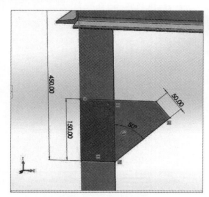

图7-49 拉伸加强板

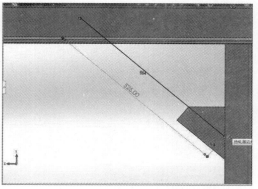

图7-50 绘制斜撑路径

Step 13 单击【焊接】常用工具栏的【结构构件】按钮 ⬚，选择50×4的等边角钢（没有型材库的可以上网下载），选择刚绘制的斜线做斜撑，之后单击 ✅ 按钮，如图7-51所示。

Step 14 以支腿底面为基准面绘制脚垫的草图，之后单击 ✅ 按钮，尺寸如图7-52所示。

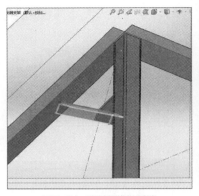

图7-51 绘制斜线做斜撑

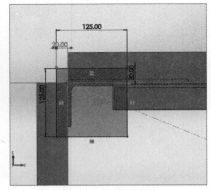

图7-52 绘制脚垫草图

Step 15 单击【特征】工具栏的【拉伸凸台/基体】按钮，设置给定深度为20mm，如图7-53所示。

Step 16 单击【焊缝】按钮，选取焊接路径，在绘图区选择脚垫和支腿的相连处，焊缝大小选择8mm，如图7-54所示。

图7-53 拉伸脚垫

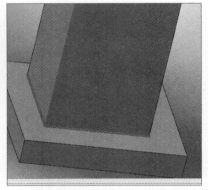

图7-54 绘制支腿和脚垫之间的焊缝

Step 17 使用【镜像】工具，选择【前视基准面】选项为镜像面，在要镜像的实体内选择上述绘制的实体，如图7-55所示。

Step 18 继续绘制草图，在两支腿内侧平面绘制牵条的草图，需要注意几何关系和尺寸，之后单击 ✅ 按钮退出草图，如图7-56所示。

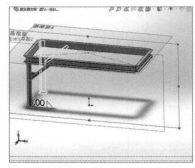

图7-55 镜像实体

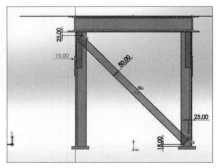

图7-56 绘制牵条草图

Step 19 继续绘制草图，在两支腿外侧平面绘制牵条的草图，和上述草图正好相反，之后单击 ✓ 按钮退出草图，如图7-57所示。

Step 20 单击【特征】常用工具栏的【拉伸凸台/基体】按钮，为两个牵条拉伸尺寸，设置给定深度为6mm，如图7-58所示。

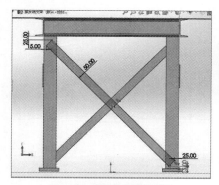

图7-57 继续绘制牵条草图

图7-58 拉伸牵条凸台

Step 21 使用【异形孔导向】工具，选择一个牵条的外侧面为基准面，类型为钻孔大小，孔直径为12，孔深度为穿透，如图7-59所示。

Step 22 切换至控制区的【位置】选项卡，在两牵条的中心绘制孔位置，之后单击 ✓ 按钮退出草图，如图7-60所示。

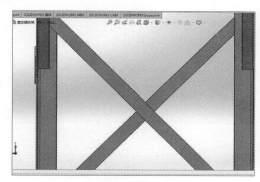

图7-59 选择孔类型

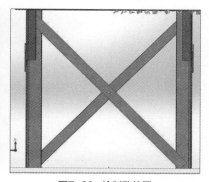

图7-60 绘制孔位置

Step 23 使用【镜像】工具，选择【右视基准面】选项为镜像面，在要镜像的实体内选择上述绘制的实体，如图7-61所示。

Step 24 使用【异形孔导向】工具，在加强板外侧绘制直螺纹孔，选择孔类型为【底部螺纹孔】，孔大小为直径M6，深度选择穿透，如图7-62所示。

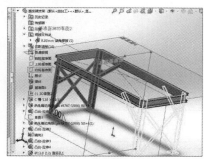

图7-61 镜像底部实体

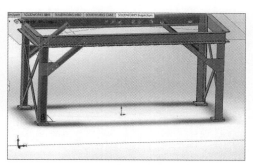

图7-62 选择孔类型

Step 25 切换至控制区的【位置】选项卡，绘制6个孔，这几个孔的作用就是用螺栓螺母连接这几个工件，之后单击 ✔ 按钮退出草图，如图7-63所示。

Step 26 使用【镜像】工具，选择【右视基准面】选项为镜像面，在要镜像的特征内选择上述绘制的几个孔，如图7-64所示。

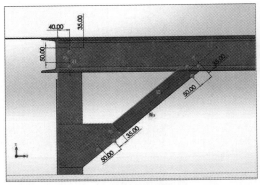

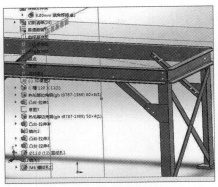

图7-63 绘制安装孔位置　　　　　　　　　　图7-64 镜像安装孔

Step 27 完成操作后查看最终效果并保存文件，效果如图7-65所示。

图7-65 查看效果并保存文件

上机实训：绘制桌子支架图

本章学习了焊件的相关知识，包括结构构件、剪裁/延伸、顶端盖、角撑板、焊缝等。下面通过案例的形式进一步巩固焊件知识。

01 新建零件模型。单击【标准】工具栏的【新建】按钮，系统弹出【新建SolidWorks文件】对话框，选择【零件】。单击【确定】按钮，进入零件设计环境。单击草图工具栏上的【草图绘制】按钮，在绘图区选择【上视基准面】。进入草图绘制界面，绘制如图7-66所示的草图。

02 退出当前草图，创建如图7-67所示的基准面。

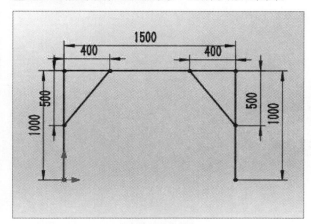

图7-66 草图

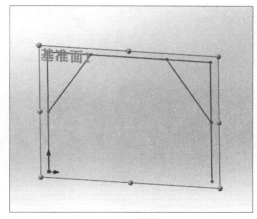

图7-67 基准面

03 创建与基准面1距离为1000mm的基准面2，如图7-68所示。正视基准面2，在基准面2上绘制相同的草图，如图7-69所示。

04 退出当前草图，隐藏基准面1和基准面2。进入3D草图绘制界面，绘制如图7-70所示的草图，并退出当前草图。

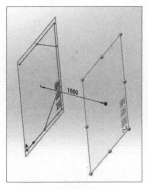

图7-68 绘制基准面

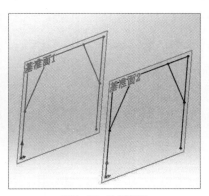

图7-69 绘制草图

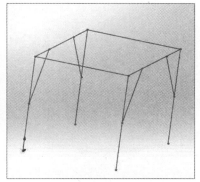

图7-70 草图

05 单击【焊件】常用工具栏上的【结构构件】按钮 ⚙，将FeatureManager切换到【结构构件】属性管理器。

06 在【选择】选项组下，选择ISO标准，设置类型为【方形管】。在【大小】下拉菜单中，选择40×40×4，单击【组】选项框，选择绘制的3D草图，选择矩形的四条边，如图7-71所示。

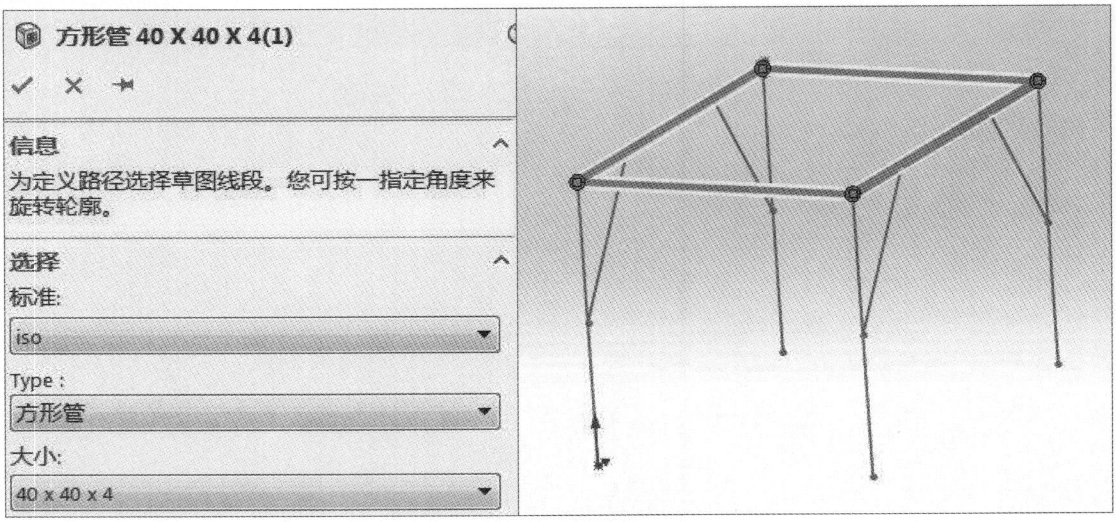

方形管 40 X 40 X 4(1)

✓ ✕ 📌

信息

为定义路径选择草图线段。您可按一指定角度来
旋转轮廓。

选择

标准：

iso

Type :

方形管

大小：

40 x 40 x 4

图7-71　属性管理器

07 用同样的方式创建支腿和斜撑结构构件，如图7-72所示。

08 单击【焊件】常用工具栏上的【剪裁/延伸】按钮🖭。将FeatureManager切换到【剪裁/延伸】
属性管理器。

09 设置边角类型为【终端对接1】，要剪裁的实体为矩形框的一条边，剪裁边界为矩形框的相邻边，
完成一个边角的设置。以同样的方式完成其余3个边角的设置。单击【确定】按钮✅，如图7-73
所示。

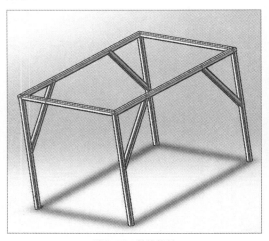

图7-72　结构构件

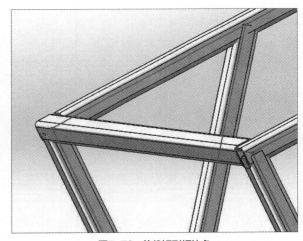

图7-73　剪裁矩形框边角

10 单击【焊件】常用工具栏上的【剪裁/延伸】按钮🖭。将FeatureManager切换到【剪裁/延伸】
属性管理器。

11 设置边角类型为【终端对接1】，要剪裁的实体为支腿，剪裁边界为矩形框，完成一个边角的设
置。以同样的方式完成其余3个边角的设置。单击【确定】按钮✅，如图7-74所示。

12 单击【焊件】常用工具栏上的【剪裁/延伸】按钮🖭。将FeatureManager切换到【剪裁/延伸】
属性管理器。

13 设置边角类型为【终端剪裁】，要剪裁的实体为斜撑，【实体】选择矩形框或者支腿，完成一个边角的设置。以同样的方式完成其余7个边角的设置。单击【确定】按钮 ✔，如图7-75所示。

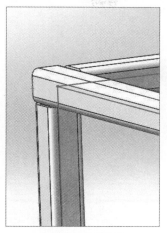
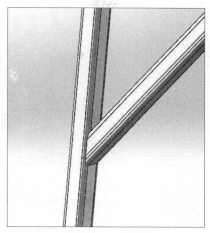

图7-74 边角处理　　　　　　　图7-75 边角处理

14 单击【焊件】常用工具栏上的【角撑板】按钮 ◢。将FeatureManager切换到【角撑板】属性管理器。

15 在【支撑面】选项中选择要添加角撑板的两个面，在【轮廓】选项中选择【三角形轮廓】，设置d1为50mm，d2为50mm。单击【倒角】按钮，设置d5为12.5mm，d6为12.5mm，厚度选择【两边】，设置角撑板厚度为5mm，选择【轮廓定位于中点】。以同样的方式完成其余3个角撑板的设置，如图7-76所示。

16 单击【焊件】常用工具栏上的【焊缝】按钮 ◈。将FeatureManager切换到【焊缝】属性管理器。

17 单击【焊接路径】框，在图形区选择焊接平面，设置焊缝大小为3，如图7-77所示。以同样的方式完成其余3个角撑板的焊缝特征，即可完成模型的制作。

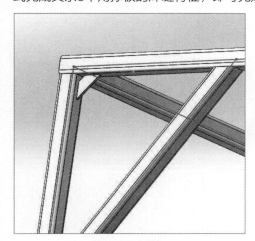

图7-76 角撑板　　　　　　　图7-77 焊缝

Chapter

08

模具设计

本章概述

　　在工业生产中，模具是以注塑、吹塑、挤出、压铸等方法得到所需产品的各种模子和工具。模具设计可以进行拔模分析，生成分型面，并生成型芯和型腔零件。本章主要介绍模具设计基础知识、生成模具的特征以及模具设计的一般步骤。

核心知识点

- 生成模具特征
- 模具设计的步骤

8.1 模具基础

SolidWorks为用户提供了一套强大的模具设计工具，用户可以通过不同的工具制作零件模具的型腔、分形线和面以及封闭曲线，从而完成模具的上模与下模设计。

8.1.1 模具设计简介

默认情况下，界面上是不显示【模具工具】工具栏的。用户可以通过在功能区空白处单击鼠标右键，选择【模具工具】选项，如图8-1所示。操作完成后【模具工具】工具栏显示在界面中，如图8-2所示。

图8-1 导入模具工具

图8-2 模具工具栏

用户也可以通过在功能区选项卡上单击鼠标右键，选择【模具工具】选项，如图8-3所示。操作完成后【模具工具】选项卡显示在功能区，如图8-4所示。

图8-3 导入模具工具　　图8-4 模具工具选项卡

下面介绍模具设计工具栏各命令的含义。

- **拔模分析：** 验证所有面都含有足够的拔模。
- **底切分析：** 查找模型中不能从模具中排斥的被围困区域。
- **拔模：** 拔模特征。
- **比例缩放：** 应用收缩因素，将塑料冷却时的收缩量考虑在内。
- **分型线：** 用于检查拔模以及添加分型线，分型线将型芯和型腔分离。
- **关闭曲面：** 可沿分型线或者形成连续环的边线生成曲面修补，以关闭通孔。
- **分型面：** 拉伸自分型线，用于将模具型腔从型芯分离。
- **切削分割：** 使型芯和型腔分离。
- **型芯：** 将制成的零件出模。

8.1.2 模具设计的步骤

一般步骤如下。
1. 创建模具模型
2. 对模具模型进行拔模检查
3. 对模具模型进行底切检查

4. 缩放模型比例

5. 创建分型线

6. 创建分型面

7. 对模具模型进行分割

8. 创建模具零件

8.2 模具特征

本节将以简单的实例模型说明模具特征的基本方法和步骤。

8.2.1 插入装配凸台

插入装配凸台的步骤如下。

首先，绘制如图8-5所示模型。执行【插入】|【扣合特征】|【装配凸台】命令，将FeatureManager 切换到【装配凸台】属性管理器。设置属性管理器，如图8-6所示。

图8-5 模型

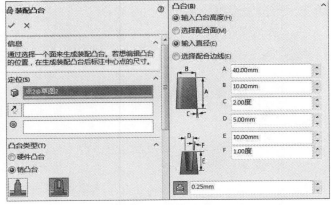

图8-6 属性管理器

单击 ✔【确定】按钮，得到如图8-7所示的模型。最后镜像装配凸台，效果如图8-8所示。

图8-7 模型

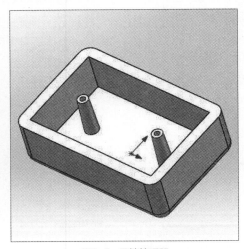

图8-8 属性管理器

8.2.2 拔模分析

通过拔模分析验证所有面都含有足够的拔模。

单击【模具工具】常用工具栏上的【拔模分析】按钮 ，将FeatureManager切换到【拔模分析】属性管理器。设置属性管理器，如图8-9所示。单击【确定】按钮 ，得到如图8-10所示的模型。

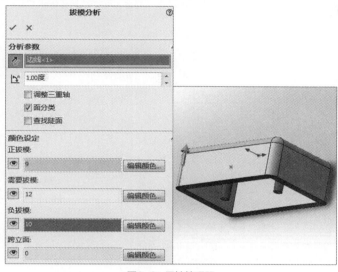

图8-9 属性管理器

图8-10 模型

下面介绍【拔模分析】属性管理器中各参数的含义。

- **拔模方向：** 用户可以选择一线性边线、面或轴来定义拔模方向。
- **拔模角度：** 输入参考拔模角度。
- **调整三重轴：** 勾选此复选框，在图形区将显示三重轴，通过拖动三重轴可以操纵拔模方向，拔模角度将被更改，环面的颜色也随之动态更新。
- **面分类：** 勾选此复选框，可将每个面归入颜色设定的类别之一，然后对每个面应用相应的颜色，并提供每种类型面的计数。若取消勾选该复选框，分析将生成面角度的轮廓映射。
- **查找陡面：** 仅在勾选【面分类】复选框时才可使用，若勾选该复选框，分析添加了曲面的拔模，以识别陡面。当曲面上有点能满足拔模角度准则而其他点不能满足该准则时，就会产生陡面。
- **逐渐过渡：** 当取消勾选【面分类】复选框时才可用，以色谱形式显示角度范围。
- **正拔模：** 当面的角度相对于拔模方向大于参考角度时，则显示该面。
- **负拔模：** 当面的角度相对于拔模方向小于参考角度时，则显示该面。
- **需要拔模：** 当面的角度小于负参考角度或大于正参考角度时，则显示该面。
- **跨立面：** 显示包含正、负拔模类型的任何面。
- **正陡面：** 在面中既包含正拔模又包含需要拔模的区域，只有曲面才能展示这种情况。
- **负陡面：** 在面中既包含负拔模又包含需要拔模的区域，只有曲面才能展示这种情况。

8.2.3 底切分析

如果模型包括底切区域【阻止零件从模具弹出的围困区域】，也可运行底切分析。

单击【模具工具】常用工具栏上的【底切分析】按钮 ，将FeatureManager切换到【底切分析】属性管理器，设置属性管理器，如图8-11所示。单击【确定】按钮 ，得到如图8-12所示的模型。

图8-11 属性管理器

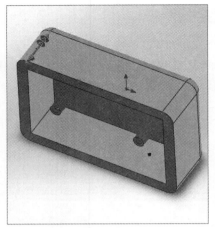

图8-12 模型

下面介绍【底切分析】属性管理器中各参数的含义。

- **坐标输入：** 勾选该复选框，为拔模设置X、Y和Z轴的数值。
- **拔模方向：** 为选择的平面、线性边线或轴定义拔模方向。
- **分型线：** 分型线以上的面被评估以决定它们是否可从分型线以上看见。
- **高亮显示封闭区域：** 对于仅部分封闭的面，分析可识别面的封闭区域和非封闭区域。
- **方向1底切：** 从分型线以上不可见的面。
- **方向2底切：** 从分型线以下不可见的面。
- **封闭底切：** 从分型线以下或以上不可见的面。
- **跨立底切：** 双向拔模的面。
- **无底切：** 没有底切。
- **编辑颜色：** 单击该按钮更改颜色。

8.2.4 添加拔模

通过拔模分析，并非所有的面都符合【拔模角度】中指定的1度的要求。使用拔模工具将拔模添加到面。

单击【特征】常用工具栏上的【拔模】按钮，将FeatureManager切换到【拔模】属性管理器，选择【分型线】选项，拔模角度为1度，选择拔模方向，如图8-13所示。单击【确定】按钮 ✔，完成拔模的添加。采用同样的方法，处理其余拔模，如图8-14所示。

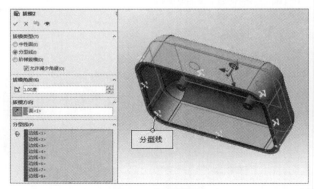

图8-13 属性管理器

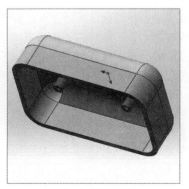

图8-14 拔模后模型

8.2.5 添加比例缩放

单击【特征】常用工具栏上的【比例缩放】按钮 🖳，将FeatureManager切换到【比例缩放】属性管理器，【比例缩放点】选择】重心，【比例因子】设置为1.05，如图8-15所示。

单击【确定】按钮 ✔，完成比例缩放的添加，如图8-16所示。

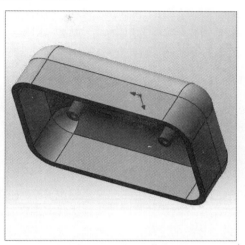

图8-15 属性管理器   图8-16 完成比例缩放

8.2.6 生成分型线

下面介绍生成分型线的操作方法。

单击【模具工具】常用工具栏上的【分型线】按钮 🖳，将FeatureManager切换到【分型线】属性管理器，选拔模方向，拔模角度设置为0.5度，如图8-17所示。单击【确定】按钮 ✔，完成分型线，如图8-18所示。

图8-17 属性管理器   图8-18 分型线

8.2.7 创建分型面

分型面从分型线拉伸，用于将模具型腔从型芯分离，当生成分型面时，系统将自动生成分型面的实体文件夹。下面介绍分型面的基本操作方法。

单击【模具工具】常用工具栏上的 ✏ 【分型面】按钮，或者执行【插入】|【模具】|【分型面】命令，将FeatureManager切换到【分型面】属性管理器。设置属性管理器，【模具参数】选为【垂直与拔模】，【分型面】距离设为50mm，如图8-19所示。单击【确定】按钮 ✔，完成分型面的操作，如图8-20所示。

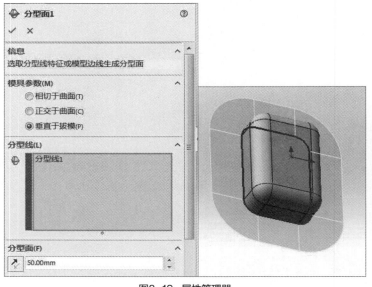

图8-19 属性管理器

图8-20 分型面

下面介绍【分型面】属性管理器中各参数的含义。

- **相切于曲面：** 选中该单选按钮，用于分型面与分型线的曲面相切。
- **正交于曲面：** 用于分型面与分型线的曲正交。
- **垂直于拔模：** 用于分型面与拔模方向垂直。
- **距离：** 在数值框中输入数值，设置分型面的宽度值。
- **反转等距方向：** 单击该按钮可以更改分型面从分型线延伸的方向。
- **角度：** 该数值框只在与曲面相切或正交曲面时才被激活，用于设置将角度从垂直更改到拔模方向的角度值。
- **尖锐：** 在相邻的曲面之间应用尖锐的过渡，该按钮默认为激活状态。
- **平滑：** 可在相邻曲面之间应用更平滑的过渡。

8.2.8 切削分割

使用【切削分割】功能对模型生成型芯和型腔前需要定义分型面。下面介绍使用【切削分割】命令建立分型面的操作方法。

首先，单击【特征】常用工具栏上的【基准面】按钮 ▥，将FeatureManager切换到【基准面】属性管理器。设置属性管理器，【第一参考】选为【底面】，【偏移距离】设为10mm，如图8-21所示。单击【确定】按钮 ✔，完成操作，如图8-22所示。

图8-21 属性管理器　　　　　　图8-22 基准面创建

　　单击【模具工具】常用工具栏上的【拔模分析】按钮🔍，对零件模型经行拔模分析后关闭分析结果。单击【模具工具】常用工具栏上的【切削分割】按钮🔲，选择之前创建的基准面，绘制矩形，然后退出当前草图，如图8-23所示。在【切削分割】属性管理器中，按图8-24所示设置。单击【确定】按钮✔完成操作，如图8-25所示。

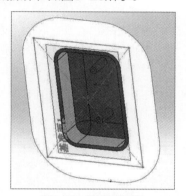

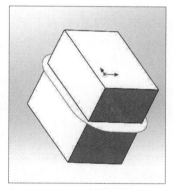

图8-23 绘制矩形草图　　　　图8-24 属性管理器　　　　图8-25 切削分割

8.2.9 型芯和型腔分离

　　下面介绍型芯和型腔分离的操作方法。

　　单击【特征】常用工具栏上的【移动复制】按钮🔳，将FeatureManager切换到【移动复制】属性管理器，【要移动的实体】选为上半部分，设置距离为200mm，如图8-26所示。

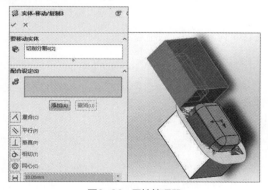

图8-26 属性管理器

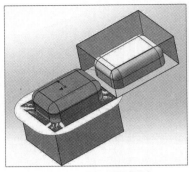

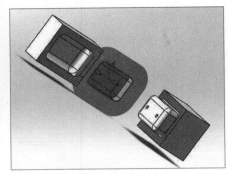

单击【确定】按钮✅完成操作，更改上半部分面的透明度，如图8-27所示。

同理，也可以将下半部分分离，如图8-28所示。

图8-27　型芯和型腔分离　　　　　　　　图8-28　下半部分分离

8.2.10　生成切削装配体

模具模型建立以后，需要分别加工型芯和型腔，来满足后续浇注工序。下面介绍生成切削装配体的操作方法。

在FeatureManager中，在【实体】中选中【切削分割4】，单击鼠标右键，在弹出的快捷菜单中选择【插入到新零件】命令，如图8-29所示。在【插入到新零件】属性管理器中，单击【文件名称】右侧的按钮，如图8-30所示。

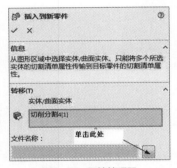

图8-29　插入到新零件　　　　　　　　图8-30　属性管理器

在弹出的对话框中输入文件名称【型腔】，如图8-31所示。单击保存按钮，将【切削分割4】保存为独立的零件。

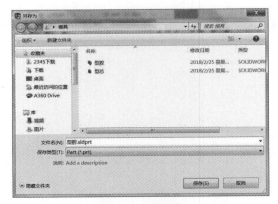

图8-31　保存文件

240

　　用户可以根据相同的方法，保存型芯文件。打开保存的文件，生成的零件如图8-32和图8-33所示。

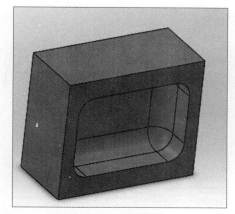

图8-32　型腔零件

图8-33　型芯零件

上机实训：设计模型的模具

本章主要介绍模具设计，包括模具的基础知识和模具特征。下面通过设计一套能加工的模型的模具，介绍模具设计的具体操作方法。

01 打开建立好的模型。依次执行【插入】|【扣合特征】|【装配凸台】命令，将FeatureManager切换到【装配凸台】属性管理器，设置相关参数的数值，如图8-34所示。单击【确定】按钮 ✔，绘制好第一个装配凸台，如图8-35所示。

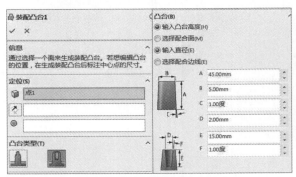

图8-34 设置属性管理器

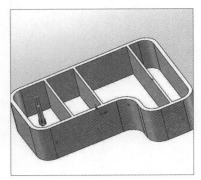

图8-35 查看效果

02 按照相同方法，绘制其他装配凸台，效果如图8-36所示。

03 单击【模具工具】常用工具栏上的【拔模分析】按钮 ，将FeatureManager切换到【拔模分析】属性管理器，设置相关参数，单击 ✔【确定】按钮，如图8-37所示。

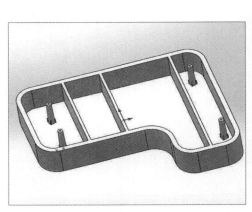

图8-36 装配凸台

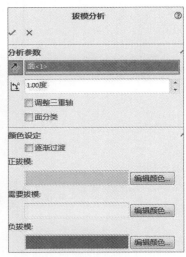

图8-37 拔模分析

04 单击【特征】常用工具栏上的【比例缩放】按钮 ，将FeatureManager切换到【比例缩放】属性管理器，【比例缩放点】选择【重心】，【比例因子】设置为1.05，单击【确定】按钮 ✔，完成比例缩放的添加，如图8-38所示。

05 单击【模具工具】常用工具栏上的【分型线】按钮 ，将FeatureManager切换到【分型线】属性管理器，设置相关参数，选择拔模方向，拔模角度设置为0.5度，单击【确定】按钮 ✔，完成分型线，如图8-39所示。

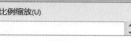

图8-38 比例缩放

图8-39 分型线

06 单击【模具工具】常用工具栏上的【分型面】按钮，将FeatureManager切换到【分型面】属性管理器，【模具参数】选为【垂直与拔模】，【分型面】距离设为100mm，单击【确定】按钮，完成分型面的操作，如图8-40所示。

07 单击【模具工具】常用工具栏上的 【切削分割】按钮，选择之前创建的分割面，绘制矩形，如图8-41所示，退出当前草图。

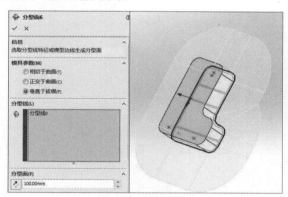

图8-40 分型面

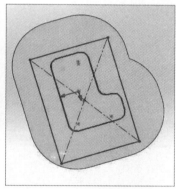

图8-41 绘制矩形

08 在【切削分割】属性管理器中，按图8-42所示设置。

09 单击【确定】按钮完成操作，如图8-43所示。

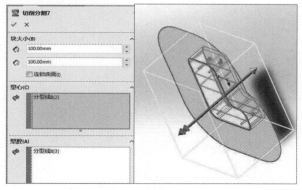

图8-42 切削分割属性管理器

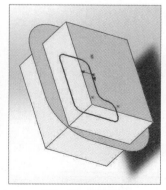

图8-43 切削分割

10 单击【特征】常用工具栏上的【移动复制】按钮⊗，将FeatureManager切换到【移动复制】属性管理器，【要移动的实体】选为下半部分，【配合设定】选上下相邻的两个面，设置距离为300mm。单击【确定】按钮✔，完成操作。同理，将上半部分分离，如图8-44所示。

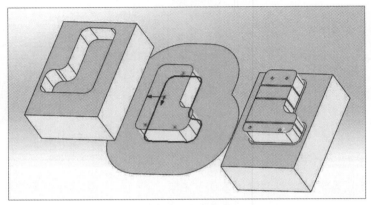

图8-44 移动实体

11 在FeatureManager中，在【实体】中选中型腔零件，单击鼠标右键，在弹出的快捷菜单中选择【插入到新零件】。在【插入到新零件】属性管理器中，单击【文件名称】右侧的按钮，保存型腔零件，同理保存型芯零件，如图8-45所示。

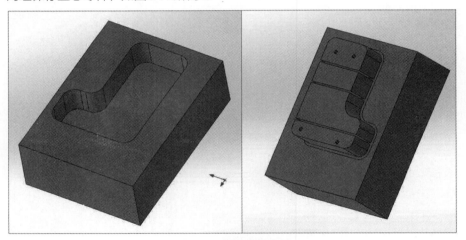

图8-45 型腔和型芯零件

Chapter

09

装配体设计

本章概述

　　装配体是由零部件通过配合命令生成的模型。装配体的零件可以是独立的零件和其他装配体。装配体能够模拟实际机构，进行仿真、计算质量特性、检查间隙、干涉等。本章主要介绍装配体设计的基本知识、定位零部件、装配体的检测和爆炸视图等知识。

核心知识点

- 熟悉装配体的基本操作
- 掌握装配零部件的方法
- 掌握编辑装配体
- 掌握检测装配体的方法

9.1 装配体概述

装配体文件中保存了进入装配体中的各个零件的路径和零件之间的配合关系。装配体的设计方法有自上而下设计和自下而上设计两种，也可以将两种方法结合起来。

（1）自下而上的设计方法

首先生成零件并将之插入装配体，然后根据设计要求配合零件。自下而上设计方法的零部件是独立设计的，是设计中最为常用的装配设计方法。

（2）自上而下的设计方法

从装配体中开始设计工作，设计时可以使用一个零件的几何体来帮助定义另一个零件，然后参考这些定义来设计零件。

本章主要介绍自下而上的设计方法建立装配体。

9.2 基本操作

装配体的基本操作包括创建装配体文件，插入装配体零件，删除装配体零件。

9.2.1 创建装配体文件

对零件进行装配之前需要创建一个装配体文件，下面创建装配体文件的方法。

在SolidWorks的主窗口中单击左上角的【新建】图标，或者选择【文件】|【新建】命令，即可弹出如图9-1所示的【新建SolidWorks文件】对话框，在该对话框中选择【装配体】按钮，即可进入SolidWorks新建装配体工作界面。

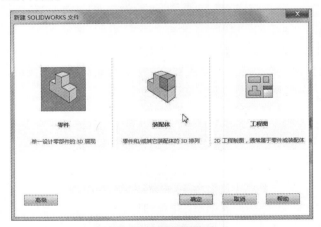

图9-1 创建装配体文件

9.2.2 插入零部件

在SolidWorks的主窗口中单击左上角的【新建】图标，选择【装配体】按钮，即可进入SolidWorks新建装配体工作界面。将FeatureManager切换到【开始装配体】属性管理器。单击【浏览】按钮，选择零部件，如图9-2所示。单击【打开】按钮，在图形区域单击，插入装配体的第一个零件，如图9-3所示。插入装配体的第一个零件系统会自动设定为固定。

单击常用装配体工具栏上的【插入零部件】按钮 🖉，将FeatureManager切换到【插入零部件】属性管理器。单击【浏览】按钮 _{浏览(B)...}，选择其他零部件。单击【打开】按钮 _{打开}，将其他零部件调入装配体环境。这些加入的零部件是浮动的，没有指定装配关系，可以随意移动和转动。

单击【确定】按钮 ✓，得到如图9-4所示的模型。

图9-2　选择零部件

图9-3　插入第一个零件

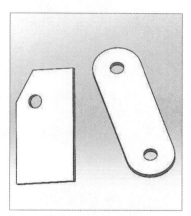

图9-4　插入第二个零件

9.2.3　删除零部件

下面介绍删除零部件的操作方法。

在装配体环境中，选中要删除的零件，单击鼠标右键，在弹出的快捷菜单中选择【删除】命令，如图9-5所示。在弹出的【确认删除】对话框中单击【是】按钮，即可删除零件，如图9-6所示。

图9-5　快捷菜单

图9-6　对话框

9.3　定位零部件

定位零部件分为固定和浮动零部件、移动零部件、旋转零部件、隐藏零部件和配合关系等。

9.3.1　固定和浮动零部件

下面介绍固定和浮动零部件的方法。

在装配体界面中插入零件【底座】，如图9-7所示。第一个插入的零部件默认为固定，如图9-8所示。在控制区【底座】名称上单击鼠标右边，或者在绘图区零件上单击鼠标右键，在弹出快捷菜单中选择【浮动】命令，如图9-9所示，则【底座】零件处于浮动状态。

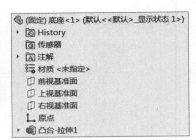
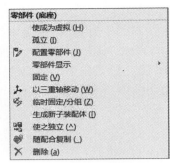

图9-7 底座　　　　　　　图9-8 固定　　　　　　　图9-9 浮动

9.3.2 移动零部件

在装配体中，用户可以对浮动的零部件进行移动或选装，以便添加装配的关系。下面介绍移动零部件的方法。

在装配体界面插入零件【轴】，如图9-10所示。将光标放置在要移动的零件【轴】上，按住鼠标左键，拖动零件移动，如图9-11所示。

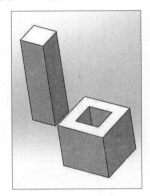
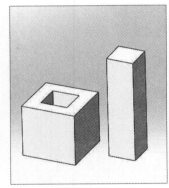

图9-10 插入零件　　　　　　　图9-11 移动零件

9.3.3 旋转零部件

下面介绍旋转零部件的方法。

在装配体界面插入零件【轴】，如图9-12所示。将光标放置在要移动的零件【轴】上，按住鼠标右键，拖动零件旋转，如图9-13所示。

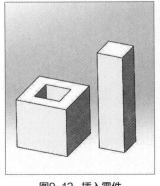
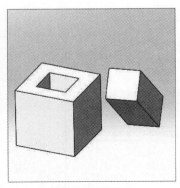

图9-12 插入零件　　　　　　　图9-13 旋转零件

9.3.4　隐藏零部件

隐藏零部件的方法如下。

创建一个装配体，如图9-14所示。单击要隐藏的零件，弹出如图9-15所示的菜单，选择【隐藏零部件】命令，即可将零件隐藏。

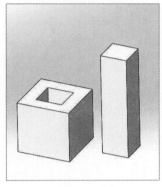

图9-14　装配体

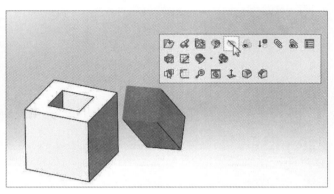

图9-15　隐藏零部件

9.3.5　更改零部件的透明度

有时为了装配的方便，需要更改部分零部件的透明度。

更改零部件的透明度步骤如下。

创建一个装配体。单击要更改透明度的零件，弹出如图9-16所示的菜单，选择【更改透明度】命令，得到如图9-17所示的效果。

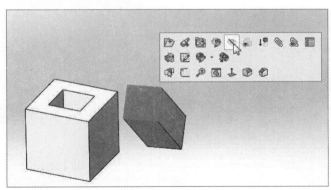

图9-16　更改透明度命令

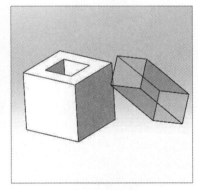

图9-17　效果

9.3.6　配合关系

配合关系包括标准配合、高级配合和机械配合。下面以标准配合为例进行介绍，高级配合和机械配合请参照标准配合操作方法完成。

1. 重合

重合命令使所选对象之间实现重合，对象可以是面、边线。

创建装配体，插入第一个零件【底座】，如图9-18所示。单击常用装配体工具栏上的【插入零部件】按钮，插入第二个零件【轴】，如图9-19所示。

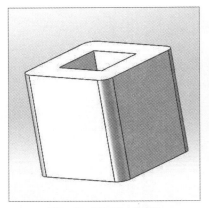

图9-18 插入第一个零件

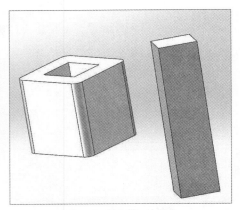

图9-19 插入第二个零件

单击【轴】零件，在弹出的快捷菜单中选择【配合】命令，如图9-20所示。将FeatureManager切换到【配合】属性管理器，如图9-21所示。

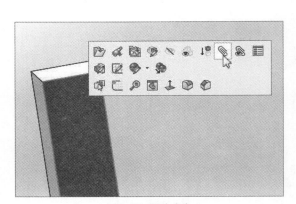

图9-20 配合命令

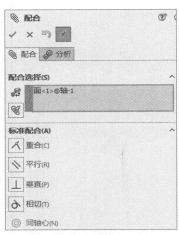

图9-21 属性管理器

选择【轴】的一个面和【底座】孔的一个面，单击【重合】按钮✗，单击✅【确定】按钮，如图9-22所示。再选择【轴】的另外一个面和【底座】的另外一个面，重复上述步骤，如图9-23所示。将【轴】零件插入【底座】零件的孔内，单击【确定】按钮✅，得到如图9-24所示的装配体。

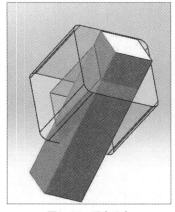

图9-22 重合配合

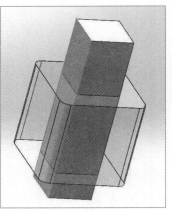

图9-23 重合配合

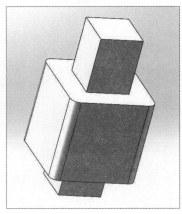

图9-24 装配体

2. 平行

用于使所选对象之间实现平行。

选择两个零件的端面，在快捷菜单中选择【平行】配合◥，如图9-25所示。

3. 垂直

用于使所选对象之间实现相互垂直定位。

选择两个零件的端面，在快捷菜单中选择【垂直】配合⊥，如图9-26所示。

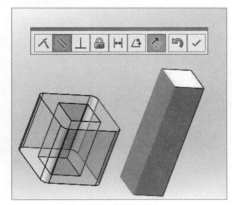

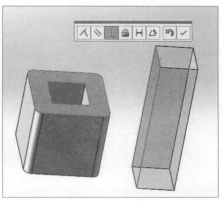

图9-25　平行配合　　　　　　　　　　　　图9-26　垂直配合

4. 相切

用于使所选对象之间实现相切定位。

选择零件的一个圆周面，选择另外一个零件的平面，在快捷菜单中选择【相切】配合◔，如图9-27所示。

5. 同轴心

用于使所选对象之间实现同轴心。

选择两个零件的圆周面，在快捷菜单中选择【同轴心】配合◎，如图9-28所示。

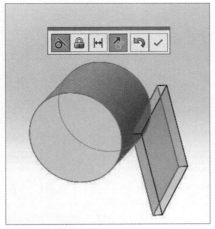

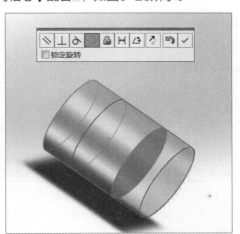

图9-27　相切配合　　　　　　　　　　　　图9-28　同轴心配合

6. 锁定

用于将现有两个零件实现锁定，但与其他零件之间可以互相运动。

选择两个零件，在快捷菜单中选择【锁定】配合🔒，如图9-29所示。

7. 距离

用于使所选对象之间实现距离定位。

选择两个零件的端面，在快捷菜单中选择【距离】配合⊬，输入距离数值，效果如图9-30所示。

8. 角度

用于使所选对象之间实现角度定位。

选择两个零件的端面，在快捷菜单中选择【角度】配合∠，输入角度数值，如图9-31所示。

图9-29 锁定配合

图9-30 距离配合

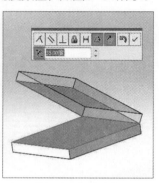
图9-31 角度配合

🔧实例 绘制储物柜装配体

家庭储物柜有很多种类，下面以绘制储物柜装配体为例，具体介绍SolidWorks装配体的基本绘制方法和操作步骤。

Step 01 执行【文件】|【新建】命令，在打开的【新建SOLIDWORKS文件】对话框中选择【装配体】选项后，单击【确定】按钮，进入装配体设计环境，如图9-32所示。

Step 02 在左侧控制区单击【浏览】按钮，打开【打开】对话框，如图9-33所示。

图9-32 新建装配体

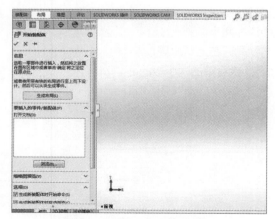
图9-33 单击控制区【浏览】按钮

Step 03 在文件保存路径下选择【侧板.SLDPRT】文件，单击【打开】按钮，如图9-34所示。

Step 04 此时可以看到侧板零件浮动在绘图区，单击绘图区空白处，将侧板零件固定在绘图区，这样就完成了在绘图区插入第一个零件的操作，如图9-35所示。

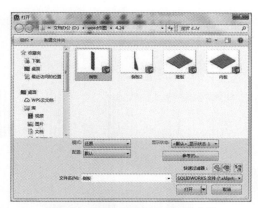

图9-34 打开【侧板.SLDPRT】文件

图9-35 添加第一个侧板

Step 05 单击【装配体】工具栏上的【插入零部件】按钮，然后在绘图区左侧的控制区再次单击【浏览】按钮，同样的方法打开所需装配体文件，如图9-36所示。

Step 06 将另外一个侧板添加到空白处时，可以看到这个侧板是可以移动的，如图9-37所示。

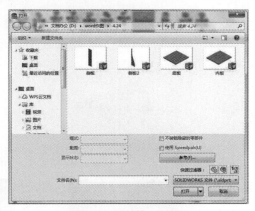

图9-36 添加第二个侧板

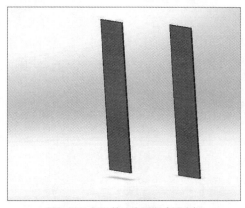

图9-37 插入第二个侧板（浮动）

Step 07 默认插入的第一个零件是固定的，之后在控制区切换至【配合】选项卡，在【配合选择】选项区域中添加两个板的上表面，在绘图区分别单击即可（每次配合注意是不是自己想要的效果），设置完成后单击绘图区右上角的 ✔ 按钮，如图9-38所示。

Step 08 接着单击两个板的两侧表面，在控制区的【标准配合】选项区域中选择【垂直】选项，然后单击绘图区右上角的 ✔ 按钮，如图9-39所示。

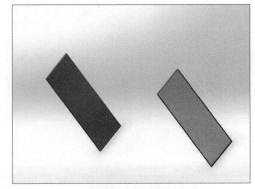

图9-38 将两个板上表面重合

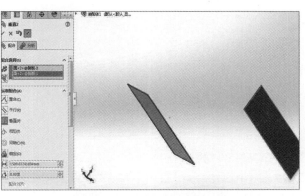

图9-39 添加垂直配合

Step 09 单击两个板的边线，在控制区的【标准配合】选项区域中选择【重合】选项，让板的配合效果如图9-40所示。之后单击两次 ✔ 按钮，完成两个板的配合关系。

Step 10 单击【装配体】工具栏上的【插入零部件】按钮，然后在绘图区左侧的控制区再次单击【浏览】按钮，把零件【侧板2】放置到绘图区，如图9-41所示。

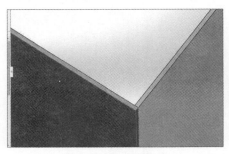

图9-40 添加边线配合

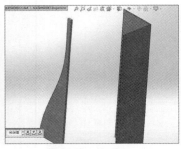

图9-41 添加侧板2

Step 11 继续在控制区切换至【配合】选项卡，按住鼠标中键选择合适的角度，在【配合选择】选项区域中依次添加侧板的上表面，在绘图区单击即可，之后单击绘图区右上角的 ✔ 按钮，如图9-42所示。

Step 12 继续在【配合选择】选项区域中选择两侧板的外表面，在控制区的【标准配合】选项区域中选择【垂直】选项，按住鼠标中键选择合适的角度，在绘图区选择两侧板的外表面，单击绘图区右上角的 ✔ 按钮，如图9-43所示。

图9-42 上表面配合重合

图9-43 添加垂直配合

Step 13 单击两个板的边线，在控制区的【标准配合】选项区域中选择【重合】选项，如图9-44所示。

Step 14 单击【装配体】工具栏上的【插入零部件】按钮，然后在绘图区左侧的控制区再次单击【浏览】按钮，把零件【侧板2】放置到绘图区，如图9-45所示。

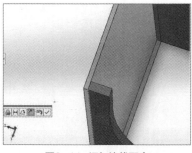

图9-44 添加边线配合

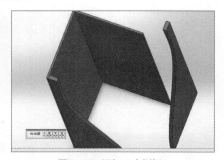

图9-45 添加一个侧板2

Step 15 在控制区切换至【配合】选项卡，在【配合选择】选项区域中选择添加第一个侧板2的上表面和第二个侧板2的下表面，依次在绘图区单击（注意看效果，如果方向反了就在【配合对齐】选项区域中进行旋转操作），之后在控制区的【标准配合】选项区域中选择【垂直】选项，添加边线配合，如图9-46所示。

Step 16 继续在【配合选择】选项区域中选择两侧板2的外表面，在【标准配合】选项区域中选择【垂直】选项，按住鼠标中键选择合适的角度，在绘图区点选两侧板的外表面，之后单击绘图区右上角的 ✔ 按钮，如图9-47所示。

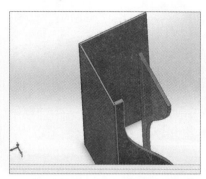

图9-46　给侧板2添加配合重合　　　　　　　图9-47　垂直配合

Step 17 单击两个板的边线（点选时要准确），在【标准配合】选项区域中选择【重合】选项，如图9-48所示。之后单击绘图区右上角的 ✔ 按钮，新侧板的配合关系就做好了。

Step 18 单击【装配体】工具栏上的【插入零部件】按钮，然后在绘图区左侧的控制区再次单击【浏览】按钮，将【底板.SLDPRT】装配体文件放置到绘图区，如图9-49所示。

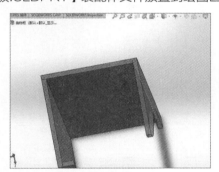
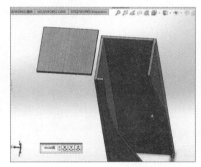

图9-48　边线重合配合　　　　　　　　图9-49　插入底板

Step 19 在控制区切换至【配合】选项卡，在【配合选择】选项区域中选择添加一个侧板的上表面和底板的下表面，依次在绘图区单击。在控制区的【标准配合】选项区域中选择【重合】选项，添加边线配合，之后单击 ✔ 按钮，如图9-50所示。

Step 20 继续在【配合选择】选项区域中选择侧板和底板外表面，在控制区的【标准配合】选项区域中选择【重合】选项，之后单击 ✔ 按钮，如图9-51所示。

图9-50　平面重合配合　　　　　　　　图9-51　完成外表面重合

Step 21 重复上一步骤，选择还未配合的侧板和底板的外表面，之后单击 ✔ 按钮，如图9-52所示。

Step 22 同样的操作方法，再次添加【底板.SLDPRT】零件，完成整体外观，如图9-53所示。

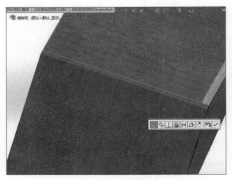

图9-52　重合配合2

图9-53　插入下底板

Step 23 重复上述底板配合操作，配合完毕后单击 ✔ 按钮，整体效果如图9-54所示。

Step 24 单击【装配体】工具栏上的【插入零部件】按钮，然后在绘图区左侧的控制区再次单击【浏览】按钮，将【隔断.SLDPRT】装配体文件放置到绘图区，如图9-55所示。

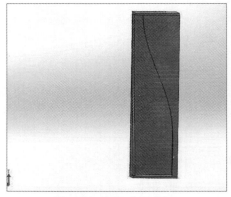

图9-54　重复配合完成效果

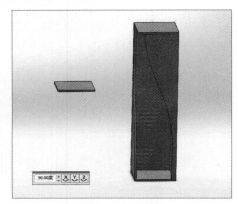

图9-55　插入隔断

Step 25 在控制区切换至【配合】选项卡，在【配合选择】选项区域中选择添加一个隔断的下表面和底板的上表面，依次在绘图区单击。在控制区的【标准配合】选项区域中选择【平行】选项后，设置距离为700mm，之后单击 ✔ 按钮，如图9-56所示。

Step 26 继续在【配合选择】选项区域中选择隔断的外侧面和柜子的内表面，在【标准配合】选项区域中选择【重合】选项，按住鼠标中键选择合适的角度，如图9-57所示。

图9-56　设置平行配合间距

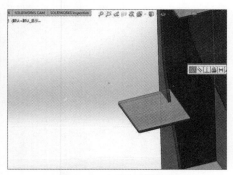

图9-57　完成面重合配合

Step 27 继续配合后单击 ✔ 按钮，效果如图9-58所示。

Step 28 单击【装配体】工具栏上的【插入零部件】按钮，然后在绘图区左侧的控制区再次单击【浏览】按钮，将【隔断.SLDPRT】装配体文件放置到绘图区，如图9-59所示。

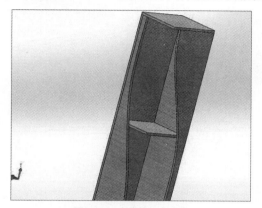

图9-58　完成第二个配合

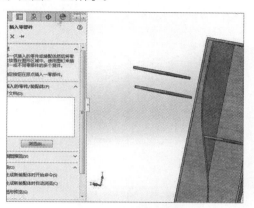

图9-59　插入两个隔断

Step 29 重复上述配合操作，设置平行配合的距离为300mm和200mm，之后单击两次 ✔ 按钮，如图9-60所示。

Step 30 完成操作后查看最终效果并保存文件，如图9-61所示。

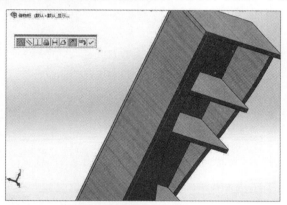

图9-60　重复完成零件配合

图9-61　查看效果并保存文件

9.3.7　删除配合关系

要删除一个配合关系，首先在控制区的【配合】选项区域中查看配合项目，如图9-62所示。然后在需要删除的配合项目上单击鼠标右键，在弹出的快捷菜单命令中选择【删除】命令，或者按Delete键，即可删除配合项目，如图9-63所示。

图9-62　【配合】选项域

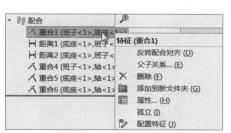

图9-63　删除配合

9.3.8 编辑配合关系

要编辑一个配合关系，在控制区的【配合】选项区域中打开折叠项目，如图9-64所示。单击要编辑的配合，在弹出的快捷菜单命令中选择【编辑特征】命令，如图9-65所示。弹出原有特征的属性管理器，根据需要修改配合的相关参数即可。

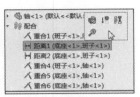

图9-64 打开折叠项目　　　　图9-65 编辑配合

9.4 零部件的编辑

如果在同一个装配体中需要使用多个相同的零件时，可以利用复制、阵列和镜像的方法快速完成零件的插入，而不需要重复地插入该零件。

9.4.1 零部件的复制

在装配体中的零件，有两种复制的方法。

方法一：在FeatureManager中，选择要复制的零部件的文件名，按住Ctrl键，拖动零部件至绘图区，释放鼠标，完成零部件的复制。

方法二：在绘图区，选择要复制的零部件，按住Ctrl键，拖动零部件至合适位置，释放鼠标，完成零部件的复制。

9.4.2 零部件的阵列

零部件的阵列分为线性阵列和圆周阵列。如果装配体中具有相同的零件，并且这些零件按照某种阵列的方式排列，可以使用对应的命令进行操作。

1. 线性阵列

创建简单装配体，如图9-66所示。单击【装配体】工具栏中的【线性零部件阵列】按钮，将FeatureManager切换到【线性阵列】属性管理器，打开【方向1】组，选择阵列方向为【槽的边线】，设置间距为100mm，实例数为9，选择要阵列的零件为【筋】，如图9-67所示。

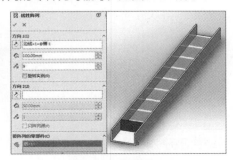

图9-66 装配体　　　　图9-67 属性管理器

单击 ✅（确定）按钮，得到如图9-68所示的阵列零件。

图9-68 阵列零件

2.圆周阵列

圆周阵列和线性阵列类似，只是需要一个进行圆周阵列的辅助线。下面介绍圆周阵列的操作方法。
首先，创建简单装配体，如图9-69所示。

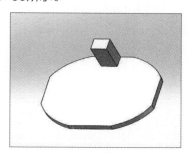

图9-69 装配体

单击装配工具栏中的【圆周零部件阵列】按钮 ⊕，将FeatureManager切换到【圆周阵列】属性管理器，选择阵列轴为底面的基准轴，设置角度为90度，实例数为4，如图9-70所示。

单击【确定】按钮 ✅，得到如图9-71所示的阵列零件。

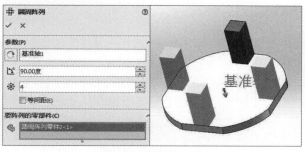

图9-70 属性管理器

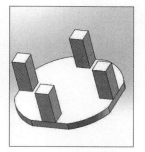

图9-71 圆周阵列

9.4.3 零部件的镜像

在装配体环境下，有相同而且对称的零部件时，可以使用镜像零部件的方法来完成。下面介绍装配体零部件的镜像方法。

创建简单装配体，如图9-72所示。单击装配工具栏中的【镜像零部件】按钮 ⊞，将FeatureManager切换到【镜像零部件】属性管理器，选择镜像基准面为法兰面，选择要镜像的零部件为【法兰接口】，如图9-73所示。

图9-72 装配体

图9-73 属性管理器

单击 ✅【确定】按钮，得到如图9-74所示的镜像零件。

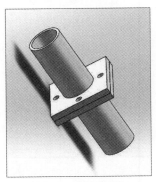

图9-74 镜像零部件

9.5 装配体检测

装配体完成后，使用检测工具可以验证各个零部件装配后的正确性和装配信息等。

9.5.1 干涉检查

在机械设计中，配合之间应进行干涉检查，防止零部件之间出现干涉。下面介绍干涉检查的操作方法。

创建简单装配体，如图9-75所示。单击评估工具栏上的【干涉检查】按钮 🔧，将FeatureManager切换到【干涉检查】属性管理器。单击【计算】按钮，结果栏显示干涉的项目，如图9-76所示。

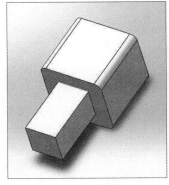

图9-75 装配体

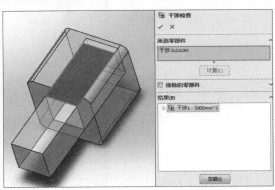

图9-76 属性管理器

下面介绍【干涉检查】属性管理器中各参数的含义。

● **要检查的零部件：** 在列表框中显示为干涉检查所选择的零部件。

● **计算：** 单击该按钮，开始检查干涉的情况。

● **零部件视图：** 按照零部件名称而非干涉标号显示干涉。

9.5.2 间隙验证

使用间隙验证可以检查装配体中所选零部件之间的间隙。

创建简单装配体，如图9-77所示。单击评估工具栏上的【间隙验证】按钮 🔛，将FeatureManager切换到【间隙验证】属性管理器，在要检查的零部件列表中选择【轴】和【底座】零部件，检查间隙范围为【所选项】，可接受最小间隙为0.1mm，单击【计算】按钮，结果栏显示间隙项目，如图9-78所示。

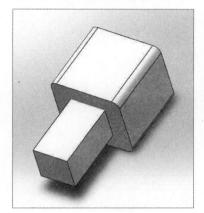

图9-77 装配体

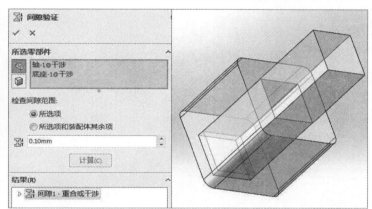

图9-78 属性管理器

9.5.3 孔对齐

孔对齐检查装配体中是否存在未对齐的孔，检查异形孔、向导孔、简单直孔的对齐情况。下面介绍孔对齐的操作方法。

创建简单装配体，如图9-79所示。

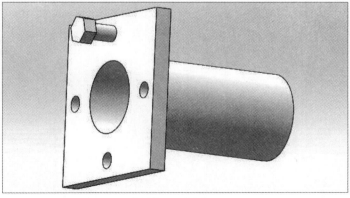

图9-79 装配体

单击评估工具栏上的【孔对齐】按钮 🔛，将FeatureManager切换到【孔对齐】属性管理器，设置孔中心误差为1mm，单击【计算】按钮，将弹出结果栏显示误差项目，如图9-80所示。

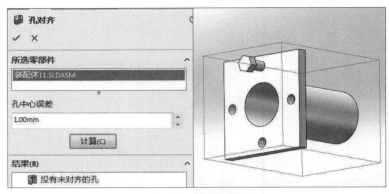

图9-80 属性管理器

9.5.4 计算质量特性

质量特性工具可以快速计算装配体和其中零部件的质量、体积、表面积等数据。

创建简单装配体，如图9-81所示。

图9-81 装配体

单击评估工具栏上的【质量属性】按钮，弹出质量属性对话框，如图9-82所示。

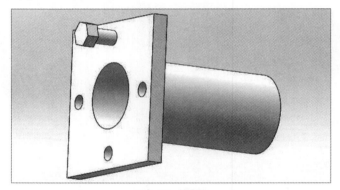

图9-82 质量属性对话框

在装配体环境下，默认密度为0.001g/mm³，可按零件材质密度转换后进行计算。

262

9.6 爆炸视图

爆炸视图可以分离装配体中的零部件，可以直观地查看装配体零部件之间的关系。但在装配体爆炸后，用户不可以为装配体添加新的配合关系。

9.6.1 生成装配体爆炸视图

下面介绍生成装配体爆炸视图的方法。

创建简单装配体，如图9-83所示。单击装配工具栏中的【爆炸视图】按钮 ，将FeatureManager 切换到【爆炸视图】属性管理器，单击【爆炸步骤的零部件】列表框，在图形区中单击要爆炸的一个或一组零部件，出现一个临时的爆炸坐标系，如图9-84所示。

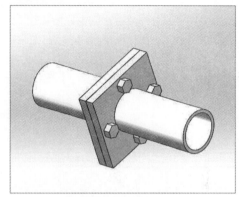

图9-83 装配体

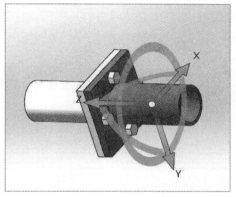

图9-84 临时爆炸方向坐标系

在图形区单击爆炸方向坐标系的Z轴，Z轴变为蓝色，【法兰接口】可以沿着Z轴方向移动，设置【爆炸距离】为100mm，如图9-85所示。单击【应用】按钮，图形区出现相应零部件的爆炸视图预览，在【爆炸步骤】显示框中出现【链1】。

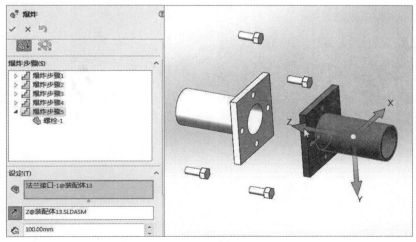

图9-85 属性管理器

使用同样的方法，根据需要生成更多的爆炸步骤，如图9-86所示。单击【确定】按钮 ，完成所有零部件的爆炸视图。

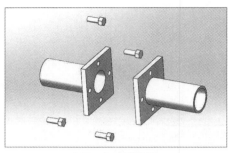

图9-86　爆炸视图

9.6.2　编辑爆炸视图

爆炸视图建立以后，可以在【爆炸】属性管理器中进行编辑和修改，可以添加新的爆炸步骤。

打开生成爆炸视图后的【配置管理器】，在【爆炸视图】中的某一【爆炸步骤】上单击鼠标右键，在弹出的快捷菜单中选择【编辑爆炸步骤】，如图9-87所示。将FeatureManager切换到【爆炸】属性管理器。

拖动该零件的操纵杆控标，对爆炸距离进行编辑，如图9-88所示。单击【确定】按钮✔，完成零部件的爆炸视图编辑。

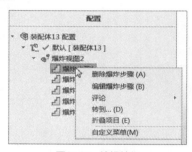

图9-87　编辑特征

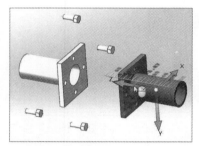

图9-88　爆炸步骤为激活状态

9.6.3　爆炸视图的显示

爆炸步骤可以显示为解除爆炸状态和爆炸状态。

1. 解除爆炸

展开【配置管理器】，在【爆炸视图】上单击鼠标右键，选择【解除爆炸】命令，如图9-89所示。图形区域中装配体不显示爆炸状态视图，如图9-90所示。

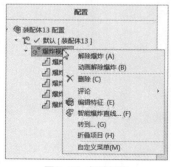

图9-89　解除爆炸

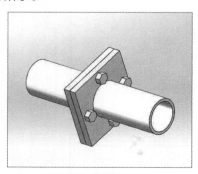

图9-90　解除爆炸视图

2. 爆炸

在【爆炸视图】上单击鼠标右键，选择【爆炸】命令，如图9-91所示。图形区域中装配体显示爆炸状态视图，如图9-92所示。

图9-91 爆炸

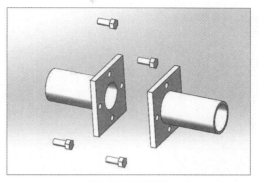

图9-92 爆炸视图

9.6.4 爆炸视图的动画演示

可以用动画来演示爆炸过程，保存为动画文件，在其他电脑上播放。

展开【配置管理器】，在【爆炸视图】上单击鼠标右键，选择【动画爆炸】命令，如图9-93所示。系统弹出【动画控制器】对话框，如图9-94所示。系统按照已设置的步骤以动画的形式表达爆炸过程。

图9-93 动画爆炸

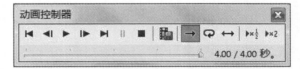

图9-94 动画控制器

单击【动画控制器】中的【保存】按钮，弹出【保存动画到文件】对话框，选择保存目录，输入文件名，单击【保存】按钮，如图9-95所示。

图9-95 保存动画

上机实训：设计装配体

根据本章学习的知识绘制如图9-96所示的装配体，其中零件的尺寸在实体旁边已经标注。然后对实体进行干涉检查，最后生成爆炸视图。

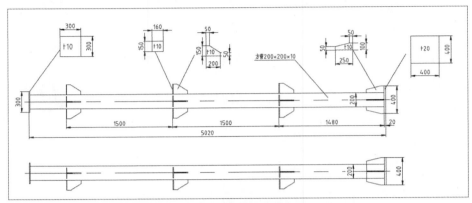

图9-96　装配体图纸及零件尺寸

01 在SolidWorks的主窗口中单击左上角的【新建】图标，或者选择【文件】|【新建】命令，即可弹出【新建SolidWorks文件】对话框，在该对话框中选择 【装配体】按钮，进入SolidWorks新建装配体工作界面。

02 将FeatureManager切换到【开始装配体】属性管理器。单击【浏览】按钮 浏览(B)...，选择【底板】。单击【打开】按钮 打开，在图形区域单击，插入装配体的第一个零件，如图9-97所示。插入装配体的第一个零件系统会自动设定为固定。

03 继续插入【方管L=4990】，单击【方管L=4990】零件，在弹出的快捷菜单中选择【配合】命令，将FeatureManager切换到【配合】属性管理器，选择方管的底面和底板的上面，【标准配合】选择【重合】选项，效果如图9-98所示。

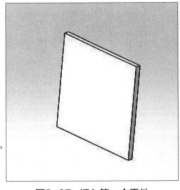

图9-97　插入第一个零件

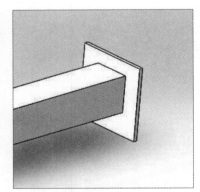

图9-98　底板和方管重合

04 单击方管的一个侧面，在弹出的快捷菜单中选择【配合】命令，如图9-99所示。在【配合属性管理器】中选择【高级配合】中的宽度，在【宽度选择】框中选择方管的两个平行的面，【薄片选择】框中选择底板的两个平行的面，如图9-100所示。

05 单击【确定】按钮，方管一个方向在底板中心线上，根据相同的方法，完成方管的另外一个方向在底板中心线上，使方管在底板的中心。

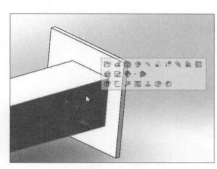

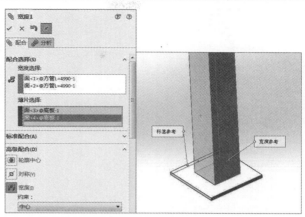

图9-99　配合命令　　　　　　　　　　图9-100　属性管理器

06 插入【靴板】零件，如图9-101所示。将靴板的立面和方管重合，靴板的底面和底板的顶面重合。

07 利用【高级配合】中的【宽度】，将靴板放置在底板中心，如图9-102所示。

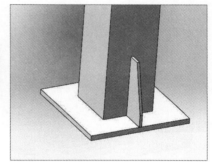

图9-101　插入【靴板】零件　　　　　　图9-102　靴板的配合

08 根据相同的方法将其他三个靴板进行装配，效果如图9-103所示。

09 插入上板和撑板，按图9-104所示装配。

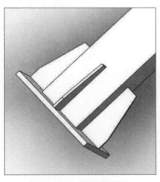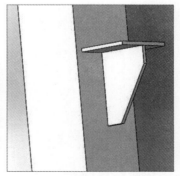

图9-103　靴板的装配　　　　　　　图9-104　撑板和上板的装配

10 撑板和上板装配好以后，如图9-105所示。将支座放置在方管的中心线上，约束顶面到底板的顶面距离为1480mm，如图9-106所示。

11 单击【确定】按钮 ✔，完成支座的装配，根据相同的方法，将其余两面的支座装配完成，如图9-107所示。

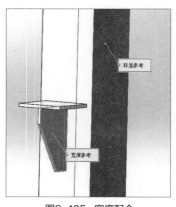

图9-105　宽度配合

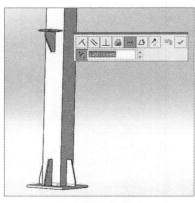

图9-106　距离配合

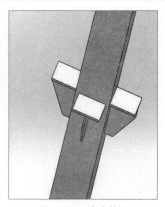

图9-107　支座装配

12 单击【装配体】工具栏中的【线性零部件阵列】按钮，将FeatureManager切换到【线性阵列】属性管理器，打开【方向1】组，选择阵列方向为【方管的边线】，设置间距为1500mm，实例数为3，选择要阵列的零件为【支座】，如图9-108所示。

13 单击【确定】按钮，进行阵列零件，效果如图9-109所示。

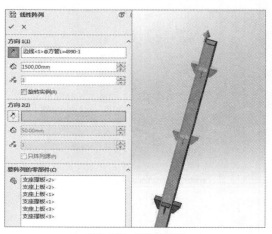

图9-108　属性管理器

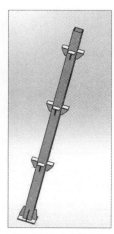

图9-109　阵列零件

14 利用【重合】配合和【宽度】配合命令，将顶板装配到方管中心，如图9-110所示。

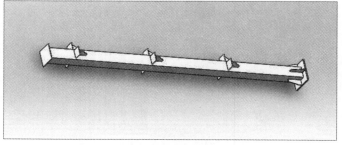

图9-110　顶板装配

15 单击【评估】工具栏上的【干涉检查】按钮，将FeatureManager切换到【干涉检查】属性管理器，单击【计算】按钮，结果栏显示干涉的项目，如图9-111所示。

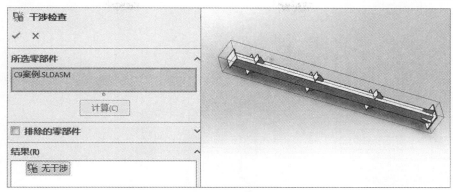

图9-111 干涉检查

16 单击【装配体】工具栏中的【爆炸视图】按钮，将FeatureManager切换到【爆炸视图】属性管理器，单击【爆炸Step的零部件】列表框，在图形区中单击要爆炸的一个或一组零部件，出现一个临时的爆炸坐标系，在图形区单击爆炸方向坐标系的Z轴，Z轴变为蓝色，拖动要爆炸的零件，单击【应用】按钮，图形区出现相应零部件的爆炸视图预览，在【爆炸Step】显示框中出现【链1】，如图9-112所示。

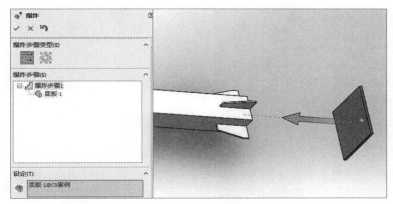

图9-112 爆炸视图

17 使用同样的方法，根据需要生成更多的爆炸Step，单击【确定】按钮，完成所有零部件的爆炸视图，如图9-113所示。

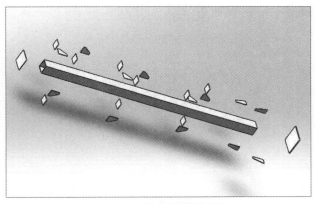

图9-113 所有零件的爆炸视图

Chapter

10

工程图设计

本章概述

工程图是指导生产的技术图纸，在SolidWorks中可以将绘制好的三维模型转换为二维工程图、零件、装配体和工程图互相关联的文件。在一个SolidWorks工程图文件中，可以包含多张图纸，可以利用同一文件生成一个零件的多张图纸或者多个零件的工程图。

核心知识点

● 熟练掌握工程图文件的操作和图纸格式的设置
● 熟练掌握标准工程图和派生工程图的创建
● 熟练编辑工程图视图

10.1 工程图的基本操作

默认情况下，SolidWorks2018界面中不显示工程图工具栏，用户可以在功能区空白处单击鼠标右键，选择【工程图】选项，如图10-1所示。这样【工程图】工具栏可显示在界面中，如图10-2所示。

图10-1 选择【工程图】选项　　　　　图10-2 工具栏

10.1.1 新建工程图

工程图文件的名称以调用的第一个模型的名称命名，其对应的工程图文件使用相同的名称保存在同一目录中，后缀为.slddrw。下面介绍新建工程图的操作方法。

单击【标准】工具栏上的【新建】按钮，系统弹出【新建SolidWorks文件】对话框，单击【高级】按钮，在模版中选择图纸格式为【gb-a2】，单击【确定】按钮，进入工程图环境，如图10-3所示。

单击【工程图】工具栏上的【模型视图】按钮，将FeatureManager切换到【插入零部件】属性管理器。单击【浏览】按钮，弹出【打开】对话框，选择零部件，单击【打开】按钮，属性管理器切换为【模型视图】。选择标准视图类型后，在绘图区单击即可放置视图，单击【确定】按钮，完成视图的放置，如图10-4所示。

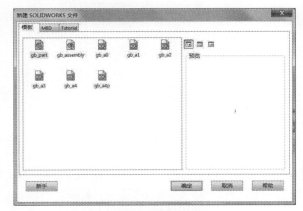

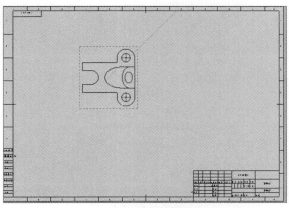

图10-3 新建工程图　　　　　　　图10-4 放置视图

10.1.2　添加图纸

一个工程图中可以包含多张图纸，用户可以根据需要添加图纸，下面介绍在工程图中添加图纸的操作方法。

在FeatureManager中的图纸图标上单击鼠标右键，在快捷菜单中选择【添加图纸】命令，如图10-5所示。弹出【图纸格式/大小】对话框，在模板中选择图纸格式，如图10-6所示。单击【确定】按钮，即可添加一张图纸，在FeatureManager中会显示图纸标签，如图10-7所示。

图10-5　添加图纸

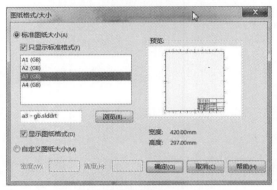

图10-6　图纸格式/大小

图10-7　图纸标签

10.1.3　打印工程图

在SolidWorks中，可以打印整张工程图纸，也可以只打印图纸中所选的区域。

执行【文件】菜单中的【打印】命令，弹出【打印】对话框。如图10-8所示。在工程图中，选择【页面设置】命令，弹出【页面设置】对话框。输入合适的比例、工程图颜色、纸张大小和方向等，如图10-9所示。

图10-8　【打印】对话框

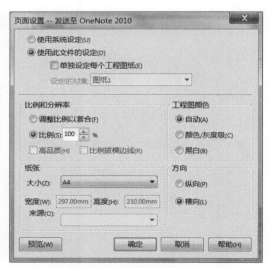

图10-9　【页面设置】对话框

单击【确定】按钮，返回【打印】对话框，选择打印机名称，打印范围选择【当前图纸】，输入份数1，单击【线粗】按钮，系统弹出【文档属性-线粗】对话框，用户根据需要设置线粗，如图10-10所示。单击【确定】按钮，返回【打印】对话框，单击【确定】按钮，即可进行打印。

图10-10 【文档属性-线粗】对话框

10.2 图纸的设置

用户可以使用SolidWorks提供的图纸，也可以根据实际需要修改或自定义图纸的格式，如图纸的图框、标题和明细栏。

10.2.1 修改图纸的属性

创建工程图时，用户经常需要根据模型、尺寸和版面等参数需要对图纸的属性进行设置，如图纸名称、图纸比例、投影类型和图纸大小等。

在FeatureManager中的图纸图标上单击鼠标右键，或者在工程图图纸的空白区域上单击鼠标右键，在快捷菜单中选择【属性】命令，如图10-11所示。弹出【图纸属性】对话框，设置相关参数并单击【确定】按钮，完成图纸属性的修改，如图10-12所示。

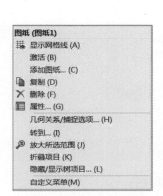

图10-11 选择【属性】选项

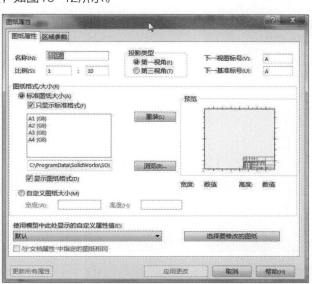

图10-12 【图纸属性】对话框

10.2.2 编辑图纸格式

用户也可以将工程图切换到草图环境，然后对图纸进行编辑，下面介绍具体操作方法。

在FeatureManager中的图纸图标上单击鼠标右键，或者在工程图图纸的空白区域上单击鼠标右键，在快捷菜单中选择【编辑图纸格式】命令，如图10-13所示。将工程图切换到草图环境，用户可以进行编辑，单击【退出编辑】按钮，完成图纸格式的编辑。

图10-13 选择【编辑图纸格式】命令

10.2.3 自定义图纸格式

设置图纸的格式是制作工程图常见的操作之一，用户可以根据需要自定义图纸的大小。

在【图纸属性】对话框中，单击【浏览】按钮，导航到所需要的图纸格式文件，或选择【自定义图纸大小】选项，可以定义无图纸格式。输入纸张大小，如图10-14所示。单击【确定】按钮，进入工程图纸编辑环境。执行【文件】|【保存图纸格式】命令，将自定义的图纸格式保存到指定目录下，文件格式为【.drwdot】。

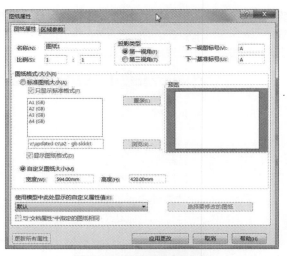

图10-14 【图纸属性】对话框

10.2.4 工程图选项的设置

创建工程图时，用户可以对工程图的选项进行设置，下面介绍具体的设置方法。

单击【选项】按钮 ⚙，选择【工程图】选项，也可以通过选择复选项的方式对工程图进行设置，如

图10-15所示。

选择工程图下方【显示类型】选项，可以对工程图显示类型选项进行设置，如图10-16所示。

图10-15 【工程图】选项

图10-16 显示类型

选择【区域剖面线/填充】选项，用户可以对工程图剖面线类型选项进行设置，如图10-17所示。选择【性能】选项，可以对工程图性能选项进行设置，如图10-18所示。

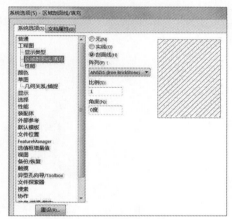

图10-17 区域剖面线/填充

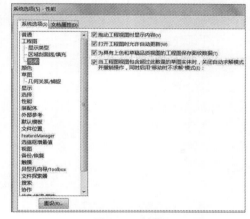

图10-18 性能

10.3 标准工程视图

在工程图文件中，可以通过零件或装配体生成各种类型的视图，如标准三视图、模型视图和相对视图等。下面分别详细介绍各种标准工程视图。

10.3.1 标准三视图

标准三视图是按照设置的投影类型，生成零部件或者装配体的三个相关的默认正交视图。在标准三视图中，主视图、俯视图和左视图有固定的对齐关系。

单击【工程图】工具栏上的【标准三视图】按钮 。将FeatureManager切换到【标准三视图】属性管理器，如图10-19所示。

单击【浏览】按钮，弹出【打开】对话框，选择要生成标准三视图的零件或装配体。单击【打开】按钮，在工程图纸区域创建标准三视图，如图10-20所示。

图10-19　属性管理器

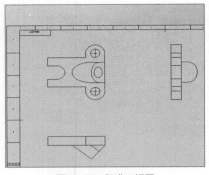

图10-20　标准三视图

10.3.2　相对视图

添加一个有两个正交面或基准面及其各自方向所定义的相对视图。

打开零件或装配体。新建工程图文件，单击【工程图】工具栏上的【相对视图】按钮。将FeatureManager切换到【相对视图】属性管理器，如图10-21所示。

将界面切换到模型文件窗口，再将FeatureManager切换到【相对视图】属性管理器。在图形区域选择模型的一个平面作为第一方向，选择另外一个平面作为第二方向，如图10-22所示。

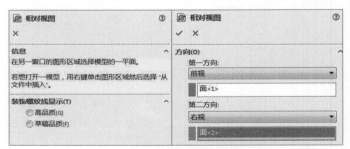

图10-21　属性管理器图

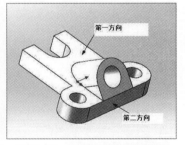

图10-22　在打开的模型中选择面

单击【确定】按钮，系统自动将界面切换到工程图文件中，在属性管理器中选择属性样式，如图10-23所示。在图形区空白处单击，创建的相对视图如图10-24所示。

图10-23　属性样式

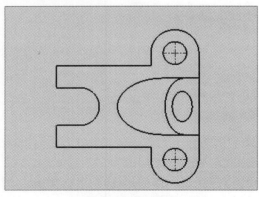

图10-24　相对视图

10.3.3　模型视图

模型视图是将模型的一个视图添加到工程图中，以此视图为主视图生成其他视图。

单击【工程图】工具栏上的【模型视图】按钮◙。将FeatureManager切换到【模型视图】属性管理器，如图10-25所示。

单击【浏览】按钮，弹出【打开】对话框，选择要生成模型视图的零件或装配体。单击【打开】按钮，在属性管理器选择标准视图的方向，如图10-26所示。

在工程图区域中单击，创建模型视图，如图10-27所示。

图10-25　模型视图

图10-26　前视图

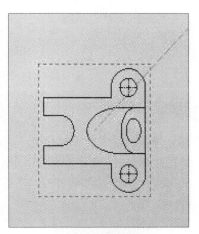

图10-27　模型视图

10.3.4　预定义的视图

在预定义的视图中可以添加视图的方向、模型和比例等。

单击【工程图】工具栏上的【预定义的视图】按钮◙，在图形区域空白处单击放置视图，如图10-28所示。

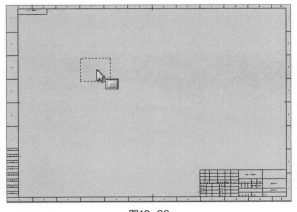

图10-28

将FeatureManager切换到【工程图视图】属性管理器，预定义视图的方向、模型和比例，如图10-29所示。

单击【浏览】按钮，弹出【打开】对话框，选择要生成视图的零件或装配体，单击【打开】按钮。单击✔【确定】按钮，创建预定义的视图，如图10-30所示。

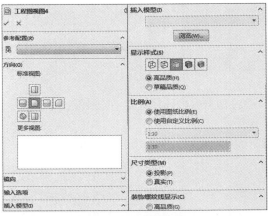

图10-29 属性管理器

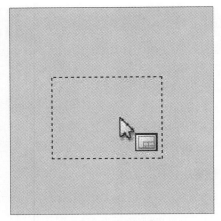

图10-30 预定义视图

10.3.5 空白视图

单击工程图工具栏上的【空白视图】按钮 。在图形区域中单击放置视图，将FeatureManager切换到【工程图视图】属性管理器，设置工程图比例，如图10-31所示，单击【确定】按钮 。

将工程图切换到草图环境，可使用草图工具在该视图中绘制草图，如图10-32所示。

图10-31 设置工程图比例

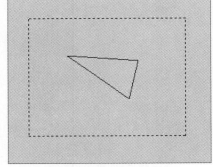

图10-32 绘制草图

10.4 派生工程视图

通过激活图纸上的现有视图生成投影视图、辅助视图、剖面视图、局部视图、断裂视图和裁剪视图等。本节将详细介绍各种视图的操作。

10.4.1 辅助视图

辅助视图是垂直于现有视图中的参考边线来投影生成视图，参考边线可以是零件的边线，侧投影轮廓边线、轴线或者草绘的直线。其中参考边线不能为水平或垂直的，否则生成的就是投影视图。

单击【工程图】工具栏上的【辅助视图】按钮 ，将FeatureManager切换到【辅助试图】属性管理器。选择主视图上的模型边线作为参考线，如图10-33所示。

在垂直于参考边线的方向生成辅助视图，在属性管理器中设置辅助视图的标号、箭头方向、显示样式和比例，如图10-34所示。单击鼠标，放置辅助视图，完成辅助视图的创建。

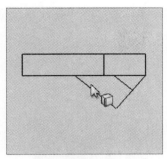

图10-33　选择参考边线

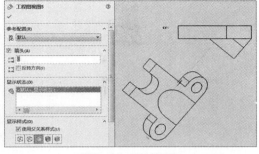

图10-34　属性管理器

10.4.2　投影视图

参考现有的视图，沿正交方向生成该视图的投影视图。投影视图的投影方法是根据在【图纸属性】属性管理器中所设置的第一视角或第三视角投影类型面确定的。

单击【工程图】工具栏上的【投影视图】按钮，在图形区域中选择要投影的视图后，根据鼠标指针所在的位置决定投影方向，如图10-35所示。在合适的位置单击，则投影视图被放置在工程图中。

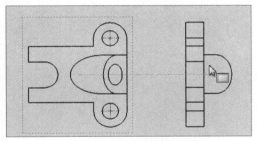

图10-35　投影视图

10.4.3　剖面视图

剖面视图是通过一条剖切线来分割视图生成的，可以显示模型内部的形状和尺寸。剖切线是一条绘制的直线、折线或曲线。

1. 全剖视图

单击【工程图】工具栏上的【剖面视图】按钮，将FeatureManager切换到【剖面视图辅助】属性管理器。选择剖切线为【水平】，在父视图上放置剖切线，如图10-36所示。

单击【确定】按钮，在垂直于剖切线的方向生成剖视图，如图10-37所示。

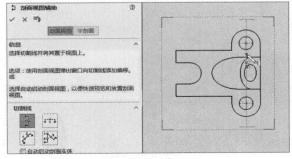

图10-36　属性管理器

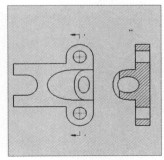

图10-37　生成剖视图

　　移动鼠标，放置剖面视图，在属性管理器中设置剖面图的标号、方向、剖面线等，如图10-38所示。单击空白处，完成剖视图。

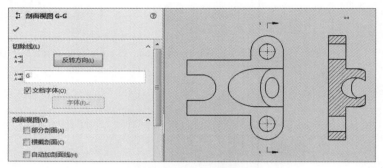

图10-38　完成设置

2. 阶梯剖视图

　　单击【工程图】工具栏上的【直线】按钮 ✏，绘制如图10-39所示的连续直线作为剖切线，按住Ctrl键，依次选取剖切线的各个直线段。

　　单击【工程图】工具栏上的【剖面视图】按钮 ♫，将FeatureManager切换到【剖面视图辅助】属性管理器，在弹出的菜单中选择【确定】按钮 ✔，在垂直于剖切线的方向生成剖视图，如图10-40所示。

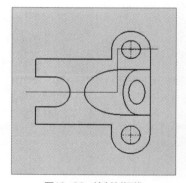

图10-39　绘制剖切线

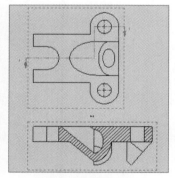

图10-40　生成剖切线

　　移动鼠标，放置剖面视图，在属性管理器中设置剖面图的标号、方向、剖面线等，如图10-41所示。单击空白处，完成剖视图。

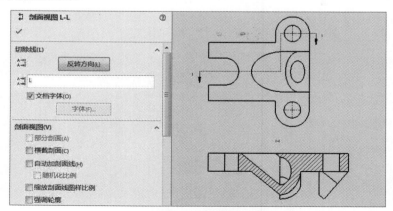

图10-41　完成设置

3. 旋转剖视图

旋转剖视图需要绘制两条成一定角度且连续的直线段来生成旋转剖视图。

单击【工程图】工具栏上的【直线】按钮 ✏️，绘制如图10-42所示的两条连续直线作为剖切线，按住Ctrl键，依次选取剖切线的各个直线段。

单击【工程图】工具栏上的【剖面视图】按钮 ↕️，将FeatureManager切换到【剖面视图辅助】属性管理器。在弹出的快捷菜单中命令中选择【确定】按钮 ✔️，在垂直于剖切线的方向生成剖视图。

移动鼠标，放置剖面视图，在属性管理器中设置剖面图的标号、方向、剖面线等，如图10-43所示。单击空白处，完成剖视图。

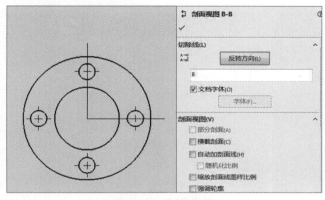

图10-42　绘制剖切线

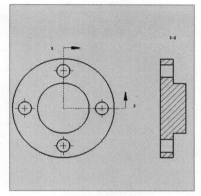

图10-43　完成设置

4. 半剖视图

单击【工程图】工具栏上的【剖面视图】按钮 ↕️，将FeatureManager切换到【剖面视图辅助】属性管理器。打开【半剖面】选项卡，选择半剖面类型为【右侧向上】，在父视图上放置剖切线，如图10-44所示。

在垂直于剖切线的方向生成半剖视图，移动鼠标，放置剖面视图，在属性管理器中设置剖面图的标号、方向、剖面线等，如图10-45所示。单击空白处，完成剖视图。

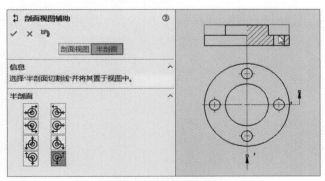

图10-44　选择半剖选项

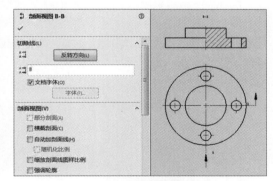

图10-45　半剖视图

5. 断开的剖视图

断开的剖视图是局部剖视图，是现有工程图视图的一部分。

单击【工程图】工具栏上的【断开的剖视图】按钮 📷，用【草图】里的圆命令绘制封闭的轮廓，作为剖切线，如图10-46所示。将FeatureManager切换到【断开的剖视图】属性管理器，设置深度为20mm，如图10-47所示。

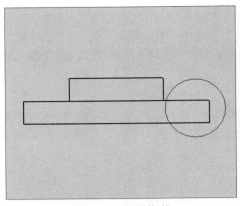

图10-46 绘制剖切线

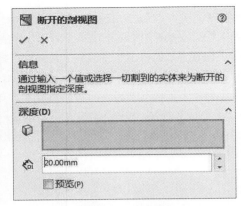

图10-47 属性管理器

单击 ✔【确定】按钮，完成断开的剖视图的创建，如图10-48所示。

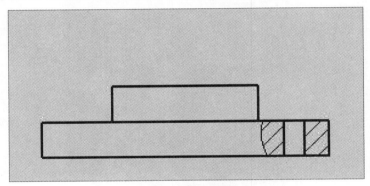

图10-48 断开的剖视图

10.4.4 局部视图

局部视图是用来显示工程图的一部分，可以用于局部放大显示。

单击工程图工具栏上的【局部视图】按钮 ⓐ，用圆绘制封闭的轮廓，如图10-49所示。在合适的位置处单击，将FeatureManager切换到【局部视图】属性管理器，设置局部视图的样式、标号等，如图10-50所示。

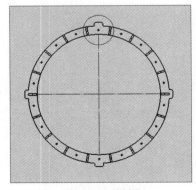

图10-49 绘制圆

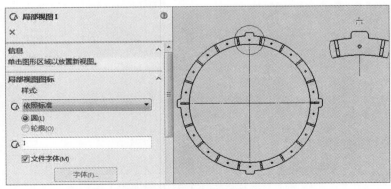

图10-50 属性管理器

单击【确定】按钮 ✔，完成局部视图的创建，如图10-51所示。

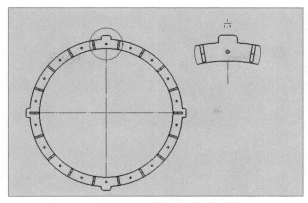

图10-51 完成局部视图的创建

下面介绍【局部视图】属性管理器中各参数的含义。

- **样式：** 从列表中选择一种样式，包含依照标准、断裂圆、带引线等样式。
- **标号：** 编辑与局部视图相关的字母。
- **字体：** 如果为局部视图标号设置文件字体之外的字体，取消勾选【文件字体】复选框，然后单击【字体】按钮进行设置。

10.4.5　剪裁视图

对现有的视图进行剪裁，从而只保留需要的部分，生成剪裁视图。

用样条曲线或圆在父视图上绘制封闭的草图轮廓，如图10-52所示。选择草图轮廓，单击【工程图】工具栏上的【剪裁视图】按钮。

完成剪裁视图的创建，效果如图10-53所示。

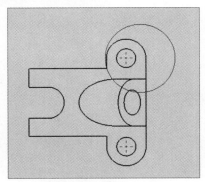

图10-52　绘制封闭的草图

图10-53　完成剪裁视图

10.4.6　断裂视图

断裂视图一般用于长轴类或管类零件的工程图中，这些零件一般是沿着长度方向的形状统一或者按一定规律变化的。

单击【工程图】工具栏上的【断裂视图】按钮，将FeatureManager切换到【断裂视图】属性管理器。设置切除方向为【添加竖直折断线】，设置缝隙大小为10mm，折断线样式为【曲线切断】，在父视图中放置两条折断线，如图10-54所示。

单击【确定】按钮，完成断裂视图的创建，如图10-55所示。

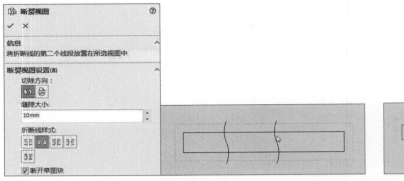

图10-54 属性管理器

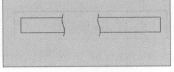

图10-55 断裂视图

下面介绍【断裂视图】属性管理器中各参数的含义。

● **添加竖直折断线：** 生成断裂视图时，将视图沿水平方向断开。

● **添加水平折断线：** 生成断裂视图时，将视图沿垂直方向断开。

● **缝隙大小：** 在数值框中输入数值，设置折断线缝隙之间的间距。

● **折断线样式：** 设置折断线的类型，如直线切断、曲线切断、锯齿线切断和小锯齿线切断等样式。

10.5 出详图

生成工程图后，即可在图纸上进行尺寸标注，添加表面粗糙度符号，形位公差及配合等，此时就需要使用出详图完成图纸的建立。

10.5.1 出详图概述

本节主要介绍出详图选项和注解工具栏的显示。

1. 出详图选项

下面介绍设置出详图选项的操作方法。

单击【选项】按钮，打开【文件属性】选项卡，如图10-56所示。根据需要更改选项，单击【确定】按钮，以应用这些更改并关闭对话框。

图10-56 【文档属性】选项卡

2.【注解】工具栏的显示

用户可以在功能区空白处单击鼠标右键，在快捷菜单中选择【注解】命令，如图10-57所示。【注解】工具栏显示在界面中，如图10-58所示。

图10-57　选择【注解】命令

图10-58　【注解】工具栏

10.5.2　标注尺寸

工程图中的尺寸标注是与模型相关联的，模型的改变将会直接反映到工程图中。

1. 模型项目

单击【注解】工具栏上的【模型项目】按钮 ![icon]，将FeatureManager切换到【模型项目】属性管理器，如图10-59所示。选择要添加模型项目的视图、特征或零部件，系统添加的模型项目如图10-58所示。

单击【确定】按钮 ![icon]，完成模型项目的插入，如图10-60所示。

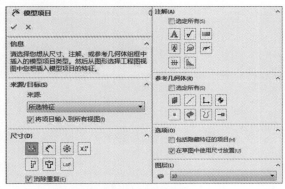

图10-59　属性管理器

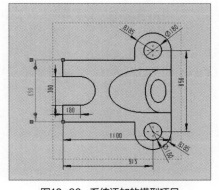

图10-60　系统添加的模型项目

2. 孔标注

孔标注工具将直径尺寸添加到由【异型孔向导】或圆形切割特征所生成的孔。

单击【注解】工具栏上的【孔标注】按钮 ![icon]，选择要添加孔标注的特征，如图10-61所示。FeatureManager切换到【尺寸】管理器。在标注尺寸文字框中的文字最前方插入【4-】文本，如图10-62所示。

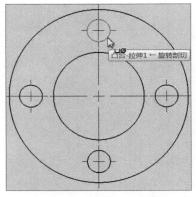

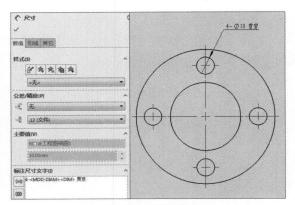

图10-61 选择要标注的特征　　　　图10-62 属性管理器

用户可以添加公差和精度。选择公差类型为【双边】，设置上偏差为+0.01，下偏差为−0.01，选中【显示括号】复选框，如图10-63。单击【确定】按钮，完成孔标注的创建。

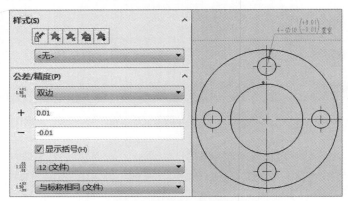

图10-63 添加公差和精度

3. 中心线/中心符号

中心线和中心符号用于工程图中孔和轴等的中心线标注，中心线和中心符号线在插入工程图时自动添加。

下面介绍自动添加中心线/中心符号和手动添加中心线或中心符号线的方法。

自动添加中心线的方法：单击【选项】按钮，打开【文档属性】选项卡，选中【视图生成时自动插入】选项卡下相关选项前的复选框即可。

手动添加中心线的方法：单击【注解】工具栏上的【中心线】按钮，将FeatureManager切换到【中心线】属性管理器，选择两条边线，如图10-64所示。单击【确定】按钮，完成中心线的插入，如图10-65所示。

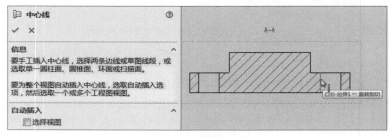

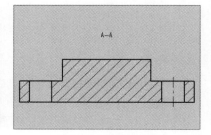

图10-64 添加中心线　　　　图10-65 完成中心线

手动添加中心符号线的方法：单击【注解】工具栏上的【中心符号线】按钮 ⊕，选择圆或圆弧，如图10-66所示。单击【确定】按钮 ✔，完成中心符号线的插入，如图10-67所示。

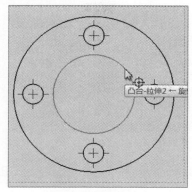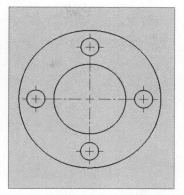

图10-66　选择圆弧　　　　　　图10-67　完成中心符号线

10.5.3　符号标注

包括表面粗糙度、基准特征符号和形位公差。

1. 表面粗糙度

表面粗糙度符号用来指定零件表面纹理，因为任何材料经过加工后，表面都会有较小间距和峰谷的不同起伏。

单击【注解】工具栏上的【表面粗糙度】按钮 ✔，将FeatureManager切换到【表面粗糙度符号】属性管理器。选择表面粗糙度的符号为【要求切削加工】 ✔，设置最小粗糙度值为6.3，角度为0度，选择指引线为【智能引线】。在图形区域要标注的线上单击即可放置表面粗糙度的符号，如图10-68所示。

放置多个同样的表面粗糙度符号到图形上，单击 ✔【确定】按钮，完成表面粗糙度的注解，如图10-69所示。

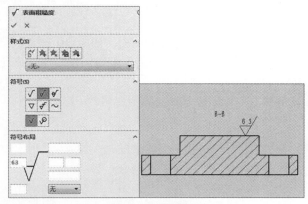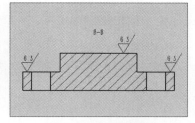

图10-68　属性管理器　　　　　　图10-69　表面粗糙度

2. 基准特征符号

下面介绍基准特征符号的标注方法。

单击【注解】工具栏上的【基准特征】按钮 Ⓐ，将FeatureManager切换到【基准特征】属性管理器。标号设定为A，选择引线样式为【垂直】。在图形区域单击，放置引线。再次单击放置基准特征的符号，如图10-70所示。

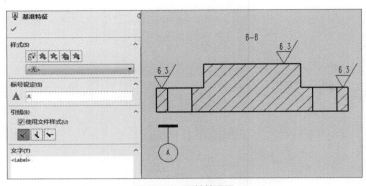

图10-70 属性管理器

可以放置多个相同的基准特征符号到图形上，标号自动排序。单击【确定】按钮 ✔，完成基准特征的注解，如图10-71所示。

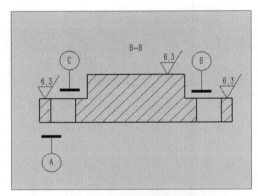

图10-71 放置多个基准特征符号

3. 形位公差

形位公差是用来定义零件上的形状公差和各部分之间的相对位置和几何关系偏差，如垂直度、平行度、圆跳动度等。标注形位公差一般需要参考基准。

单击【注解】工具栏上的【形位公差】按钮 ▣，弹出【属性】对话框，切换至【形位公差】选项卡，单击【符号】下拉按钮，打开符号选项，选择【平行度】选项，设置【公差1】为0.02，在【主要】文本框中输入A，单击【确定】按钮，如图10-72所示。

在【形位公差】属性管理器中，选择引线样式为【垂直引线】 ⬚，在图形区域单击，放置形位公差，如图10-73所示。

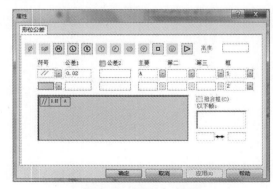

图10-72 【属性】对话框

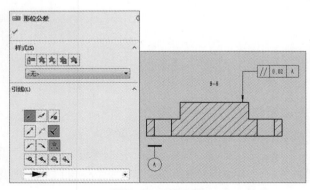

图10-73 形位公差

4.注释

利用注释工具可以在图纸中添加文字说明和标号，注释文字可以独立浮动，也可以指向某个对象，在注释中可以包含引线。

单击【注解】工具栏上的【注释】按钮 **A**，将FeatureManager切换到【注释】属性管理器，然后设置文字格式和引线样式，在图形区域中单击放置引线，再次单击放置文本框，输入注释文字，如图10-74所示。

单击【确定】按钮 ✔，或者点击图形区域空白处，完成注释的操作，如图10-75所示。

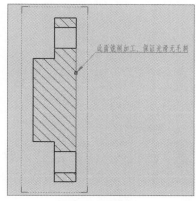

图10-74　设置注释　　　　　图10-75　查看效果

下面介绍【注释】属性管理器中各参数的含义。

- **将默认属性应用到所选注释：** 将默认类型应用到所选注释中。
- **添加或更新常用类型：** 单击该按钮，在弹出的对话框中输入新名称，即可将常用类型添加到文件中。
- **删除常用类型：** 单击该按钮即可将【设定当前常用类型】中的样式删除。
- **保存常用类型：** 在【设定当前常用类型】列表框中选中一种常用类型，单击该按钮，即可弹出【另存为】对话框，进行设置即可保存常用类型。
- **装入常用类型：** 单击该按钮，打开【打开】对话框，选择合适的文件，单击【打开】按钮，装入的常用尺寸出现在【设定当前常用类型】列表中。
- **文字对齐方式：** 设置文字的对齐方式，包括左对齐、居中、右对齐和两端对齐。
- **角度：** 设置注释文字的旋转角度。
- **插入超文本链接：** 单击该按钮，可以在注释中包含超文本链接。
- **链接到属性：** 可以将注释链接到文件属性。
- **锁定/解除锁定注释：** 将注释固定到位。
- **插入形位公差：** 可以在注释中插入形位公差符号。
- **插入表面粗糙度符号：** 在注释中插入表面粗糙度符号。
- **插入基准特征：** 可以在注释中插入基准特征符号。

🔧实例　标注模型零件

前面介绍了工程图和尺寸标注的相关知识，下面介绍将模型转换为工程图，并进行尺寸标注的操作方法。

Step 01 单击【标准】工具栏上的【新建】按钮 ▢，系统弹出【新建SolidWorks文件】对话框，单击【高级】按钮，在模版中选择图纸格式为【gb-a2】，如图10-76所示。

Step 02 单击【工程图】工具栏上的【模型视图】按钮 🔞，将FeatureManager切换到【插入零部件】属性管理器。单击【浏览】按钮，弹出【打开】对话框，选择零部件，单击【打开】按钮，属性管理器切换为【模型视图】。选择标准视图类型后，在绘图区单击即可放置视图，添加剖面视图【A-A】，单击【确定】按钮 ✔，完成视图的放置，如图10-77所示。

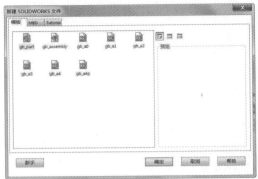

图10-76　选择图纸

图10-77　放置图纸

Step 03 单击【注解】工具栏上的【中心线】按钮 🔲，将FeatureManager切换到【中心线】属性管理器，选择剖切孔的两条边线，单击【确定】按钮 ✔，完成中心线的插入，如图10-78所示。若中心线的长度过短，可单击中心线，拖动夹点改变中心线的长度。

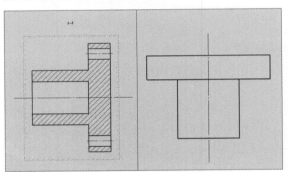

如10-78　添加中心线

Step 04 单击【注解】工具栏上的【智能尺寸】按钮 💫，按照图10-79所示，标注主视图的各个尺寸。选择【⌀10】尺寸，将FeatureManager切换到【尺寸】属性管理器，在标注尺寸文字框中的文字最前方插入【4-】，如图10-80所示。

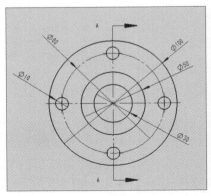

图10-79　标注尺寸

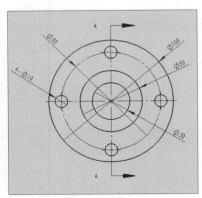

图10-80　标注相同孔

Step 05 单击【注解】工具栏上的【表面粗糙度】按钮√，将FeatureManager切换到【表面粗糙度符号】属性管理器。选择表面粗糙度的符号为【要求切削加工】√，设置最小粗糙度值为6.3，角度为0度，选择指引线为【智能引线】。在图形区域要标注的线上单击即可放置表面粗糙度的符号，效果如图10-81所示。

Step 06 单击【注解】工具栏上的【基准特征】按钮，将FeatureManager切换到【基准特征】属性管理器。标号设定为B，选择引线样式为【垂直】。在图形区域单击，放置引线。再次单击放置基准特征的符号，如图10-82所示。

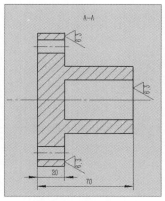
图10-81　标注粗糙度

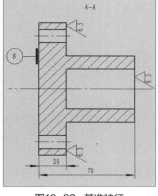
图10-82　基准特征

Step 07 单击【注解】工具栏上的【形位公差】按钮，弹出【形位公差】属性对话框。单击【符号】下拉按钮，选择【符号】选项，选择【平行度】。设置【公差1】为0.02，在【主要】框中输入C，单击【确定】按钮，在【形位公差】属性管理器中，选择引线样式为【垂直引线】，在图形区域单击，放置形位公差，如图10-83所示。

Step 08 至此，完成出详图，并保存工程图文件，如图10-84所示。

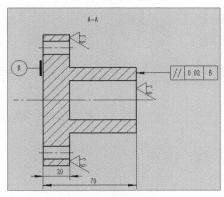

图10-83　形位公差

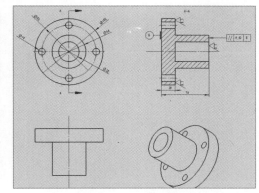
图10-84　完成出详图

10.5.4　零件序号

在装配体的工程图中还需要标注零件的序号，用户在添加零件序号时可以手动添加零部件序号，也可以自动添加零件序号。下面介绍具体的操作方法。

1. 手动插入零件序号

单击【注解】工具栏上的【零件序号】按钮，将FeatureManager切换到【零件序号】属性管理器，设置零件序号样式为【下划线】，大小为【2个字符】，零件序号文字为【项目数】，在图形区域放置引线，再次单击放置零件序号，如图10-85所示。选择其他零件，继续添加零件序号。

单击【确定】按钮 ✔，或者点击图形区域空白处，完成插入零件序号的操作，如图10-86所示。

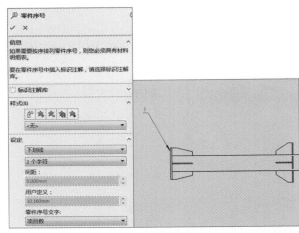

图10-85　属性管理器

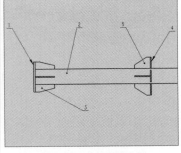

图10-86　完成零件序号

2. 自动添加零件序号

单击【注解】工具栏上的【自动零件序号】按钮 ，系统自动按装配顺序自动插入序号。将FeatureManager切换到【自动零件序号】属性管理器。设置零件序号样式为【下划线】、大小为【2个字符】、零件序号文字为【项目数】，如图10-87所示。

单击【确定】按钮 ✔，完成插入零件序号的操作。

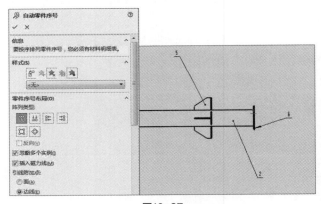

图10-87

10.6　表格

表格包括总表、孔表、材料明细表、焊接表等。本节只介绍材料明细表的操作步骤。

在工程图中，材料明细表用于添加装配体图纸的明细栏，可以在材料明细表中进行文本或者数字排序。下面介绍具体操作方法。

单击【注解】工具栏上的【材料明细表】按钮 ，选择主视图，打开【材料明细表】属性管理器。设置表格模板，材料明细表类型选择【仅限零件】，项目的起始值和增量均为1，如图10-88所示。

单击【确定】按钮 ✔，完成插入表格的操作，如图10-89所示。

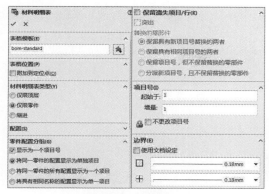

图10-88 属性管理器

项目号	零件号	说明	数量
1	底板		1
2	方管L=4990		1
3	靴板		4
4	支座上板		9
5	支座撑板		9
6	顶板		1

图10-89 表格

在【说明】列上单击鼠标右键，在快捷菜单中选择【表格标题在上】命令。删除【说明列】。双击【项目单元格】，将文本改为【序号】。选择【序号】列，在右键快捷菜单中选择【插入】→【右列】命令，设置列类型为【自定义属性】，属性名称为【代号】。选择【数量】列，在右键快捷菜单中选择【插入】→【右列】命令，设置列类型为【自定义属性】，属性名称为【材料】。选择【材料】列，在右键快捷菜单中选择【插入】→【右列】命令，设置列类型为【自定义属性】，属性名称为【备注】。

在【序号】列上单击鼠标右键，在快捷菜单中选择【格式化】→【列宽】命令，弹出【列宽】对话框，在文本框中输入8，单击【确定】按钮。以同样的方式设置代号列宽为40，名称列宽为44，数量列宽为8，材料列宽为38，备注列宽为42。设置好材料明细表的格式和样式后表格如图10-90所示。

6	"图样代号"	顶板	1	材质 <未指定>	
5	"图样代号"	支座撑板	9	材质 <未指定>	
4	"图样代号"	支座上板	9	材质 <未指定>	
3	"图样代号"	靴板	4	材质 <未指定>	
2	"图样代号"	方管L=4990	1	材质 <未指定>	
1	"图样代号"	底板	1	材质 <未指定>	
序号	代号	零件号	数量	材料	备注

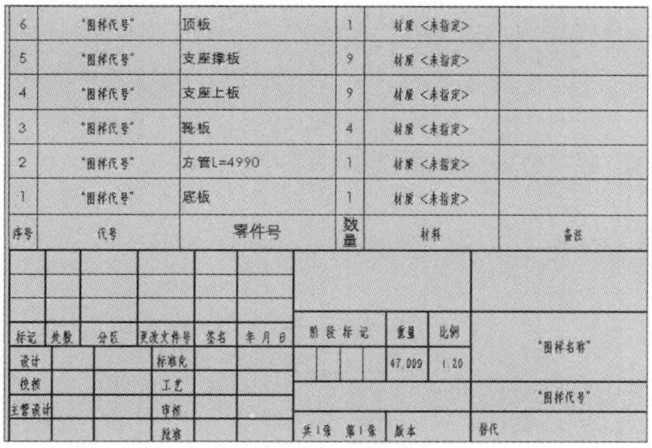

图10-90 材料明细表

将材料明细表保存为明细表模板，在材料明细表上单击鼠标右键，选择另存为命令，弹出另存为对话框，设置文件名为【材料明细表】，保存类型为【.sldbomtbt】，单击保存按钮。

10.7 焊件工程图

焊件可生成工程图和添加切割清单表。

10.7.1 添加焊件工程图

下面介绍添加焊件工程图的方法。

单击【工程图】工具栏上的【标准三视图】按钮，将FeatureManager切换到【标准三视图】属性管理器。单击【浏览】按钮，弹出【打开】对话框，选择要生成标准三视图的焊件。单击【打开】按钮，即可生成焊件的标准三视图，如图10-91所示。

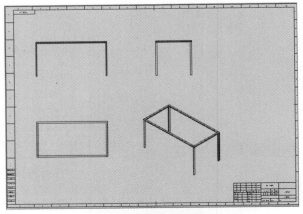

图10-91　添加焊件工程图

10.7.2　添加切割清单表

下面介绍添加切割清单表的方法。

单击【注解】工具栏上的【焊件切割清单】按钮，打开【焊件切割清单】属性管理器，如图10-92所示。

选择一个工程视图，然后选择【表格模板】，单击【打开】按钮，选择焊接表格模板。单击【确定】按钮，完成表格放置的操作，如图10-93所示。

图10-92　属性管理器

图10-93　完成表格放置

上机实训：绘制金属软管工程图

　　工程图被喻为工程技术界共同的"技术语言"，图样的质量奠定了产品的质量基础，所以工程图的设计是每位设计人员的必修课。下面以一个金属软管为例介绍工程图的绘制方法。

01 执行"文件>打开"命令，打开"金属软管"三维模型，效果如图10-94所示。

02 执行"新建>从零件/装配体制作工程图"命令，选择gb_a3模板，单击"确定"按钮，进入工程图环境，效果如图10-95所示。

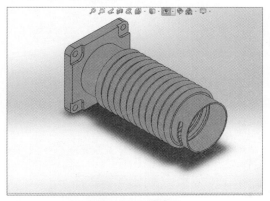

图10-94　打开模型　　　　　　　　　　图10-95　工程图界面

03 在标准工具栏中，单击"选项"下三角按钮，在列表中选择"选项"命令，如图10-96所示。

04 在出现的"系统选项"对话框中，切换至"文档属性"选项卡，选择"出详图"选项，在右侧"视图生成时自动插入"选项区域中勾选"中心符号孔"和"中心线"复选框，"装饰螺纹线显示"选项区域勾选"高品质"复选框，如图10-97所示。

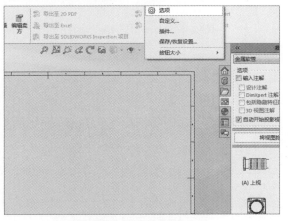

图10-96　选择"选项"命令　　　　　　图10-97　设置出详图选项与尺寸选项

05 单击"确定"按钮返回工程图界面，在界面右侧任务窗口中单击■图标展开"视图调色板"，在"选项"选项区域勾选"输入注解""设计注解""包含隐藏特征的项目"和"自动开始投影视图"复选框，如图10-98所示。

06 在"视图调色板"中选择"前视"视图，按住鼠标左键不放将其拖动到图框中合适位置创建主视图，向左水平移动鼠标到合适位置，单击鼠标左键，创建右视图，单击界面左侧✔按钮，退出创建投影视图状态，如图10-99所示。

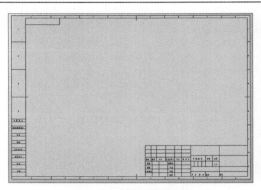

图10-98　视图调色板设置

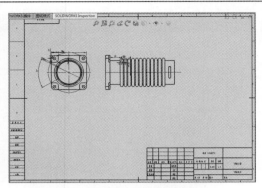

图10-99　创建主视图和右视图

07 在"视图调色板"中选择"等轴测"视图，按住鼠标左键不放将其拖动到图框中合适位置创建等轴测视图，单击界面左侧的 按钮，效果如图10-100所示。

08 选择"视图布局>剖面视图"命令。在主视图中，移动光标至图10-101所示位置。

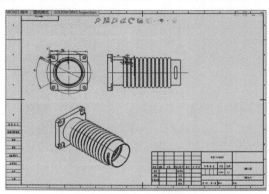

图10-100　创建轴测图

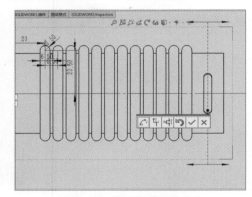

图10-101　选择"剖视图"命令

09 单击 按钮，在"剖面视图辅助"属性管理器中设置剖视方向向右，如果向左方向，可单击"反转方向"按钮，确认视图标号处为A，如果不是可修改为A，单击 按钮创建剖视图，如图10-102所示。

10 选择"视图布局>断开的剖视图"命令。在主视图中绘制封闭的草图，如图10-103所示。

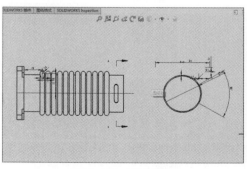

图10-102　创建剖视图

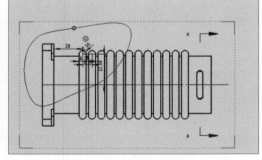

图10-103　绘制封闭草图

11 草图封闭后（起点、终点重合），跳出图10-104所示界面，在"断开的剖视图"属性管理器的"深度"列表框中选择右视图中的圆形轮廓线，默认剖视图深度到圆心位置。

12 单击"断开的剖视图"属性管理器中的 按钮，效果如图10-105所示。

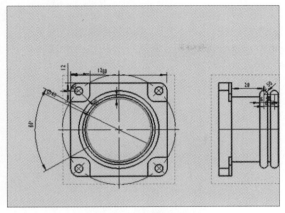

图10-104　深度设置

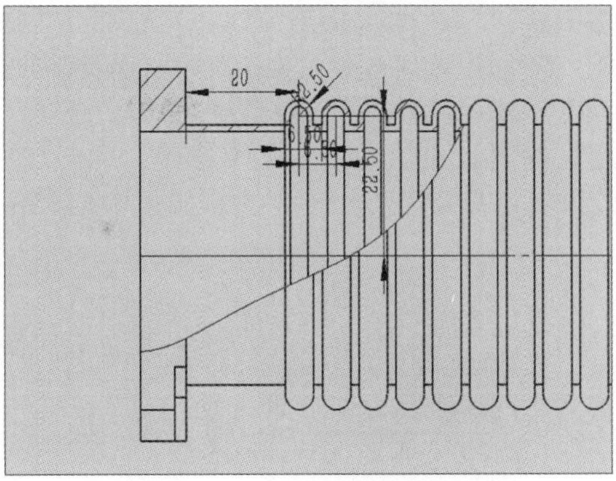

图10-105　局部剖视图

🔢 选择"视图布局>局部视图"命令，在主视图中绘制圆形轮廓，如图10-106所示。

🔢 在界面左侧"局部视图"属性管理器中设置样式为"带引线"，标号为I，单击✅按钮关闭对话框，效果如图10-107所示。

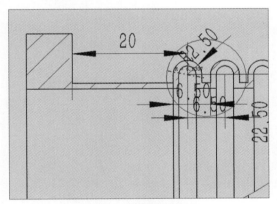

图10-106　绘制圆形轮廓

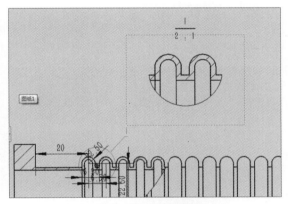

图10-107　局部视图

🔢 如需调整视图比例，以"局部视图I"为例，在"比例"选项区域中选择"使用自定义比例"单选按钮，选择下拉列表中选择"用户定义"选项，如图10-108所示。

🔢 设置比例为2.5：1，选择✅按钮关闭对话框，效果如图10-109所示。

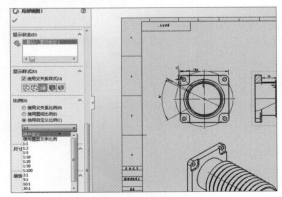

图10-108　自定义比例

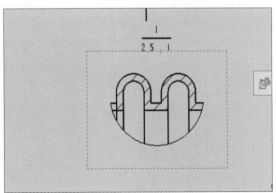

图10-109　放大后的比例

17 选择"注解>模型项目"命令，在界面左侧出现"模型项目"属性管理器，在"来源"列表中选择"整个模型"，勾选"将项目输入到所有视图"复选框，在"尺寸"选项区域中单击"为工程图标注"和"异型孔向导轮廓"按钮，在"选项"选项区域中勾选"包括隐藏特征的项目"复选框，其他选用默认值，如图10-110所示。

18 单击 ✅ 按钮关闭对话框，效果如图10-111所示。

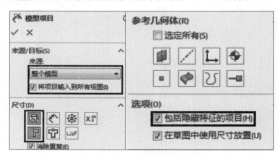

图10-110 模型项目设置

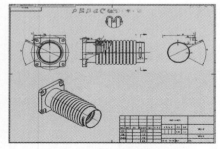

图10-111 设置模型项目的效果

19 选择"视图布局>辅助视图"命令，选择下左图所示直线作为参考边线，在主视图中绘制圆形轮廓，如图10-112所示。

20 向左水平移动光标到合适位置，单击鼠标左键创建向视图，单击界面左侧 ✅ 按钮，退出创建向视图。移动向视图符号 ⟵ 到合适位置，效果如图10-113所示。

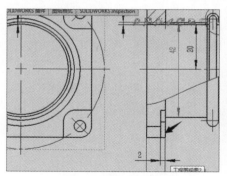

图10-112 选择参考边线

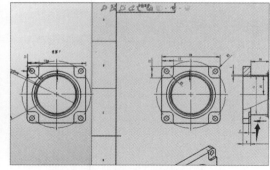

图10-113 移动向视图符号到合适位置

21 刚生成的向视图处于锁定状态，只能水平移动，在向视图区域右击，在快捷菜单中选择"视图对齐 > 解除对齐关系"命令，向视图即可自由移动，如图10-114所示。

22 将向视图移动到合适位置，在向视图中绘制封闭的草图，如图10-115所示。

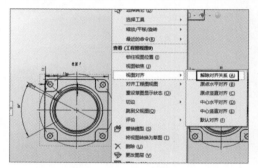

图10-114 解除对齐关系

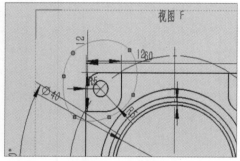

图10-115 绘制草图

23 选择"视图布局>剪裁视图"命令，生成剪裁后的视图，效果如图10-116所示。

24 选择"注解>中心符号线"命令，在需要的视图位置添加中心线，效果如图10-117所示。

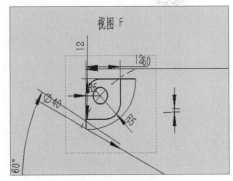

图10-116 剪裁视图

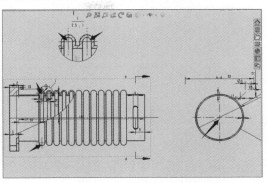

图10-117 添加中心线

25 模型自动创建的尺寸标注位置有重叠，显得比较乱，这时候需要手动调节尺寸位置，在尺寸上按住鼠标左键并进行移动，使其满足工程视图标注要求。有些尺寸属于参考尺寸或智能尺寸，根据图纸要求进行删除。使用鼠标推拉中心线两端点，可改变中心线的长度，如图10-118所示。

26 单击右视图中的尺寸60，界面左侧打开"尺寸"属性管理器，设置标注尺寸文字，单击"方形"按钮，效果如图10-119所示。

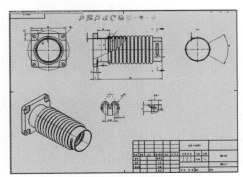

图10-118 工程图

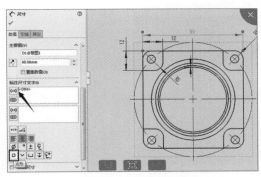

图10-119 编辑尺寸

27 单击 ✔ 按钮关闭对话框，效果如图10-120所示。

28 单击主视图中的尺寸20，打开"尺寸"属性管理器，选中"标注尺寸文字"的相关内容，按Delete键删除，在打开的提示对话框中单击"是"按钮，如图10-121所示。

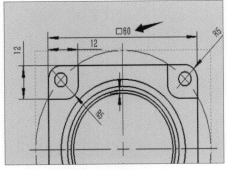

图10-120 编辑尺寸后效果

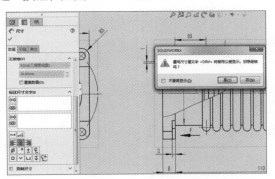

图10-121 删除尺寸

29 在"尺寸"属性管理器的"标注尺寸位置"数值框中输入40，单击"直径"按钮，最后单击✓按钮关闭对话框，效果如图10-122所示。

30 选择刚才修改的尺寸 φ40尺寸线并右击，在快捷菜单中选择"隐藏尺寸线"命令，如图10-123所示。

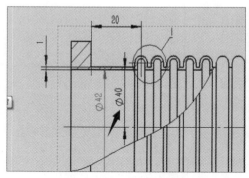

图10-122　编辑尺寸后效果

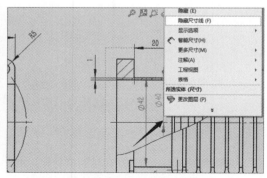

图10-123　选择"隐藏尺寸线"命令

31 单击✓按钮关闭对话框，效果如图10-124所示。

32 选择"注解>表面粗糙度符号"命令，在需要的视图位置添加粗糙度要求，效果如图10-125所示。

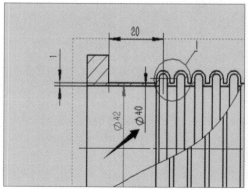

图10-124　编辑尺寸线后效果

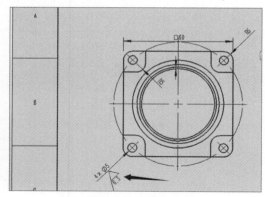

图10-125　增加粗糙度要求

33 选择"注解>注释"命令，在图纸右下角空白处单击鼠标左键确定文本位置，输入注释内容，设置字体为长仿宋体，标题字体高度7，正文内容字体高度3.5，效果如图10-126所示。

34 在界面左侧右击"图纸格式"，选择"编辑图纸格式"命令，如图10-127所示。

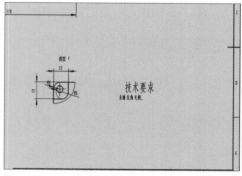

图10-126　添加注释

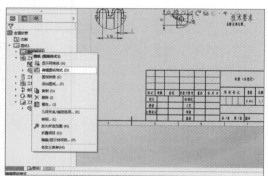

图10-127　选择"编辑图纸格式"命令

35 在图纸标题栏双击想要编辑的区域，输入相关内容，效果如图10-128所示。

36 退出编辑图纸格式，至此工程图绘制完成，最后保存工程图，效果如图10-129所示。

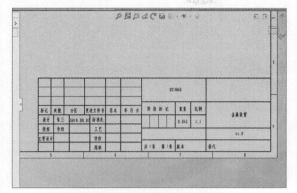

图10-128　编辑标题栏内容

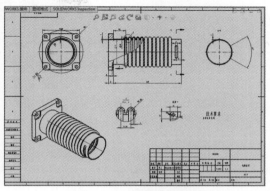

图10-129　工程图的效果

Chapter

11

渲染与动画

本章概述

　　SolidWorks中的插件PhotoView360可以对三维模型进行光线投影处理，并可生成逼真的渲染效果图。渲染的图像包括模型的外观、光源、布景及贴图。

　　动画是用连续的图片表述物体的运动，表达更清晰和直观。SolidWorks自带的Motion可以制作产品的动画演示，并可做运动分析。

核心知识点

● 熟练掌握布景与光源

● 熟练掌握外观与贴图

● 熟练掌握物理模拟动画

11.1 模型显示

模型显示包括视图样式和剖视视图。通过对模型进行显示可以对模型进行上色处理，也很方便区分装配体上各个零部件。

11.1.1 视图样式

视图样式包括带边线上色、上色、消除隐藏线、隐藏线可见和线架图。

打开一个零件模型，单击绘图区上方的【显示样式】🔲下三角按钮，显示样式的所有形式如图11-1所示。选择【带边线上色】按钮，模型如图11-2所示。单击【上色】按钮，模型如图11-3所示。选择【消除隐藏线】按钮，模型如图11-4所示。选择【隐藏线】按钮，模型如图11-5所示。选择【线架图】按钮，模型如图11-6所示。

图11-1 显示样式菜单

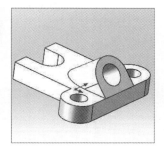
图11-2 带边线上色

图11-3 上色

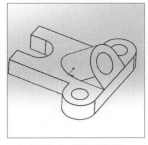
图11-4 消除隐藏线

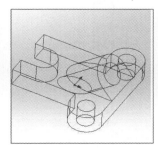
图11-5 隐藏线

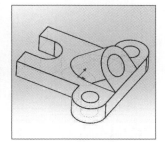
图11-6 线架图

11.1.2 剖视视图

剖视视图用能移动的基准面剖切模型得到切面图，能直观地反映某一位置处切面的形状。

打开一个零件模型。如图11-7所示。

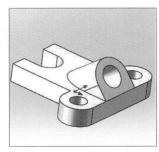
图11-7 模型

选择【剖面视图】按钮 ，将FeatureManager切换到【剖面试图】属性管理器。在【剖面1】中选择【前视基准面】，得到如图11-8所示的剖切图。拖动箭头，可得到不同位置的剖面图。

若在【剖面1】中选择【上视基准面】，得到如图11-9所示的剖切图。拖动箭头，可得到不同位置的剖面图。若在【剖面1】中选择【右视基准面】，得到如图11-10所示的剖切图。拖动箭头，可得到不同位置的剖面图。

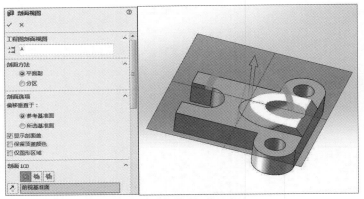

图11-8 【前视基准面】剖视图

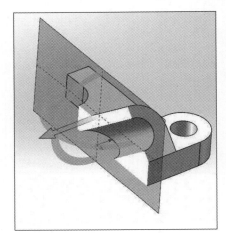

图11-9 【上视基准面】剖视图

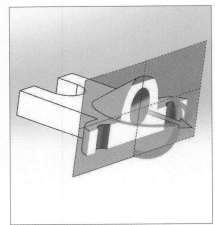

图11-10 【右视基准面】剖视图

单击【确定】按钮 ，得到如图11-11、图11-12和图11-13所示的零件模型。

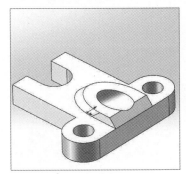

图11-11 【前视基准面】剖视图

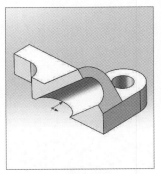

图11-12 【上视基准面】剖视图

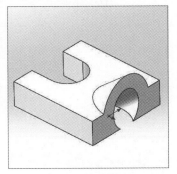

图11-13 【右视基准面】剖视图

再次单击【剖面视图】按钮 ，则还原到未剖切的模型。

11.2 渲染输出

本节主要介绍布景、光源、外观、添加贴图和图像输出等操作。

11.2.1 布景

布景是由环绕SolidWorks模型的虚拟框或球形组成的，可以调整布景壁的大小和位置。此外，可以为每个布景壁切换显示状态和反射度，并将背景添加到布景。

1. 更换布景的操作

单击【渲染】工具栏上的【编辑布景】按钮，将FeatureManager切换到【编辑布景】属性管理器，如图11-14所示。

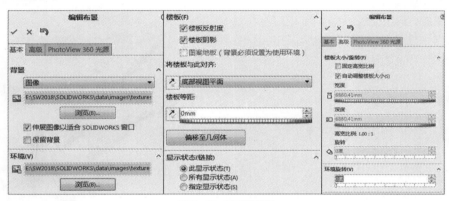

图11-14　属性管理器

通过修改【背景】下拉菜单中的内容，可以将背景设置成无颜色背景、指定颜色背景、图像背景等。下面以【图像背景】为例，介绍背景的更换。单击【背景】下拉菜单中的【图像】，单击【浏览】按钮，弹出如图11-15所示的对话框，用户可以在里面选取需要的背景，比如选择daytime，模型的布景变为如图11-16所示的图像。

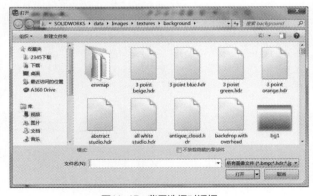

图11-15　背景选择对话框

图11-16　布景调整

2. 其他功能选项卡介绍

（1）【基本】选项卡

● **无：** 将背景设定为白色。

- **颜色：**将背景设定到单一颜色。
- **梯度：**将背景设定到由顶部渐变颜色和底部渐变颜色所定义的颜色范围。
- **图像：**将背景设定到选择的图像。
- **使用环境：**移除背景，从而使环境可见。
- **楼板反射度：**在楼板上显示模型反射。
- **楼板阴影：**在楼板上显示模型所投射的阴影。
- **将楼板与此对齐：**将楼板与基准面对齐。
- **反转楼板方向：**绕楼板移动虚拟天花板180度。
- **楼板等距：**将模型高度设定到楼板之上或之下。
- **反转等距方向：**交换楼板和模型的位置。
（2）【高级】选项卡
- **固定高宽比例：**当更改宽度或高度时均匀缩放楼板。
- **自动调整楼板大小：**根据模型的边界框调整楼板的大小。
- **宽度、深度：**调整楼板的宽度和深度。
- **高度比例：**显示当前的高宽比例。
- **旋转：**相对环境旋转楼板。
- **浏览：**选取其他布景文件进行使用。
- **保存布景：**将当前布景进行保存。

11.2.2 光源

SolidWorks的光源分为线光源、点光源、聚光源和阳光。

1. 线光源

在管理区中，展开【DisplayManager】选项 ，单击【查看布景、光源和相机】按钮 ，右键单击【SolidWorks光源】图标并选择快捷菜单中的【添加线光源】命令，如图11-17所示。单击【确定】按钮 ，完成线光源的添加。

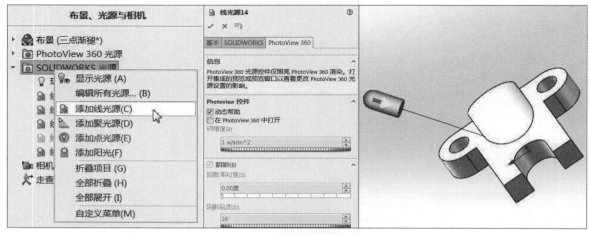

图11-17 添加线光源

下面介绍【线光源】属性管理器中各参数的含义。
- **在布景更改时保留光源：**在布景变化后，保留模型中光源。
- **编辑颜色：**显示颜色调色板。

- **经度：** 设置光源的经度坐标。
- **纬度：** 设置光源的纬度坐标。

2. 点光源

在管理区中，展开【DisplayManager】选项，单击【查看布景、光源和相机】按钮，右键单击【SolidWorks光源】图标并选择快捷菜单中的【添加点光源】命令，如图11-18所示。单击【确定】按钮，完成点光源的添加。

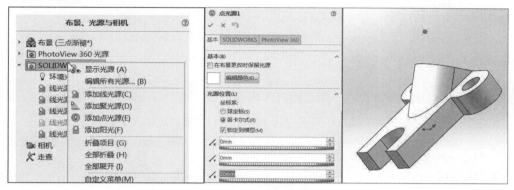

图11-18　添加点光源

下面介绍【光源位置】选项区域中各参数的含义。

- **球坐标：** 使用球形坐标系指定光源的位置。
- **笛卡尔式：** 使用笛卡尔式坐标系指定光源的位置。
- **X、Y、Z坐标：** 设置点光源的X、Y和Z轴的坐标。

3. 聚光源

在管理区中，展开【DisplayManager】选项，单击【查看布景、光源和相机】按钮，右键单击【SolidWorks光源】图标并选择快捷菜单中的【添加聚光源】命令，如图11-19所示。单击【确定】按钮，完成聚光源的添加。

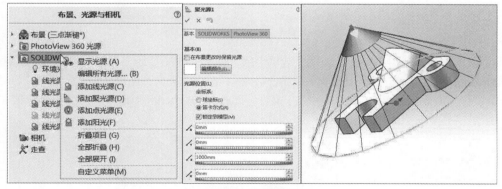

图11-19　添加聚光源

4. 阳光

在管理区中，展开【DisplayManager】选项，单击【查看布景、光源和相机】按钮，右击【SolidWorks光源】图标，选择快捷菜单中的【添加阳光】命令，如图11-20所示。单击【确定】按钮，完成阳光的添加。

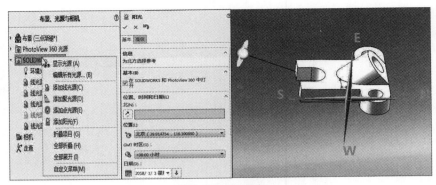

图11-20　添加阳光

11.2.3　外观

外观是模型表面的材料属性，添加外观是使模型表面具有某种材料的表面属性。

单击CommandManager工具栏中的【编辑外观】按钮 ，将FeatureManager切换到【颜色】属性管理器，如图11-21所示。

单击【颜色】框，弹出如图11-22所示的颜色对话框，选择需要的颜色。

图11-21　属性管理器

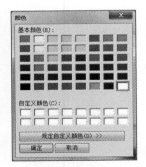

图11-22　颜色

单击【基本】选项卡组右侧的【高级】选项卡组，如图11-23所示。可进行照明度、颜色、映射和表面粗糙度的设计。单击【颜色/图像】按钮 颜色/图象，在【外观文件路径】中选择依次【Glass】→【thick gloss】→【green thick glass.p2m】文件。此时FeatureManager切换到【绿色厚玻璃】属性管理器，如图11-24所示。

图11-23　高级管理器

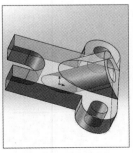

图11-24　绿色厚玻璃

单击【表面粗糙度】按钮 ▦ 表面粗糙度，在【表面粗糙度】下拉菜单中可以选择各种材质，如图11-25所示。单击【确定】按钮 ✔，完成操作。

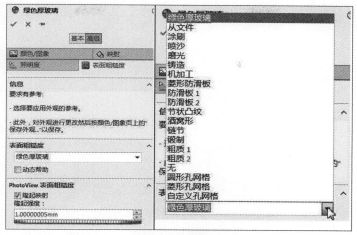

图11-25　表面粗糙度

下面介绍【颜色/图像】选项卡中相关参数的含义。

● **应用到零部件层：** 将颜色应用到零部件文件上。
● **移除外观：** 单击该按钮，可以从对象上移除设置好的外观。
● **外观文件路径：** 标识外观名称和位置。
● **浏览：** 单击以查找并选择外观。
● **此显示状态：** 所作的更改只反映在当前显示状态中。
● **所有显示状态：** 所作的更改反映在所有显示状态中。
● **指定显示状态：** 所作的更改反映在指定的显示状态中。

11.2.4　贴图

贴图是在模型的表面附加某种平面图形，一般多用于商标和标志的制作。下面介绍贴图的方法。

单击工具栏中的【编辑贴图】按钮 ⬚，将FeatureManager切换到【贴图】属性管理器。单击【图像文件路径】列表框的【浏览】按钮，选择要插入的图片，如图11-26所示。

单击【确定】按钮 ✔，完成贴图操作，如图11-27所示。

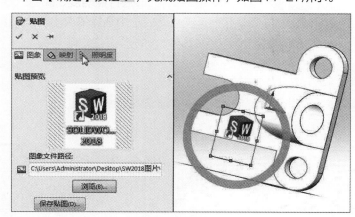

图11-26　属性管理器

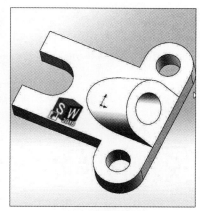

图11-27　贴图

11.2.5 输出图像

用户为模型设置逼真的外观、布景、光源等后，需要将其渲染出来。SolidWorks提供直观显示渲染图像的多种方法，下面介绍各方法的具体操作。

1. 整合预览

单击工具栏上的【整合预览】按钮，预览所有的渲染效果，如图11-28所示。

图11-28　整合预览

2. 最终渲染

最终渲染将上述所有渲染效果整合在一起，能够生成图片。

单击工具栏上的【最终渲染】按钮，打开【最终渲染】对话框，如图11-29所示。系统自动对图像进行渲染。单击【保存图像】，可以将图像保存为各种格式的图片。

图11-29　最终渲染

11.3　运动算例

运动算例是装配体模型运动的图形模拟，可以将光源和相机的视觉属性融合到运动算例中。在运动算例时不会改变装配体的模型和属性。

11.3.1　时间线和键码

打开一个装配体后，可在状态栏上方单击【运动算例1】打开运动算例编辑界面，如图11-30所示。

图11-30　打开运动算例

时间线是动画的时间界面。时间线被竖直网格线均分，这些网络线对应于表示时间的数字标记。数字标记从00:00:00开始，间距取决于窗口的大小，如图11-31所示。

图11-31　时间线

键码可以通过拖动的方式放置，也可以通过右键单击时间线，在弹出的快捷菜单上选择【放置键码】命令来放置，如图11-32所示。完成操作后，如图11-33所示。

图11-32　放置键码

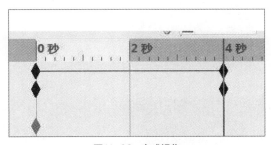

图11-33　完成操作

11.3.2　关键帧动画

键码点间可以为任何时间长度的区域，关键帧为零部件运动更改时的关键点。

打开一个装配体，在键码【视向及相机视图0秒】处右击，在弹出的快捷菜单中选择【视图定向】命令，在子菜单中选择【前视】命令，如图11-34所示。

右击2秒时间线处，在弹出的快捷菜单中选择【放置键码】命令，如图11-35所示。

图11-34　设置键码

图11-35　放置键码

在键码【视向及相机视图2秒】处右击，在弹出的快捷菜单中选择【视图定向】|【等轴测】命令，此时模型视图如图11-36所示。

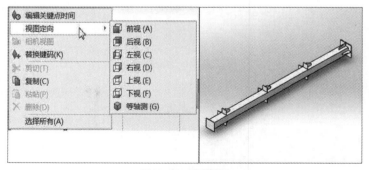

图11-36 模型视图

单击【播放】按钮，动画显示模型从前视变为等轴测视图的过程，如图11-37所示。

单击【保存动画】按钮，将动画保存为AVI格式的文件，如图11-38所示。

图11-37 播放动画

图11-38 保存动画

11.4 动画向导

利用【动画向导】命令 可以实现装配体爆炸、旋转模型等动画操作。

11.4.1 旋转动画

旋转动画是将零件或装配体沿一个轴线的旋转状态制作成动画形式，方便观看模型的外观。下面介绍旋转动画的设置方法。

打开一个装配体，如图11-39所示。

单击【运动算例1】按钮，选择【动画向导】选项 ，弹出【选择动画类型】对话框，如图11-40所示。

图11-39 装配体

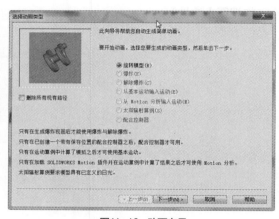

图11-40 动画向导

选择【旋转模型（R）】单选按钮，单击【下一步】按钮，在弹出的对话框中选择旋转轴为【Y轴】，旋转次数为10，旋转的方向为顺时针，如图11-41所示。

单击【下一步】按钮，在弹出的对话框中时间长度设置为10，开始时间为0，如图10-42所示。

图11-41 设置旋转轴和次数

图11-42 设置时间

单击【完成】按钮，【运动算例1】如图11-43所示。单击【播放】按钮，则播放模型的旋转动画。

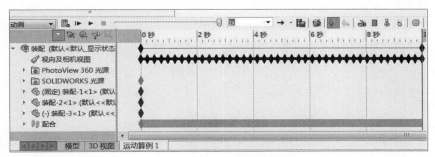
图11-43 自动生成的运动算例

11.4.2 装配体爆炸动画

装配体爆炸是将装配体的爆炸过程制作成动画的形式，从而更方便展示装配体的拆卸和组装的过程。只有生成爆炸视图后，才能使用【爆炸】和【解除爆炸】。下面介绍装配体爆炸动画的制作方法。

创建简单装配体，如图11-44所示。单击装配工具栏中的【爆炸视图】按钮，将FeatureManager切换到【爆炸视图】属性管理器，单击【爆炸步骤的零部件】列表框，在图形区中单击要爆炸的一个或一组零部件，出现一个临时的爆炸坐标系，如图11-45所示。

图11-44 模型

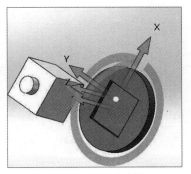
图11-45 爆炸方向坐标系

在图形区单击爆炸方向坐标系的Z轴，Z轴变为蓝色，【底盘】可以沿着Z轴方向移动，设置【爆炸距离】为100mm，使用同样的方法，根据需要生成更多的爆炸步骤，如图11-46所示。单击【确定】按钮，完成所有零部件的爆炸视图。

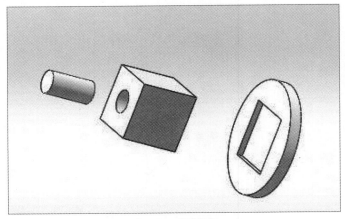

图11-46 爆炸视图

单击【运动算例1】按钮，选择【动画向导】按钮，弹出如图11-47所示的对话框。选择【爆炸】，单击【下一步】，在弹出的对话框中时间长度设置为5，开始时间为0，如图11-48所示。

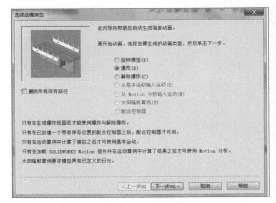

图11-47 选择爆炸

图11-48 设置时间

单击【完成】按钮，【运动算例1】如图11-49所示。单击【播放】按钮，则播放模型的爆炸动画。

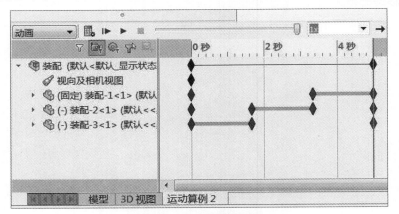

图11-49 自动生成的运动算例

11.5 物理模拟动画

物理模拟动画包括马达、弹簧和引力等。上述模拟动画需要在【基本运动】选项下进行。

11.5.1 马达

马达包括线性马达和旋转马达。下面分别介绍具体的操作方法。

1. 线性马达

打开装配体，如图11-50所示。单击【运动算例1】按钮，选择【马达】按钮，将FeatureManager 切换到【马达】属性管理器。在【马达类型】中选【线性马达】按钮，【马达位置】框中选择滑块的前面，【要相对此项而移动的零部件】框中选择底座，【运动】框中选择等速，速度值设置为100mm/s，如图11-51所示。

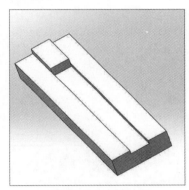

图11-50 模型 图11-51 属性管理器

单击【确定】按钮，完成线性马达的操作。单击【播放】按钮，则播放模型直线运动的动画。单击【保存动画】按钮，将动画保存为AVI格式的文件。

2. 旋转马达

打开装配体，如图11-52所示。单击【运动算例1】按钮，选择【马达】按钮，将FeatureManager 切换到【马达】属性管理器，在【马达类型】中选【旋转马达】按钮，【马达位置】框中选择转轴，【要相对此项而移动的零部件】框中选择底座，【运动】框中选择等速，速度值设置为100RPM，如图11-53所示。

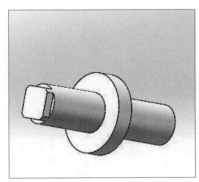

图11-52 模型 图11-53 属性管理器

单击【确定】按钮 ✓，完成旋转马达的操作。单击【播放】按钮，则播放模型直线运动的动画。单击【保存动画】按钮，将动画保存为AVI格式的文件。

下面介绍【马达】属性管理器中各参数的含义。

● **马达位置：** 用于选择零部件的一个点。

● **反向：** 改变线性马达或旋转马达的方向。

● **类型：** 单击下三角按钮，在列表中选择马达的类型，包括【等速】【距离】【振荡】【插值】【表达式】和【伺服马达】。

● **速度：** 在数值框中输入数值设置速度。

🛠️实例 曲柄连杆的动画

前面学习了马达的相关知识，下面介绍制作曲柄连杆的短杆在马达带动下，带动长杆，长杆带动滑块，滑块做往复直线运动的动画。

Step 01 打开装配体，展示曲柄连杆的结构，如图11-54所示。

Step 02 单击【运动算例1】按钮，选择【马达】按钮 🔩，将FeatureManager切换到【马达】属性管理器，在【马达类型】中选【旋转马达】按钮，【马达位置】框中选择短杆，【要相对此项而移动的零部件】框中选择底座，【运动】框中选择等速，速度值设置为100RPM。如图11-55所示。

图11-54 曲柄连杆结构

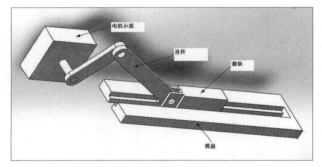

图11-55 属性管理器

Step 03 单击【确定】按钮 ✓，完成添加马达的操作，如图11-56所示。单击【播放】按钮，则播放短杆在马达带动下，带动长杆，长杆带动滑块，滑块做往复直线运动的动画，单击【保存动画】按钮，将动画保存为AVI格式的文件。

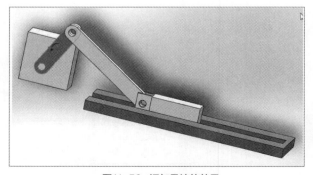

图11-56 添加马达的效果

Step 04 在管理区中，展开DisplayManager选项◉，单击【查看布景、光源和相机】按钮▦，右击【SolidWorks光源】图标并选择快捷菜单中的【添加阳光】命令，单击【确定】按钮✔，完成阳光的添加，如图11-57所示。

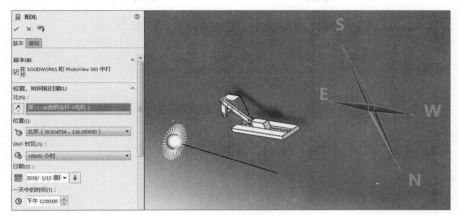

图11-57 添加阳光

Step 05 单击【编辑外观】按钮◉，将FeatureManager切换到【颜色】属性管理器，单击【基本】选项卡组右侧的【高级】选项卡组，可进行照明度、颜色、映射和表面粗糙度的设计。单击【表面粗糙度】按钮，在【表面粗糙度】下拉菜单中可以选择【磨光】，单击【确定】按钮✔，完成操作。

Step 06 单击【最终渲染】按钮◉，打开【最终渲染】对话框。系统自动对图像进行渲染。单击【保存图像】，可以将图像保存为各种格式的图片。如图11-58所示。

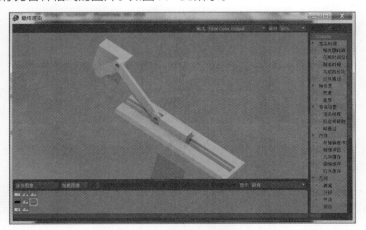

图11-58 渲染效果图

11.5.2 引力

　　引力是模拟沿着某一方向的万有引力，在零部件自由度之内模拟移动零部件。下面介绍添加引力的方法。

　　打开装配体，如图11-59所示。单击【运动算例1】按钮，选择【引力】按钮▩，将FeatureManager切换到【引力】属性管理器。在【引力参数】框中选正方体的上表面，方向为Z轴，【数字引力值】为默认。单击【确定】按钮✔，完成添加引力的操作，如图11-60所示。

　　单击【运动算例1】按钮，选择【接触】按钮▩，将FeatureManager切换到【接触】属性管理器。选择正方体和下面的板，如图11-61所示。单击【确定】按钮✔，完成添加接触的操作。

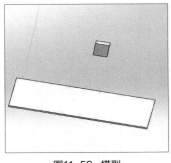
图11-59 模型

图11-60 引力属性管理器

图11-61 接触属性管理器

下面介绍【引力】属性管理器中各参数的含义。

● **反向：**用于改变引力的方向。

● **数字引力值：**在数值框中输入数值，设置数字引力值。

11.5.3 弹簧

弹簧类型分为线性弹簧和扭转弹簧，本节以线性弹簧为例介绍具体的使用方法。

打开装配体，如图11-62所示。单击【运动算例1】按钮，选择【引力】按钮，将FeatureManager切换到【引力】属性管理器，在【引力参数】列表框中选正方体的上表面，方向为Z轴，【数字引力值】为默认。单击【确定】按钮，完成添加引力的操作，如图11-63所示。

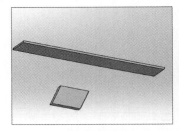
图11-62 模型

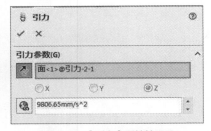
图11-63 【引力】属性管理器

单击【运动算例1】按钮，选择【弹簧】按钮，将FeatureManager切换到【弹簧】属性管理器。在【弹簧参数】中选择弹簧接触的两个面，【弹簧力表达式指数】设置为1，【弹簧常数】设置为1牛顿/mm，【自由长度】为默认，【阻尼力表达指数】设置为0.20 牛顿/（mm/秒），【弹簧圈直径】设置为10mm，【圈数】设置为10，【线径】设置为1mm，如图11-64所示。

单击【确定】按钮，完成添加弹簧的操作，如图11-65所示。

图11-64 弹簧设置

图11-65 添加弹簧的效果

上机实训：机器人的渲染

　　本章主要学习渲染和动画的相关知识，下面将介绍为绘制好的机器人模型进行渲染，具体操作步骤如下。

01 首先在绘制好的三维模型中设置主体与头部的模型材质，在绘图区右侧的【外观】选项列表中，选择汽车白漆材质作为主体材质，如图11-66所示。

02 接下来设置眼睛与指示灯的材质，在绘图区右侧的【外观】选项列表中，选择眼睛为发光二极管的【白发光二极管】材质，如图11-67所示。

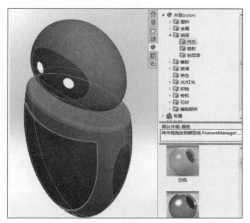
图11-66　设置主体材质

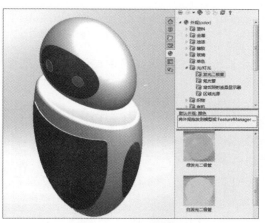
图11-67　设置眼睛材质

03 接着设置指示灯材质为发光二极管【红发光二极管】材质，如图11-68所示。

04 最后设置装饰造型、手臂和脸部的材质，在绘图区右侧的【外观】选项列表中，选择汽车为【光泽蓝色】材质，如图11-69所示。

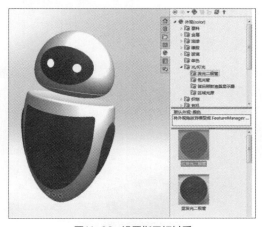
图11-68　设置指示灯材质

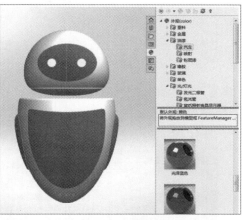
图11-69　设置装饰造型、手臂和脸部材质

05 在【SOLIDWORKS插件】常用工具栏中单击PhotoView 360按钮，如图11-70所示。

06 要选择布景，则在【渲染工具】常用工具栏中单击【编辑布景】，在右侧布景选项中单击【工作间布景】，选择【反射方格地块】（布景影响的效果主要是反射光线和阴影，太复杂的布景影响出图效率），如图11-71所示。

图11-70 启用PhotoView 360插件

图11-71 选择布景

07 在编辑布景选择中，编辑基本布景，勾选【伸展图像以适合SOLIDWORKS窗口】以及【楼板反射度】选项，将【楼板与此对齐】选项选择【XZ】方向（基准平面），在楼板等距数值框中输入10mm，如图11-72所示。

08 要对光源进行设置，则单击【视图】，选择【光源与相机】，单击聚光源，进行光源的添加（用户可根据需要添加多个光源），按住箭头的点即可拖动，调整光源的方向和效果，如图11-73所示。

图11-72 编辑布景

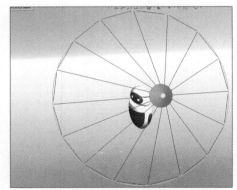

图11-73 光源设置

09 把模型调整到适当大小，在【渲染工具】常用工具栏中单击【预览窗口】按钮，预览渲染效果，如图11-74所示。

10 反复调整，达到理想效果后，即可进行最终渲染操作，最终效果如图11-75所示。

图11-74 查看预览效果

图11-75 最终效果

Chapter

12

综合案例

本章概述

　　学习完SolidWorks各个模块的相关知识后，本章将以综合案例的形式对使用SolidWorks进行草图绘制、装配体设计以及钣金设计的方法进行详细讲解。通过本章内容的学习，达到巩固前面所需内容、拓展提高的目的。

核心知识点

- 掌握草图绘制的相关操作
- 熟练运用三维建模的相关操作
- 掌握装配体的具体设计方法
- 掌握钣金的建模方法

12.1 制作小黄人卡通模型

下面将介绍小黄人的绘制过程，将用到的SolidWorks功能包括草图绘制、分割线、放样凸台/基体、拉伸凸台/基体、旋转凸台/基体、扫面以及拉伸切除，具体操作步骤如下。

Step 01 执行【文件】|【新建】命令，在打开的【新建SOLIDWORKS文件】对话框中新建一个零件文件，如图12-1所示。

Step 02 单击【草图绘制】按钮，选择【前视基准面】，在菜单栏中执行【工具】|【草图工具】|【草图图片】命令，如图12-2所示。

图12-1 新建文件　　　　　　　　图12-2 执行【草图图片】命令

Step 03 导入草图图片，调整图片的位置，图片中心点位于坐标原点，如图12-3所示。

Step 04 执行【样条曲线】命令，描绘出图片轮廓，绘制草图1，如图12-4所示。

图12-3 导入图片

图12-4 绘制图片轮廓

Step 05 单击【草图绘制】按钮，执行【转换实体引用】【直线】命令，绘制草图2，效果如图12-5所示。

Step 06 在【特征】常用工具栏中选择【旋转凸台/基体】命令，以草图2的直线为【旋转轴】，得到旋转1，如图12-6所示。

图12-5 绘制草图

图12-6 旋转草图

Step 07 单击【草图绘制】按钮，选择【前视基准面】，执行【转换实体引用】，绘制草图3，如图12-7所示。

Step 08 在【特征】常用工具栏中选择【拉伸凸台/基体】命令，在【深度】数值中输入170mm，勾选【合并结果】复选框，得到凸台-拉伸1，如图12-8所示。

图12-7 绘制眼镜轮廓

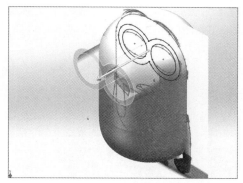

图12-8 拉伸草图

Step 09 在【特征】常用工具栏中选择【圆角】命令，在【要圆角化的项目】选项区域中选择下左图所示的边线1到边线6，设置圆角半径为5mm，如图12-9所示。

Step 10 单击【草图绘制】按钮，选择【前视基准面】，执行【等距实体】命令，绘制草图4，如图12-10所示。

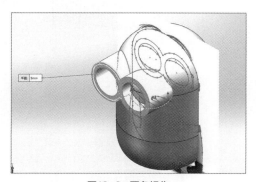

图12-9 圆角操作

图12-10 绘制眼球轮廓

Step 11 在【特征】常用工具栏中选择【拉伸凸台/基体】命令，在【深度】数值框中输入160mm，得到凸台-拉伸2，如图12-11所示。

Step 12 在【特征】常用工具栏中选择【圆角】命令，在【要圆角化的项目】选项区域中选择边线1，设置圆角参数为30mm，依次对凸台-拉伸2进行圆角操作，如图12-12所示。

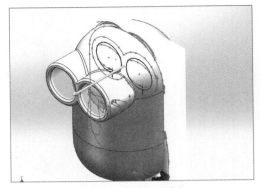

图12-11　拉伸眼球轮廓

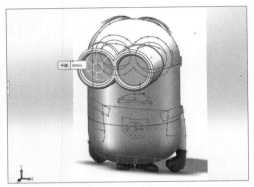

图12-12　进行圆角操作

Step 13 单击【草图绘制】按钮，选择【前视基准面】，执行【圆】【转化实体引用】命令，绘制草图5，如图12-13所示。

Step 14 在【曲线】常用工具栏中选择【分割线】命令，在【投影类型】列表框中选择草图5为要投影的草图，选择下右图所示四个面作为【要分割的面】，得到分割线1，如图12-14所示。

图12-13　绘制草图

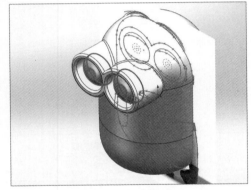

图12-14　分割线操作

Step 15 在【曲面】常用工具栏中选择【曲面填充】命令，在【修补边界】选项区域中分别选择图12-15所示的边线1为修补边界，得到曲面填充1，依次对两个眼镜进行曲面填充操作。

Step 16 单击【草图绘制】按钮，选择【前视基准面】，执行【转化实体引用】命令，绘制草图6，如图12-16所示。

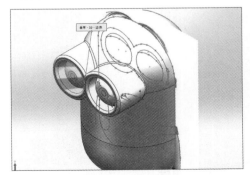

图12-15　填充曲面

图12-16　绘制嘴巴

Step 17 在【特征】常用工具栏中选择【拉伸切除】命令，选择【等距】为开始条件，在【方向】选项中选择【到离指定面指定的距离】，在【等距距离】选项中输入5mm，勾选【反向等距】复选框，选择图12-17所示的面为要拉伸切除的面。

Step 18 单击【草图绘制】按钮，选择【前视基准面】，执行【转化实体引用】命令，绘制草图7，如图12-18所示。

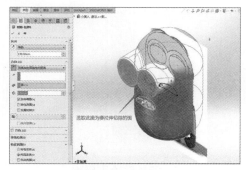

图12-17 设置拉伸切除

图12-18 绘制牙齿

Step 19 在【特征】常用工具栏中选择【拉伸凸台/基体】命令，选择【等距】为开始条件，在【方向】选项中选择【给定深度】，在【等距距离】选项中输入5mm，得到凸台-拉伸3，如图12-19所示。

Step 20 在【特征】常用工具栏中选择【圆角】命令，在【要圆角化的项目】选项区域中选择下右图所示边线1到边线4，【圆角参数】中距离输入2mm，如图12-20所示。

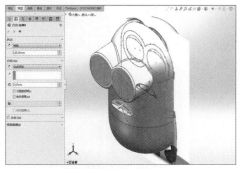

图12-19 设置拉伸

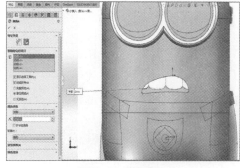

图12-20 圆角操作

Step 21 单击【草图绘制】按钮，选择【前世基准面】，执行【直线】命令，绘制草图8，如图12-21所示。

Step 22 在【曲线】指令中选择【分割线】命令，在【投影类型】选项区域选择草图8为要投影的草图，选择图12-22所示的面作为【要分割的面】，得到分割线2，这样牙齿的表现更为鲜明些。

图12-21 分割牙齿

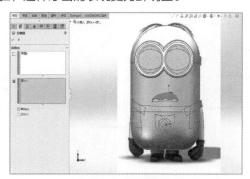

图12-22 设置分割线

Step 23 在【特征】常用工具栏中选择【基准面】命令，在【第一参考】选项区域中选择【右视基准面】，设置【偏移距离】为105mm，得到基准面1，如图12-23所示。

Step 24 单击【草图绘制】按钮，选择【基准面1】，执行【直线】【边角矩形】命令，绘制草图9，如图12-24所示。

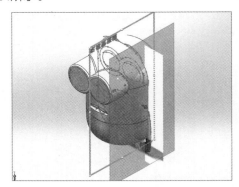

图12-23 做基准面1

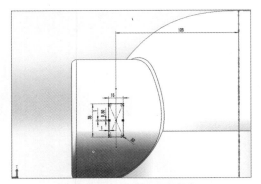

图12-24 绘制眼镜表带连接端

Step 25 在【特征】常用工具栏中选择【拉伸凸台/基体】命令，在【方向】选项中选择【成型到下一面】，勾选【合并结果】复选框，得到凸台-拉伸4，如图12-25所示。

Step 26 单击【草图绘制】按钮，选择凸台-拉伸4的表面，执行【边角矩形】命令，绘制草图10，在【特征】常用工具栏中选择【拉伸切除】命令，在【方向】选项中选择【成型到下一面】，得到切除-拉伸2，如图12-26所示。

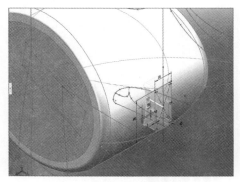

图12-25 拉伸草图

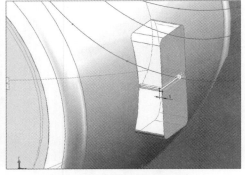

图12-26 修饰眼镜表带连接端

Step 27 在【特征】常用工具栏中选择【圆角】命令，在【要圆角化的项目】选项区域中选择如图边线1到边线4以及两个面，设置圆角参数为1mm，如图12-27所示。

Step 28 根据相同的方法绘制左侧眼镜表带连接端，如图12-28所示。

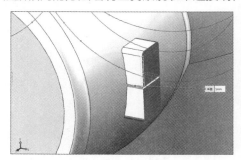

图12-27 圆角操作

图12-28 绘制另一侧眼镜表带连接端

Step 29 单击【草图绘制】按钮，选择凸台-拉伸4的面，执行【椭圆】命令，绘制草图13，左侧表带连接端进行同样的草图绘制，绘制草图14，如图12-29所示。

Step 30 在【特征】工具栏中选择【基准面】命令，在【第一参考】选项区域中选择【上视基准面】，在【第二参考】选项区域中选择草图13的椭圆中心点，得到基准面3，如图12-30所示。

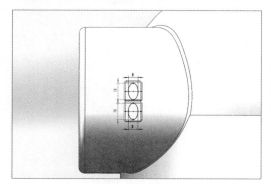
图12-29 绘制表带

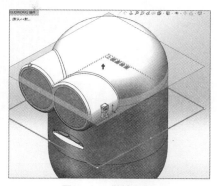
图12-30 做基准面3

Step 31 在【特征】选项中选择【基准面】命令，在【第一参考】选项区域中选择【基准面3】，在【第二参考】选项区域中选择草图13的椭圆中心点，得到基准面4，如图12-31所示。

Step 32 单击【草图绘制】按钮，选择【基准面3】，执行【样条曲线】命令，绘制草图15，如图12-32所示。

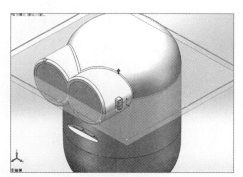
图12-31 做基准面4

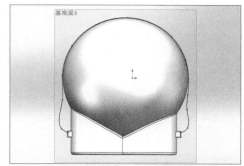
图12-32 绘制草图

Step 33 单击【草图绘制】按钮，选择【基准面4】，执行【转化实体引用】命令，绘制草图16，草图15与草图16的点要与草图13、草图14建立穿透几何关系，如图12-33所示。

Step 34 单击【草图绘制】按钮，选择【前视基准面】，执行【椭圆】命令，绘制草图17，效果如图12-34所示。

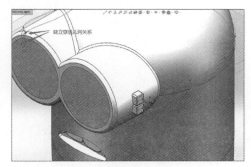
图12-33 绘制草图并创建几何关系

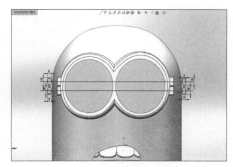
图12-34 绘制草图

Step 35 单击【草图绘制】按钮，选择【右视基准面】，执行【椭圆】命令，绘制草图18，如图12-35所示。

Step 36 在【特征】工具栏中选择【放样凸台/基体】命令，在【轮廓】列表框中选择5个单个椭圆为轮廓，选择【垂直于轮廓】作为【开始约束】，在【反转相切方向】选项中输入3，【结束约束】进行同样操作，选择草图15作为【引导线】，得到放样1，如图12-36所示。

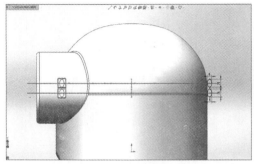

图12-35 绘制草图

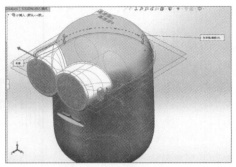

图12-36 设置放样操作

Step 37 按照相同的方法，得到放样2，这样两条表带就完成了，如图12-37所示。

Step 38 单击【草图绘制】按钮，选择【右视基准面】，执行【椭圆】命令，绘制草图18，如图12-38所示。

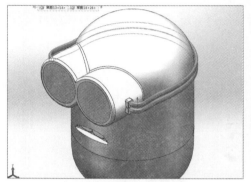

图12-37 放样操作

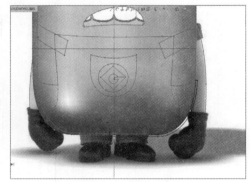

图12-38 绘制草图

Step 39 在【特征】常用工具栏中选择【旋转凸台/基体】命令，以草图18的直线为【旋转轴】，勾选【合并结果】复选框，得到旋转2，如图12-39所示。

Step 40 单击【草图绘制】按钮，选择【前视基准面】，执行【边角矩形】命令，绘制草图18，如图12-40所示。

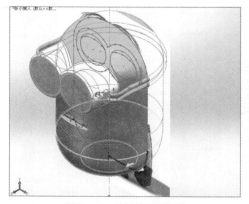

图12-39 旋转绘制的草图

图12-40 绘制衣服

Step 41 在【特征】常用工具栏中选择【拉伸凸台/基体】命令，在【深度】数值框中输入200mm，勾选【合并结果】复选框，得到凸台-拉伸6，如图12-41所示。

Step 42 单击【草图绘制】按钮，选择【前视基准面】，执行【样条曲线】【直线】命令，绘制草图21，如图12-42所示。

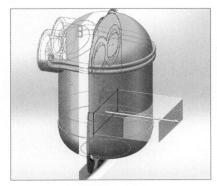
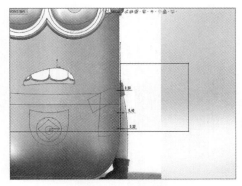

图12-41　拉伸操作　　　　　　　　　　　图12-42　绘制草图

Step 43 在【特征】常用工具栏中选择【旋转切除】命令，以草图19的直线为【旋转轴】，得到切除-旋转1，如图12-43所示。

Step 44 单击【草图绘制】按钮，选择【前视基准面】，执行【样条曲线】【直线】【转化实体引用】命令，绘制草图22，如图12-44所示。

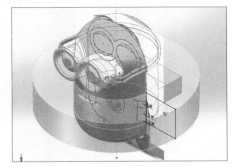

图12-43　旋转操作　　　　　　　　　　　图12-44　绘制草图

Step 45 在【特征】常用工具栏中选择【拉伸凸台/基体】命令，在【深度】选项中输入200mm，勾选【合并结果】复选框，得到凸台-拉伸7，如图12-45所示。

Step 46 单击【草图绘制】按钮，选择【前视基准面】，执行【样条曲线】【直线】【转化实体引用】命令，绘制草图22，如图12-46所示。

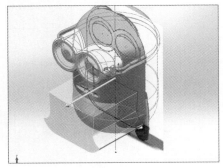
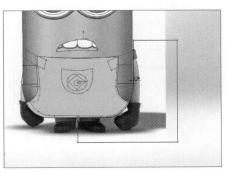

图12-45　拉伸操作　　　　　　　　　　　图12-46　绘制草图

Step 47 在【特征】常用工具栏中选择【旋转切除】命令，以草图19的直线为【旋转轴】，得到切除-旋转2，如图12-47所示。

Step 48 单击【草图绘制】按钮，选择【前视基准面】，执行【转化实体引用】命令，绘制草图24，如图12-48所示。

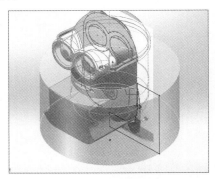

图12-47 旋转切除操作

图12-48 绘制口袋

Step 49 在【曲线】常用工具栏中选择【投影曲线】命令，在【投影类型】列表框中选择草图24为要投影的草图，选择下左图所示的两个面作为【要投影的面】，得到曲线1，如图12-49所示。

Step 50 单击【3D草图】按钮，执行【样条曲线】命令，绘制3D草图草图1，如图12-50所示。

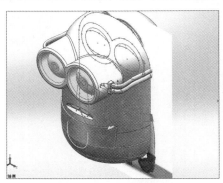

图12-49 投影曲线操作

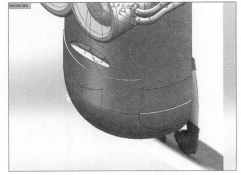

图12-50 绘制3D草图

Step 51 在【曲面】常用工具栏中选择【曲面放样】命令，在【轮廓】选项区域中选择曲线1、开环1为轮廓，选择开环2作为【引导线】，得到曲面放样1，如图12-51所示。

Step 52 在【曲面】常用工具栏中选择【加厚】命令，在【厚度】选项中选择【加厚侧边2】，【厚度】选项中输入1mm，勾选【合并结果】复选框，如图12-52所示。

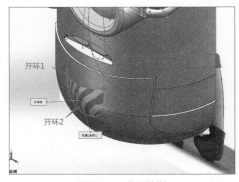

图12-51 曲面放样

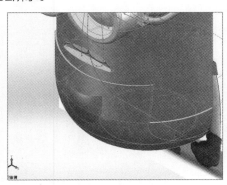

图12-52 加厚操作

Step 53 单击【草图绘制】按钮，选择【前视基准面】，执行【转化实体引用】命令，绘制草图25，如图12-53所示。

Step 54 在【曲线】指令中选择【分割线】命令，在【投影类型】选项区域选择草图25为要投影的草图，选择图12-54所示的面作为【要分割的面】，得到分割线3。

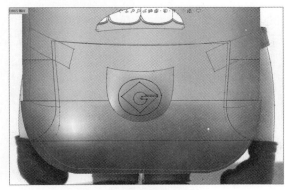

图12-53 绘制口袋装饰

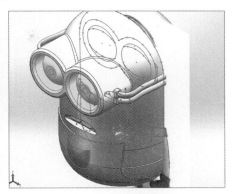

图12-54 分割线操作

Step 55 在【特征】常用工具栏中选择【基准面】命令，在【第一参考】选项区域中选择基体的底面，【偏移距离】为15mm，得到基准5，如图12-55所示。

Step 56 单击【草图绘制】按钮，选择基体底面，执行【椭圆】命令，绘制草图26，如图12-56所示。

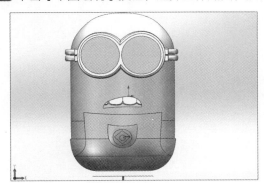

图12-55 做基准面5

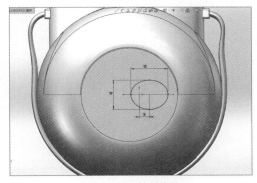

图12-56 绘制草图

Step 57 单击【草图绘制】按钮，选择基准面5，执行【等距实体】命令，绘制草图27，效果如图12-57所示。

Step 58 单击【草图绘制】按钮，选择【前视基准面】，执行【样条曲线】命令，绘制草图28，草图28的四个端点与草图26、27建立穿透几何关系，如图12-58所示。

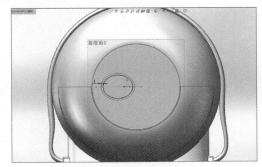

图12-57 绘制草图

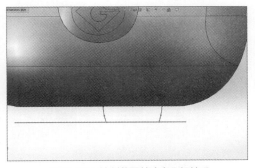

图12-58 绘制草图并建立几何关系

Step 59 在【特征】常用工具栏中选择【放样凸台/基体】命令，在【轮廓】选项区域中选择草图26、草图27为轮廓，选择草图28为开环1、开环2作为【引导线】，得到放样3，如图12-59所示。

Step 60 在【特征】常用工具栏中选择【基准面】命令，在【第一参考】选项区域中选择基准面5，【偏移距离】为30mm，得到基准6，如图12-60所示。

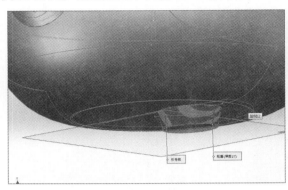

图12-59 放样操作

图12-60 做基准面6

Step 61 单击【草图绘制】按钮，选择基准面6，执行【直槽口】命令，绘制草图29，如图12-61所示。

Step 62 在【特征】常用工具栏中选择【基准面】命令，在【第一参考】选项区域中选择上视基准面，在【第二参考】选项区域中选择草图29直槽口的中心线，如图12-62所示。

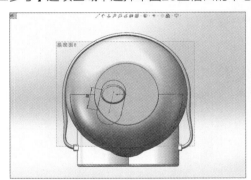

图12-61 绘制小黄人的脚

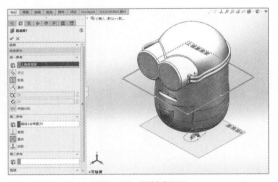

图12-62 做基准面7

Step 63 单击【草图绘制】按钮，选择放样3的底面，执行【等距实体】命令，绘制草图30，如图12-63所示。

Step 64 单击【草图绘制】按钮，选择基准面7，执行【样条曲线】命令，绘制草图31，效果如图12-64所示。

图12-63 执行【等距实体】命令

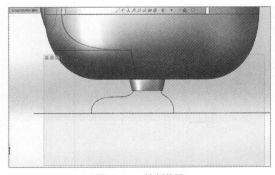

图12-64 绘制草图

Step 65 在【特征】常用工具栏中选择【放样凸台/基体】命令，在【轮廓】选项区域中选择草图29、草图30为轮廓，选择草图31为开环1、开环2作为【引导线】，得到放样4，如图12-65所示。

Step 66 在【特征】常用工具栏中选择【基准面】命令，在【第一参考】选项区域中选择上视基准面，【偏移距离】为25mm，勾选【反转等距】复选框，得到基准8，如图12-66所示。

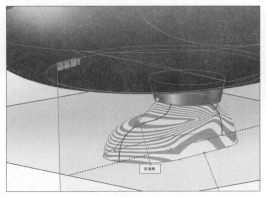

图12-65 放样操作

图12-66 做基准面8

Step 67 在【特征】常用工具栏中选择【基准面】命令，在【第一参考】选项区域中选择上视基准面，【偏移距离】为165mm，勾选【反转等距】复选框，得到基准9，如图12-67所示。

Step 68 单击【草图绘制】按钮，选择基准面8，执行【椭圆】命令，绘制草图32，如图12-68所示。

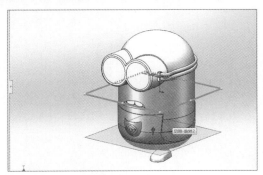

图12-67 做基准面9

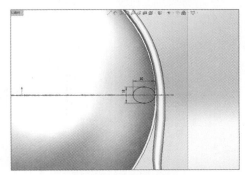

图12-68 绘制手臂

Step 69 单击【草图绘制】按钮，选择基准面9，执行【椭圆】命令，绘制草图33，如图12-69所示。

Step 70 单击【草图绘制】按钮，选择前视基准面，执行【样条曲线】命令，绘制草图34，草图34的四个端点需与草图32、草图33建立穿透几何关系，如图12-70所示。

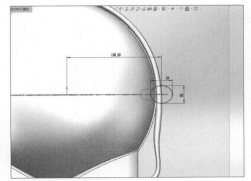

图12-69 绘制草图

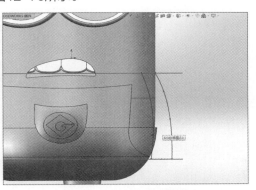

图12-70 建立穿透几何关系

Step 71 在【特征】常用工具栏中选择【放样凸台/基体】命令，在【轮廓】选项区域中选择草图32、草图33为轮廓，选择草图34为开环1、开环2作为【引导线】，得到放样5，如图12-71所示。

Step 72 单击【草图绘制】按钮，选择放样5的底面，执行【圆】命令，绘制草图35，效果如图12-72所示。

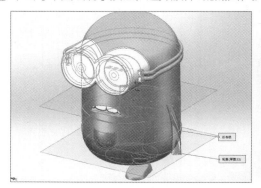
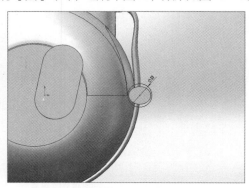

图12-71　放样操作 　　　　　　　　　　　　　　　　图12-72　绘制圆

Step 73 在【特征】常用工具栏中选择【拉伸凸台/基体】命令，在【深度】选项中输入15mm，在【拔模开/关】选项中输入10度，勾选【合并结果】复选框，得到凸台-拉伸8，如图12-73所示。

Step 74 单击【草图绘制】按钮，选择凸台-拉伸8的底面，执行【等距实体】命令，绘制草图36，如图12-74所示。

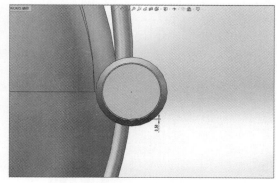

图12-73　拉伸操作 　　　　　　　　　　　　　　　　图12-74　绘制手掌

Step 75 单击【草图绘制】按钮，选择前视基准面，执行【样条曲线】命令，绘制草图37，如图12-75所示。

Step 76 单击【3D草图】按钮，执行【样条曲线】命令，绘制3D草图2，使用同样方法方法绘制3D草图3，如图12-76所示。

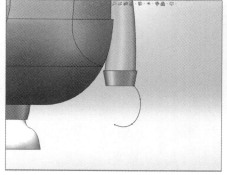
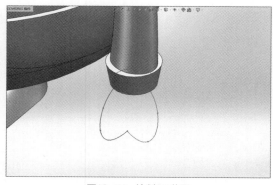

图12-75　绘制草图 　　　　　　　　　　　　　　　　图12-76　绘制3D草图

Step 77 单击【草图绘制】按钮，选择前视基准面，执行【样条曲线】命令，绘制草图38，如图12-77所示。

Step 78 在【曲面】常用工具栏中选择【曲面放样】命令，在【轮廓】选项区域中选择草图37、草图38、3D草图2、3D草图3为轮廓，选择草图36作为【引导线】，得到曲面放样2，如图12-78所示。

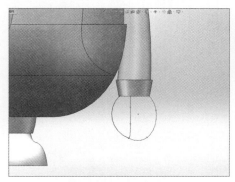
图12-77 绘制草图

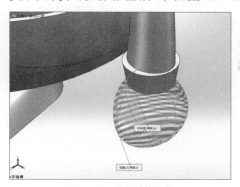
图12-78 曲面放样操作

Step 79 在【曲面】常用工具栏中选择【曲面填充】命令，在【修补边界】选项区域中如图选择边线1为修补边界，得到曲面填充1，如图12-79所示。

Step 80 在【曲面】常用工具栏中选择【曲面缝合】命令，依次选择曲面放样2、曲面填充3为【要缝合的曲面和面】，勾选【创建实体】复选框，得到曲面缝合1，如图12-80所示。

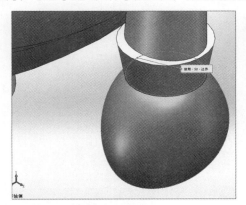
图12-79 曲面填充

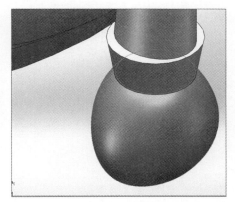
图12-80 曲面缝合

Step 81 在【特征】常用工具栏中选择【基准面】命令，在【第一参考】选项区域中选择右视基准面，【偏移距离】为130mm，得到基准10，如图12-81所示。

Step 82 单击【草图绘制】按钮，选择基准面10，执行【圆】命令，绘制草图39，如图12-82所示。

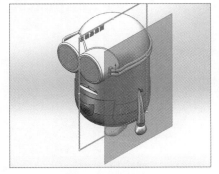
图12-81 做基准面10

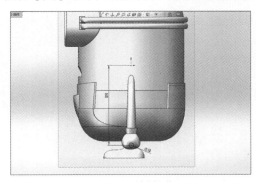
图12-82 绘制手指

Step 83 单击【草图绘制】按钮，选择前视基准面，执行【样条曲线】命令，绘制草图40，如图12-83所示。

Step 84 在【特征】常用工具栏中选择【扫描】命令，选择草图39为【轮廓】，选择草图40为【路径】，勾选【合并结果】复选框，得到扫描1，如图12-84所示。

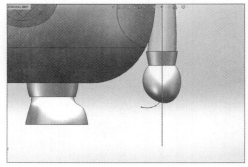

图12-83　绘制草图

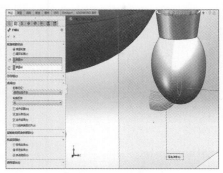

图12-84　扫描操作

Step 85 在【特征】常用工具栏中选择【圆顶】命令，选择扫描1的面为【到圆顶的面】，在【反向】选项中输入6mm，得到圆顶1，如图12-85所示。

Step 86 在【特征】常用工具栏中选择【线性阵列】命令，选择凸台-拉伸4为【方向1】【方向2】的两个边线，勾选【只阵列源】复选框，选择圆顶1为【要阵列的实体】，得到阵列1，如图12-86所示。

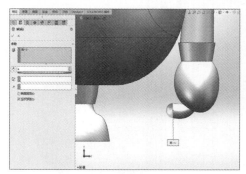

图12-85　圆顶操作

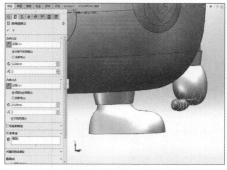

图12-86　线性阵列

Step 87 在【特征】选项中选择【基准面】命令，在【第一参考】选项区域中选择右视基准面，【偏移距离】为15mm，勾选【反转等距】复选框，得到基准11，如图12-87所示。

Step 88 单击【草图绘制】按钮，选择基准面11，执行【圆弧】【直线】命令，绘制草图41，如图12-88所示。

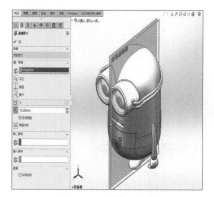

图12-87　做基准面11

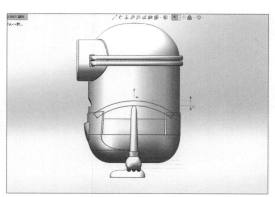

图12-88　绘制肩带

Step 89 在【特征】常用工具栏中选择【拉伸凸台/基体】命令，在方向选项中选择【到离指定面指定的距离】，在【面】选项中选择如图面，在【深度】数值框中输入3.5mm，勾选【反向等距】复选框，得到凸台-拉伸9，如图12-89所示。

Step 90 单击【草图绘制】按钮，选择前视基准面，执行【圆】【直线】命令，绘制草图42，如图12-90所示。

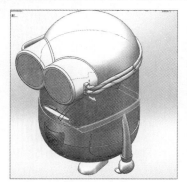

图12-89 拉伸操作

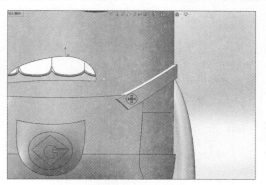

图12-90 绘制纽扣

Step 91 在【特征】常用工具栏中选择【拉伸凸台/基体】命令，在方向1选项区域中选择【到离指定面指定的距离】，在【面】选项区域中选择肩带前面，在【深度】数值框中输入1.5mm，勾选【反向等距】【转化曲面】复选框，方向2进行同样设定，得到凸台-拉伸10，如图12-91所示。

Step 92 在【特征】常用工具栏中选择【圆角】命令，依次对边角部分进行圆角处理，如图12-92所示。

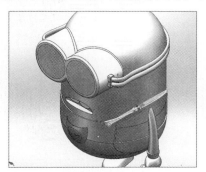

图12-91 拉伸操作

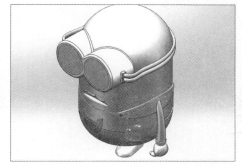

图12-92 圆角操作

Step 93 给眼镜镜片上色，选择玻璃材质中的【透明玻璃】材质，如图12-93所示。

Step 94 单击【草图绘制】按钮，选择眼球表面，执行【圆】命令，绘制草图43，进行【切除拉伸】命令，在【深度】选项中输入0.1mm，得到切除-拉伸4，进行眼球的修饰，如图12-94所示。

图12-93 为眼镜片上色

图12-94 修饰眼球

Step 95 单击【草图绘制】按钮，选择右视基准面，执行【圆】命令，绘制草图44，如图12-95所示。

Step 96 单击【草图绘制】按钮，选择前视基准面，执行【样条曲线】命令，绘制草图45，如图12-96所示。

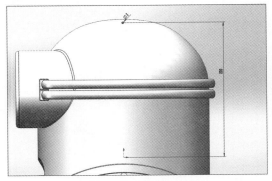

图12-95　绘制圆

图12-96　绘制样条曲线

Step 97 在【特征】常用工具栏中选择【扫描】命令，选择草图44为【轮廓】，选择草图45为【路径】，勾选【合并结果】复选框，得到扫描2，如图12-97所示。

Step 98 在【特征】常用工具栏中选择【圆角】命令，在【要圆角化的项目】选项区域中选择如图边线1，|【圆角参数】中距离输入0.85mm，如图12-98所示。

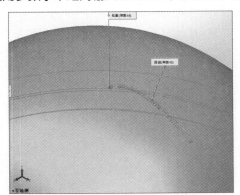

图12-97　扫描操作

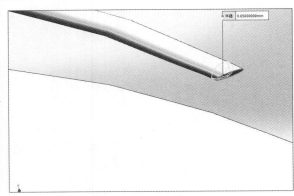

图12-98　圆角操作

Step 99 在【特征】常用工具栏中选择【线性阵列】命令，选择如图凸台-拉伸4为【方向1】的边线，选择扫描2、圆角15为【要阵列的特征和面】，得到阵列2，如图12-99所示。

Step 100 根据相同的方法，得到阵列3，如图12-100所示。

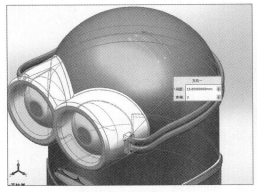

图12-99　线性陈列

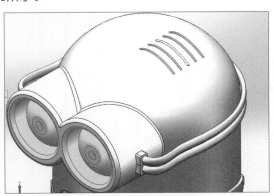

图12-100　执行阵列操作

Step 101 在【特征】常用工具栏中选择【镜像】命令，在【镜像面】选项区域中选择【基础面11】为基准面，选择模型中要镜像的所有特征，如图12-101所示。

Step 102 在【特征】常用工具栏中选择【镜像】命令，在【镜像面】选项区域中选择【基础面11】为基准面，选择模型中要镜像的所有实体，如图12-102所示。

图12-101　镜像特征　　　　　　　　　　图12-102　镜像实体

提示：特征和实体的区别

　　在这里简单地说明一下特征和实体的区别。实体是具有独立几何物理属性的空间模型（包括曲面），一个零件可以由一个或多个实体构成，实体间可进行布尔运算。特征是实体生成过程中的每个步骤，实体的造型就是通过每个特征的参数化而实现的参数化。

Step 103 选择【特征】选项栏中【组合】命令，在【要组合的实体】选项中选择基体的全部实体，得到组合1，如图12-103所示。

Step 104 对基体进行上色，选择塑料材质中的【中等光泽】，依次对小黄人的身体部位进行上色，如图12-104所示。

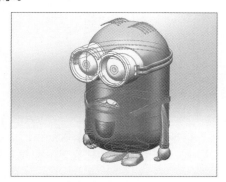

图12-103　组合操作　　　　　　　　　　图12-104　上色操作

12.2　创建机器人模型

　　下面将介绍机器人的绘制过程，将用到的SolidWorks功能包括草图绘制、曲面拉伸、放样、缝合、分割线、曲面等距以及加厚处理等，具体操作步骤如下。

1. 绘制机器人的上部轮廓

Step 01 要绘制头部轮廓草图，则首先执行【文件>新建】命令，新建一个零件文件。在【草图】选项卡上单击【草图绘制】按钮，选择【前视基准面】，使用【样条曲线】命令，绘制闭环草图1，如图12-105所示。

Step 02 单击【草图绘制】按钮，选择【上视基准面】，执行【椭圆】命令，绘制开环的草图2，效果如图12-106所示。

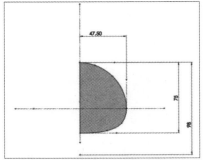
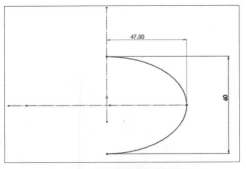

图12-105 绘制闭合的草图1　　　　　图12-106 绘制开环的草图2

Step 03 单击【草图绘制】按钮，选择【前视基准面】，使用【样条曲线】命令，绘制闭环草图3，如图12-107所示。

Step 04 单击【草图绘制】按钮，选择【右视基准面】，使用【转换实体引用】命令，把草图3转化为实体，镜像草图3，再把草图3转化为构造线，绘制出闭环草图4，如图12-108所示。

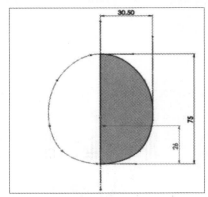
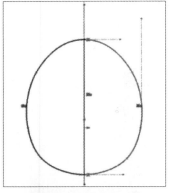

图12-107 绘制闭环草图3　　　　　图12-108 绘制出闭环草图4

Step 05 四个草图绘制完成后，单击【等轴测】按钮，效果如图12-109所示。

Step 06 接下来放样曲面，首先对绘制好的草图执行【放样曲面】命令。选择草图1、3、4作为放样轮廓，选择草图2作为【引导线】，在左侧控制区选择【引导线感应类型】为【到下一引线】，在【选项】选项区域中勾选【合并切面】复选框，如图12-110所示。

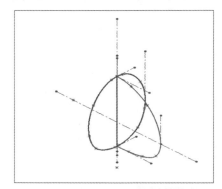
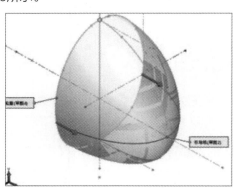

图12-109 查看等轴测视图效果　　　　　图12-110 放样曲面

Step 07 以【右视基础面】为基础面镜像放样曲面，在左侧控制区的【选项】选项区域中勾选【缝合曲面】复选框，如图12-111所示。

Step 08 接着绘制机器人脸部，首先单击【草图绘制】按钮，选择【前视基准面】，使用【样条曲线】、【圆】命令绘制草图5，如图12-112所示。

图12-111　镜像放样曲面

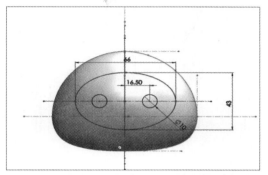

图12-112　绘制机器人脸部轮廓

Step 09 以草图5做分割线1。选择草图5作为要投影的草图，选择【放样曲面】和【镜像放样曲面】为要分割的面，在控制区的【选择】选项区域中勾选【单相】复选框，注意分割线方向，分割放样曲面，效果如图12-113所示。

Step 10 接着为头部上色，颜色用户可根据自己的喜好自行搭配，眼部选择【白色发光二极管】，这样渲染出来的颜色效果更突出，如图12-114所示。

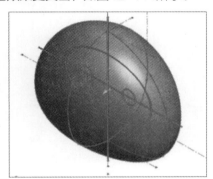

图12-113　分割放样曲面

图12-114　头部上色

Step 11 单击【草图绘制】按钮，选择【前视基准面】，执行【直线】命令，绘制草图6，如图12-115所示。

Step 12 要曲面拉伸，选择草图6，单击【曲面拉伸】按钮，选择方向两侧对称，深度90mm，如图12-116所示。

图12-115　绘制草图6

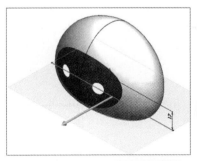

图12-116　为草图6执行曲面拉伸操作

Step 13 接下来对头部做分割处理，首先单击【分割】按钮，选择【曲面拉伸】为剪裁工具，选择要分割的实体，把头部分割成两部分实体，如图12-117所示。

Step 14 接下来将头部分割并做圆角处理，设置R值为0.5mm，如图12-118所示。

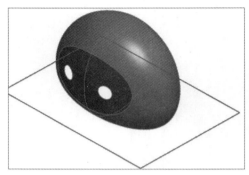
图12-117 分割曲面

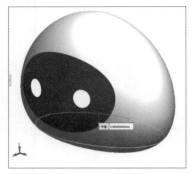
图12-118 为头部做圆角处理

2. 绘制机器人的下部轮廓

Step 01 首先制作基础面，以【上视基准面】为参考，向上偏移距离28mm，创建基准面，如图12-119所示。

Step 02 接着绘制下部轮廓草图，首先单击【草图绘制】按钮，选择【右视基准面】，使用【样条曲线】命令绘制开环草图7，如图12-120所示。

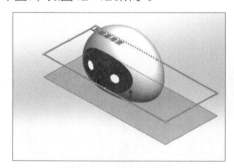
图12-119 创建基准面01

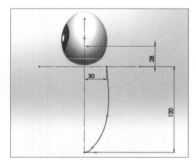
图12-120 绘制开环草图7

Step 03 单击【草图绘制】按钮，选择【前视基准面】，使用【样条曲线】命令，绘制开环草图8，效果如图12-121所示。

Step 04 单击【草图绘制】按钮，选择【前视基准面】，使用【转换实体引用】命令，把草图8转化为实体，镜像草图8，再把草图8转化为构造线，绘制出开环草图9，如图12-122所示。

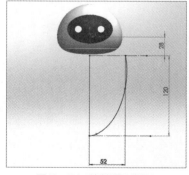
图12-121 绘制开环草图8

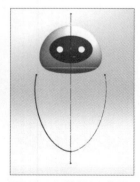
图12-122 绘制开环草图9

Step 05 单击【草图绘制】按钮，选择【上视基准面】，单击【椭圆】按钮，绘制草图10，草图10需与草图7、8、9重合，如图12-123所示。

Step 06 四个草图绘制完成后，在等轴测视图查看效果，如图12-124所示。

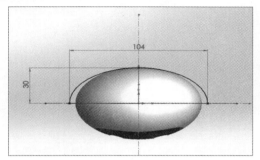

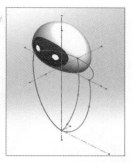

图12-123　绘制草图10　　　　　图12-124　查看等轴测视图效果

Step 07 接下来为绘制好的草图执行放样曲面操作，首先选择草图7、8、9作为放样轮廓，选择草图10作为引导线，选择【引导线感应类型】为【到下一引线】，在【选项】选项区域中勾选【合并切面】复选框，如图12-125所示。

Step 08 单击【草图绘制】按钮，选择【右视基准面】，使用【圆弧】命令绘制开环草图11，如图12-126所示。

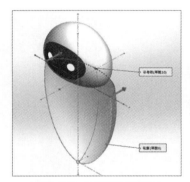

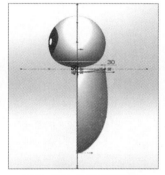

图12-125　执行放样曲面操作　　　　图12-126　绘制开环草图11

Step 09 单击【草图绘制】按钮，选择【前视基准面】，使用【圆弧】命令绘制开环草图12，如图12-127所示。

Step 10 单击【草图绘制】按钮，选择【前视基准面】，使用【转换实体引用】命令，把草图12转化为实体，镜像草图12，在把草图12转化为构造线，绘制出开环草图13，如图12-128所示。

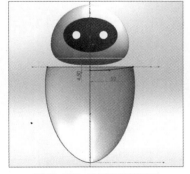

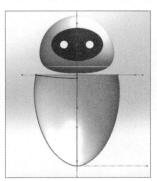

图12-127　绘制开环草图12　　　　图12-128　绘制出开环草图13

Step 11 接下来为绘制好的草图执行放样曲面操作，首先选择草图11、12、13作为放样轮廓，选择草图10作为引导线，选择【引导线感应类型】为【到下一引线】，在【选项】选项区域中勾选【合并切面】复选框，如图12-129所示。

Step 12 以【前视基础面】为基础面镜像放样曲面，选择【要镜像实体】为【曲面-放样2】和【曲面-放样3】，在【选项】选项区域中勾选【缝合曲面】复选框，如图12-130所示。

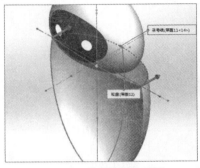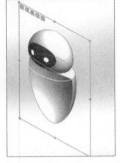

图12-129 执行放样曲面操作　　图12-130 执行镜像放样曲面操作

Step 13 对机器人的头部进行圆角处理，设置R值为3.0mm，如图12-131所示。

Step 14 绘制草图14，单击【草图绘制】按钮，选择【右视基准面】，使用【样条曲线】命令绘制闭环草图14，如图12-132所示。

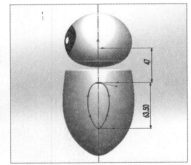

图12-131 圆角处理　　图12-132 绘制闭环草图14

Step 15 以草图14做分割线2，选择草图14作为要投影的草图，选择【放样曲面】和【镜像放样曲面】为要分割的面，勾选【单相】复选框，注意分割线方向，分割放样曲面，如图12-133所示。

Step 16 单击【草图绘制】按钮，选择【前视基准面】，使用【样条曲线】命令绘制闭环草图15，草图15上端点与下端点需与分割线2建立重合几何关系，如图12-134所示。

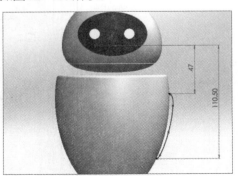

图12-133 分割放样曲面　　图12-134 绘制闭环草图15

Step 17 首先在【轮廓】选项区域中选择【边线<1>】【草图15】和【边线<2>】作为【放样轮廓】，在【选项】选项区域勾选【合并切面】复选框，如图12-135所示。

Step 18 要执行镜像放样曲面操作，则以【右视基础面】为基础面镜像放样曲面，选择镜像实体【曲面-放样4】，在【选项】选项区域勾选【缝合曲面】复选框，如图12-136所示。

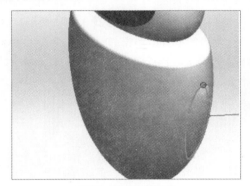
图12-135 放样曲面

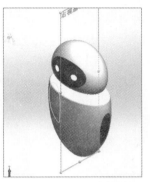
图12-136 镜像放样曲面

Step 19 单击【草图绘制】按钮，选择【前视基准面】，使用【样条曲线】【圆】命令，绘制闭环草图16，如图12-137所示。

Step 20 以草图16做分割线3，选择草图16作为要投影的草图，选择【放样曲面】为要分割的面，勾选【单相】复选框，注意分割线方向，分割放样曲面，如图12-138所示。

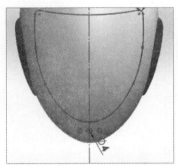
图12-137 绘制闭环草图16

图12-138 分割放样曲面

Step 21 选择分割线3，执行曲面等距操作，设置等距方向为1mm，如图12-139所示。

Step 22 接下来进行曲面加厚处理，首先选择【曲面等距】，选择【加厚侧边】，设置【厚度】为5mm，并勾选【合并结果】复选框，如图12-140所示。

图12-139 曲面等距

图12-140 曲面加厚

12.3 创建订书机装配体

订书机是我们日常办公用中常用的一种办公用品，下面以绘制一款常用订书机装配体为例，具体介绍SolidWorks装配体的基本绘制方法和操作步骤，具体如下。

Step 01 执行【文件>新建】命令，在打开的【新建SOLIDWORKS文件】对话框中选择【装配体】选项后，单击【确定】按钮，进入装配体设计环境，如图12-141所示。

Step 02 在左侧控制区单击【浏览】按钮，打开【打开】对话框，如图12-142所示。

图12-141 新建装配体

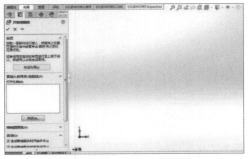

图12-142 单击控制区【浏览】按钮

Step 03 在文件保存路径下选择dz.SLDPRT文件，单击【打开】按钮，如图12-143所示。

Step 04 此时可以看到零件浮动在绘图区，单击绘图区空白处，将零件固定在绘图区，这样就完成了在绘图区插入第一个零件的操作，如图12-144所示。

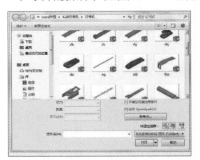

图12-143 打开文件

图12-144 放置于绘图区（零件固定）

Step 05 单击【装配体】工具栏上的【插入零部件】按钮，然后在绘图区左侧的控制区再次单击【浏览】按钮，同样的方法打开db.SLDPRT装配体文件，如图12-145所示。

Step 06 将db.SLDPRT装配体文件添加到空白处时，这个零件是可以移动的，如图12-146所示。

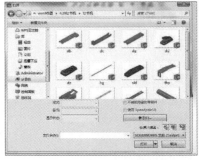

图12-145 添加第二个零件db

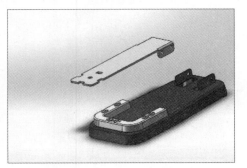

图12-146 插入绘图区（零件浮动）

Step 07 切换至【配合】选项卡，在【配合选择】选项区域中添加两个零件的右视基准面，在左侧控制区设计树分别单击选择即可（每次配合注意查看是不是自己想要的效果），设置完成后单击绘图区左上角的 ✅ 按钮，如图12-147所示。

Step 08 接着单击两个零件后侧的销孔，在控制区的【标准配合】选项区域中选择【同轴心】选项，然后单击绘图区左上角的 ✅ 按钮，如图12-148所示。接着，继续单击 ✅ 按钮，退出配合模式。

图12-147 添加右视基准面重合

图12-148 添加同心配合

Step 09 单击【装配体】工具栏上的【插入零部件】按钮，在控制区再次单击【浏览】按钮，把零件 dc.SLDPRT放置到绘图区，如图12-149所示。

Step 10 切换至【配合】选项卡，按住鼠标中键选择合适的角度，在【配合选择】选项区域中依次添加db 的上表面和dc的下表面，选择【重合】选项后，单击 ✅ 按钮，如图12-150所示。

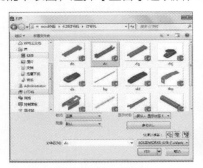

图12-149 插入零件dc

图12-150 面配合重合

Step 11 在【配合】选项卡下的【配合选择】选项区域中依次添加db的圆孔和dc的第二个圆孔，在【标准配合】选项区域中选择【同轴心】选项，之后单击绘图区右上角的 ✅ 按钮，如图12-151所示。

Step 12 继续在【配合选择】选项区域中选择两个零件的右视基准面，在控制区选择【角度】选项，设置角度值为0，单击 ✅ 按钮，如图12-152所示。

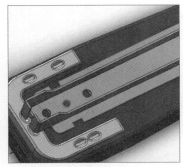

图12-151 添加圆同心配合

图12-152 添加右视基准面角度配合

Step 13 单击【装配体】工具栏上的【插入零部件】按钮，然后在绘图区左侧的控制区再次单击【浏览】按钮，把零件yp.SLDPRT放置到绘图区，如图12-153所示。

Step 14 继续在【配合】选项卡的【配合选择】选项区域中依次添加yp和dc的右视基准面，选择【标准配合】为【重合】，之后单击绘图区右上角的 ✔ 按钮，如图12-154所示。

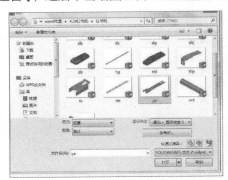

图12-153 添加yp零件

图12-154 设置yp和dc零件的右视基准面重合

Step 15 继续在【配合选择】选项区域中选择yp的销孔和dc的销孔，在【标准配合】选项区域中选择【同心】选项，将零件调整到合适的角度，单击 ✔ 按钮，如图12-155所示。

Step 16 单击【装配体】工具栏上的【插入零部件】按钮，然后在控制区再次单击【浏览】按钮，把零件dg.SLDPRT放置到绘图区，如图12-156所示。

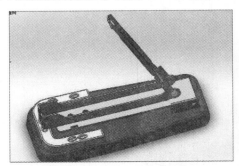

图12-155 为零件yp和dc添加同心配合

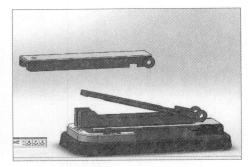

图12-156 插入零件dg

Step 17 继续在【配合选择】选项区域中选择yp和dg的右视基准面，在【标准配合】选项区域中选择【重合】选项，之后单击绘图区右上角的 ✔ 按钮，如图12-157所示。

Step 18 继续在【配合选择】选项区域中选择yp和dg的销孔，在【标准配合】选项区域中选择【同心】选项，之后单击 ✔ 按钮，如图12-158所示。然后将零件调整到合适的角度。

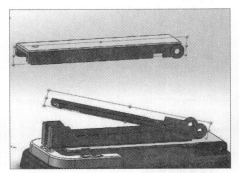

图12-157 给零件yp和dg添加同心配合

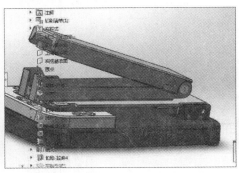

图12-158 给零件yp和dc添加同心配合

Step 19 单击【装配体】工具栏上的【插入零部件】按钮，然后在绘图区左侧的控制区再次单击【浏览】按钮，把零件thp.SLDPRT放置到绘图区，如图12-159所示。

Step 20 继续在【配合选择】选项区域中选择thp和dg的右视基准面，在【标准配合】选项区域中选择【重合】选项，之后单击✔按钮，如图12-160所示。

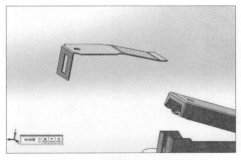

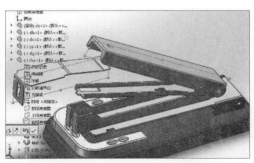

图12-159　将零件thp插入装配体　　　　图12-160　将两零件的右视基准面重合

Step 21 继续在【配合选择】选项区域中选择thp和dg的圆孔，在【标准配合】选项区域中选择【同轴心】选项，之后单击绘图区右上角的✔按钮，如图12-161所示。

Step 22 继续在【配合选择】选项区域中选择thp和dg的上表面和下表面，在【标准配合】选项区域中选择【重合】选项，之后单击绘图区右上角的✔按钮，如图12-162所示。

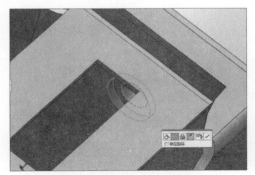

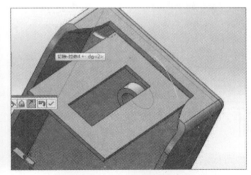

图12-161　设置两个零件的圆孔同心　　　　图12-162　将两零件表面重合

Step 23 继续在【配合选择】选项区域中选择thp和dg的方孔内边线和下表面，在【标准配合】选项区域中选择【重合】选项，之后单击绘图区右上角的✔按钮，如图12-163所示.

Step 24 单击【装配体】工具栏上的【插入零部件】按钮，然后在绘图区左侧的控制区再次单击【浏览】按钮，将tk.SLDPRT装配体文件放置到绘图区，如图12-164所示。

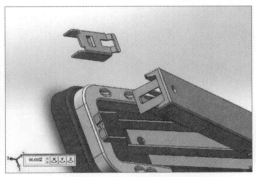

图12-163　设置重合　　　　图12-164　插入零件tk

Step 25 在【配合选择】选项区域中选择零件tk和dc的右视基准面，在【标准配合】选项区域中选择【重合】选项，之后单击绘图区右上角的 ✔ 按钮，如图12-165所示。

Step 26 继续在【配合选择】选项区域中选择tk和dc的下表面和上表面，在【标准配合】选项区域中选择【重合】选项，调整到合适的位置，之后单击绘图区右上角的 ✔ 按钮，如图12-166所示。

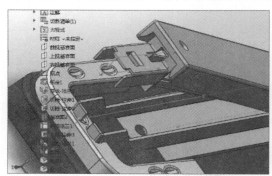
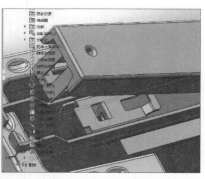

图12-165 将零件tk和dc的右视基准面重合　　　　图12-166 将零件tk和dc的下表面和上表面重合

Step 27 继续在【配合选择】选项区域中选择db和上视基准面，在【标准配合】选项区域中选择【角度】选项，设置角度值为3度，之后单击绘图区右上角的 ✔ 按钮，如图12-167所示。

Step 28 单击【装配体】工具栏上的【插入零部件】按钮，然后在绘图区左侧的控制区再次单击【浏览】按钮，将hg.SLDPRT装配体文件放置到绘图区，如图12-168所示。

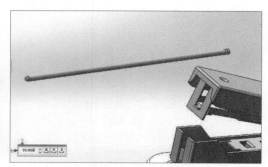

图12-167 将db和上视基准面配合　　　　　　　图12-168 插入hg零件

Step 29 在【配合选择】选项区域中选择hg和dc的粗圆柱顶面和内方片的内面，在【标准配合】选项区域中选择【重合】选项，之后单击绘图区右上角的 ✔ 按钮，如图12-169所示。

Step 30 在【配合选择】选项区域中选择hg和dc的细圆外圆面和内方片的圆内面，在【标准配合】选项区域中选择【同心】选项，之后单击绘图区右上角的 ✔ 按钮，如图12-170所示。

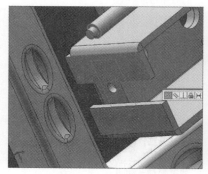
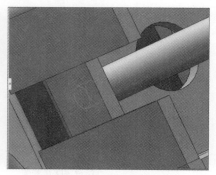

图12-169 设置重合　　　　　　　　　　　图12-170 设置圆内面同心

Step 31 单击【装配体】工具栏上的【插入零部件】按钮，在控制区再次单击【浏览】按钮，将sld.SLDPRT装配体文件放置到绘图区，如图12-171所示。

Step 32 在【配合选择】选项区域中选择sld和dg的右视基准面，在【标准配合】选项区域中选择【重合】选项，之后单击绘图区右上角的 ✔ 按钮，如图12-172所示。

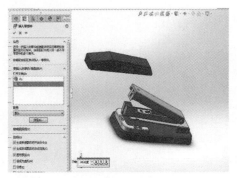

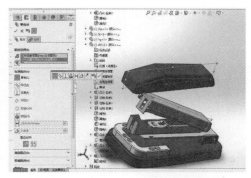

图12-171　选择插入sld零件　　　　　　　图12-172　选择sld和dg的右视基准面重合

Step 33 继续在【配合选择】选项区域中选择sld和dg的内盖前端面和前端面，在【标准配合】选项区域中选择【重合】选项，之后单击绘图区右上角的 ✔ 按钮，如图12-173所示。

Step 34 继续在【配合选择】选项区域中选择sld和dg的加强筋下侧面和上表面，在【标准配合】选项区域中选择【重合】选项，之后单击绘图区右上角的 ✔ 按钮，如图12-174所示。

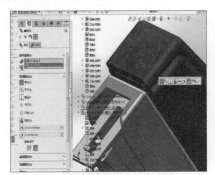

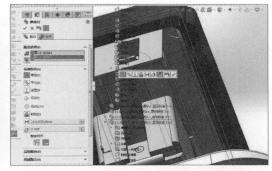

图12-173　重合操作　　　　　　　图12-174　将sld和dg的加强筋下侧面和上表面重合

Step 35 单击【装配体】工具栏上的【插入零部件】按钮，在控制区再次单击【浏览】按钮，将zz1.SLDPRT装配体文件放置到绘图区，如图12-175所示。

Step 36 在【配合选择】选项区域中选择zz1和sld的右视基准面，在【标准配合】选项区域中选择【重合】选项，之后单击绘图区右上角的 ✔ 按钮，如图12-176所示。

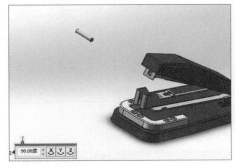

图12-175　插入zz1零件　　　　　　　图12-176　将zz1和sld的右视基准面重合

Step 37 在【配合选择】选项区域中选择zz1和dc的外径和销孔内径，在【标准配合】选项区域中选择【同心】选项，之后单击绘图区右上角的 ✔ 按钮，如图12-177所示。

Step 38 单击【装配体】工具栏上的【插入零部件】按钮，然后在控制区再次单击【浏览】按钮，将zz2.SLDPRT装配体文件放置到绘图区，如图12-178所示。

图12-177 选择zz1和dc的外径和销孔内径同心

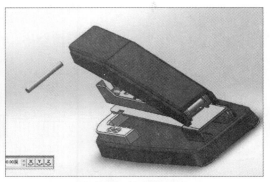
图12-178 插入zz2零件

Step 39 在【配合选择】选项区域中选择zz2和装配体视图的右视基准面，在【标准配合】选项区域中选择【重合】选项，之后单击绘图区右上角的 ✔ 按钮，如图12-179所示。

Step 40 在【配合选择】选项区域中选择zz2和d的外径和销孔内径，在【标准配合】选项区域中选择【同心】选项，之后单击绘图区右上角的 ✔ 按钮，如图12-180所示。

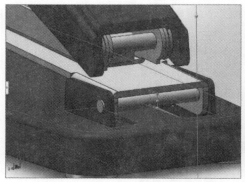
图12-179 选择ZZ2和装配体的右视基准面重合

图12-180 选择zz2和db的外径和销孔内径同心

Step 41 完成操作后查看最终效果并保存文件，如图12-181所示。

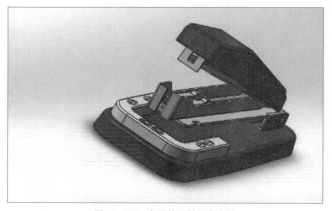
图12-181 查看效果并保存文件

12.4 制作发动机装配图

SolidWorks装配模块是将零部件装配成一个最终的产品模型，是一种虚拟装配，不仅能快速组合零部件成为产品，而且可以参照其他部件进行部件关联设计。通常有自底向上和自顶向下两种设计方法。本节以一种改装发动机作为装配实例，在装配各种零部件过程中，详细介绍各个装配命令的使用，具体步骤如下。

Step 01 执行【文件>新建】命令，打开【新建SolidWorks文件】对话框，选择assem选项，单击【确定】按钮，建立装配体文档，如图12-182所示。

Step 02 单击左侧控制区【浏览】按钮，在弹出的浏览窗口中的柴油机发动机文件夹中选择文件名为【壳体】的文件，单击绘图区左上角的 ✔ 按钮，完成零部件的导入，如图12-183所示。

图12-182 新建装配体

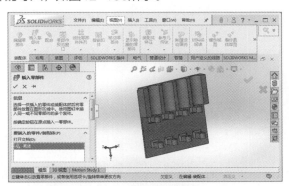

图12-183 导入壳体文件

Step 03 选择【装配体】常用工具栏中【插入零部件】命令，在弹出的窗口中选择【气缸盖】零件体，单击绘图区左上角的 ✔ 按钮，完成零部件的导入，如图12-184所示。

Step 04 单击【装配体】常用工具栏中【移动零部件】下三角按钮，在列表中选择【旋转零部件】选项，单击插入的气缸盖零部件，旋转零部件180度，如图12-185所示。

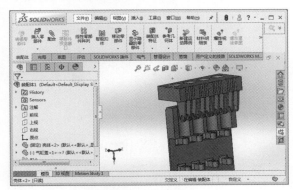

图12-184 导入零部件

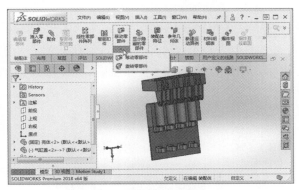

图12-185 旋转气缸盖零部件

Step 05 当旋转零部件时出现两个零部件重合在一起的情况，则选择【装配体】常用工具栏中【移动零部件】命令，选择【气缸盖】零部件，向上移动一定的距离，以便后续装配方便，如图12-186所示。

Step 06 选择【装配体】常用工具栏中【配合】命令，选择【气缸盖】零部件下表面，选择【壳体】零部件上表面，可见在左侧控制区出现所选平面。在【标准配合】选项区域中选择【重合】约束，单击绘图区左上角的 ✔ 按钮，完成约束创建，如图12-187所示。

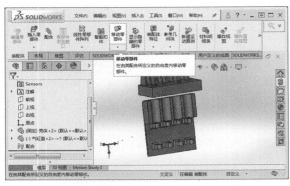

图12-186　移动零部件

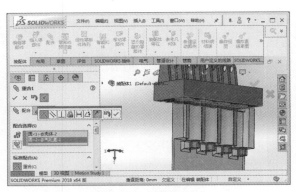

图12-187　创建重合约束

Step 07 选择【壳体】零部件筒体的圆柱面，然后单击选择【气缸盖】下侧球面，在左侧控制区选择【同轴心】约束，单击绘图区左上角的 ✔ 按钮，完成约束创建，如图12-188所示。

Step 08 用相同的方法对另一个筒体圆柱面和球面也做相同的约束操作，效果如图12-189所示。

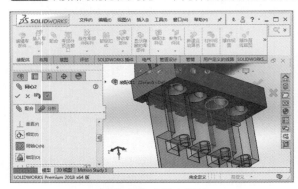

图12-188　同轴心约束

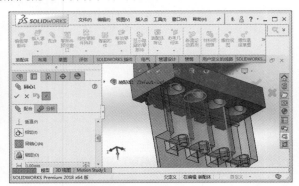

图12-189　同轴心约束

Step 09 选择【插入零部件】命令，在弹出的窗口中选择【活塞缸】零部件，利用【移动零部件】和【旋转零部件】命令将【活塞缸】零件体旋转移动到合适的位置和姿态，如图12-190所示。

Step 10 选择【配合】命令，在左侧控制区选择活塞缸圆柱面和壳体圆柱面，在控制区下面选项中选择【同轴心】，单击绘图区左上角的 ✔ 按钮，完成约束创建，如图12-191所示（此处约束是不完全的，因为后续需要与其他零部件配合约束，所以不做完全约束处理）。

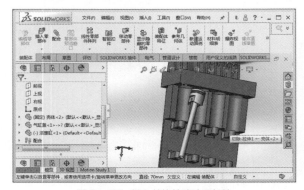

图12-190　插入并旋转移动零部件

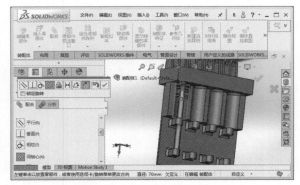

图12-191　活塞缸约束设置

Step 11 重复Step 10插入其他三个【活塞缸】零部件，做同样的约束处理，完成后的装配体如图12-192所示。

Step 12 选择【插入零部件】命令，在弹出的窗口中选择【气门阀】零部件，完成零部件的导入，如图12-193所示。

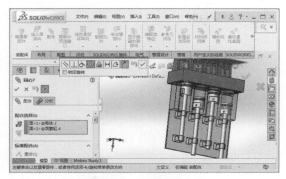

图12-192 完成活塞缸约束

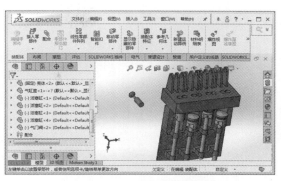

图12-193 插入【气门阀】零部件

Step 13 单击选择【配合】命令，在左侧控制区选择气门阀圆柱面和气缸盖圆孔面，在控制区下面选项中选择【同轴心】约束，单击绘图区左上角的 ✓ 按钮，完成约束创建，如图12-194所示。

Step 14 根据相同的方法对其他7个气门阀进行约束设置，完成后的图形如图12-195所示。

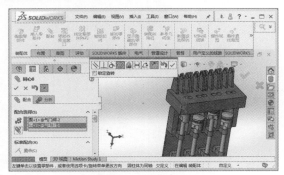

图12-194 气门阀约束设置

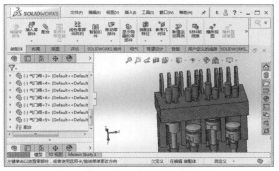

图12-195 完成气门阀装配

Step 15 选择【插入零部件】命令，在弹出的窗口中选择【顶杆头】零部件，利用【移动零部件】和【旋转零部件】命令，将【顶杆头】零件体旋转移动到合适的位置和姿态，如图12-196所示。

Step 16 选择【配合】命令，在左侧控制区选择顶杆头侧面和气缸盖内侧面，在控制区下面在【距离】数值框中输入2.5mm，单击绘图区左上角的 ✓ 按钮，完成约束创建，如图12-197所示。

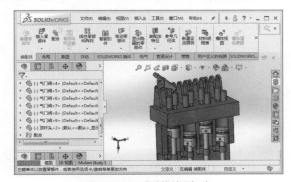

图12-196 移动旋转顶杆头

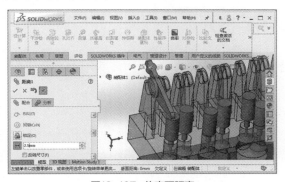

图12-197 约束面距离

Step 17 再次选择【配合】命令，在左侧控制区选择顶杆头内孔圆柱面和气缸盖内孔圆柱面，在控制区下面选择【同轴心】约束，单击绘图区左上角的 ✓ 按钮，完成约束创建，如图12-198所示。

Step 18 转动顶杆头到合适的位置，选择【配合】命令，在左侧控制区选择顶杆头前端曲面和顶杆头平面，在控制区下面选择【相切】配合方式，如图12-199所示。

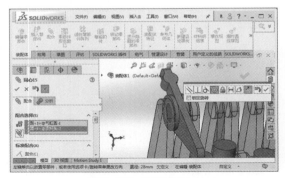

图12-198 约束面同轴心

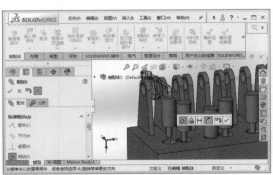

图12-199 约束面相切

Step 19 根据相同的方法完成其他7个顶杆头的约束设置，完成后的图形如图12-200所示。

Step 20 选择【插入零部件】命令，在弹出的窗口中选择【凸轮箱体1】零部件，利用【移动零部件】和【旋转零部件】命令将【凸轮箱体1】零件体旋转移动到合适的位置和姿态，如图12-201所示。

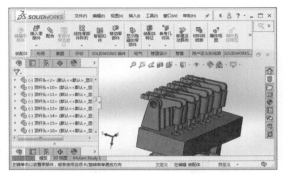

图12-200 完成顶杆头装配

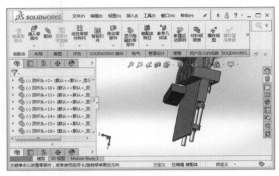

图12-201 旋转移动凸轮箱体1

Step 21 选择【配合】命令，在左侧控制区选择凸轮箱体1下表面和壳体下表面，在控制区的【距离】数值框中输入200mm，单击绘图区左上角的 ✔ 按钮，完成约束创建，如图12-202所示。

Step 22 再次选择【配合】命令，在左侧控制区选择凸轮箱体1内侧面和壳体侧面，在控制区选择【重合】约束，单击绘图区左上角的 ✔ 按钮，完成约束创建，如图12-203所示。

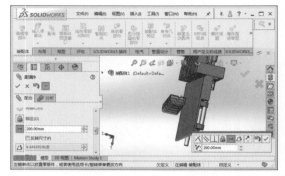

图12-202 凸轮箱体1下底面约束

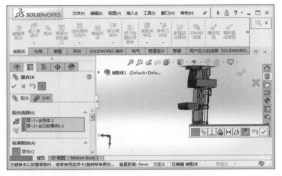

图12-203 凸轮箱体1内侧面约束

Step 23 再次选择【配合】命令，在左侧控制区选择凸轮箱体1侧面和壳体侧边面，在控制区选择【重合】约束，单击绘图区左上角的 ✔ 按钮，完成约束创建，如图12-204所示。

Step 24 选择【插入零部件】命令，在弹出的窗口中选择【凸轮】零部件，利用【移动零部件】和【旋转零部件】命令将【凸轮】零件体旋转移动到合适的位置和姿态，如图12-205所示。

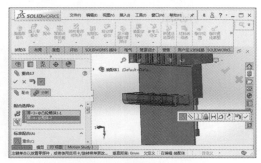
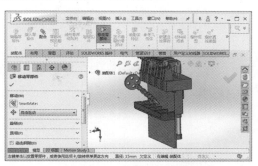

图12-204 凸轮箱体1侧边面约束　　　　图12-205 旋转移动凸轮零部件

Step 25 选择【配合】命令，在左侧控制区选择凸轮轴线圆柱面和凸轮箱体1半圆凹槽面在控制区下面选择【同轴心】约束，单击绘图区左上角的 ✔ 按钮，完成约束创建，如图12-206所示。

Step 26 再次选择【配合】命令，在左侧控制区选择凸轮轴线圆柱侧面和凸轮箱体1侧面在控制区【距离】数值框输入23mm，单击绘图区左上角的 ✔ 按钮，完成约束创建，如图12-207所示。

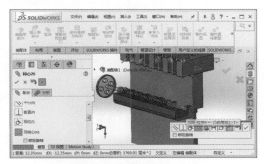
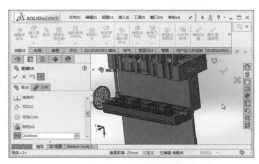

图12-206 圆柱面同轴心约束　　　　　图12-207 侧面距离约束

Step 27 选择【插入零部件】命令，在弹出的窗口中选择【推杆】零部件，利用【移动零部件】和【旋转零部件】命令将【推杆】零件体旋转移动到合适的位置和姿态，如图12-208所示。

Step 28 选择【配合】命令，在左侧控制区选择推杆顶端球面和顶杆头凹球面在控制区下面选择【同轴心】约束，目的是让推杆和顶杆头一直处于相合阶段，单击绘图区左上角的 ✔ 按钮，完成约束创建，如图12-209所示。

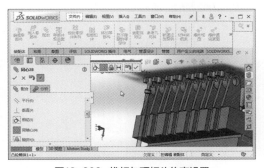

图12-208 旋转移动推杆　　　　　　图12-209 推杆与顶杆头约束设置

Step 29 选择【配合】命令，在左侧控制区选择推杆顶端圆柱面和活塞杆圆柱面在控制区下面选择【平行】约束，目的是使推杆一直保持竖直状态，单击左上角 ✔ 按钮，完成约束创建，如图12-210所示。

Step 30 选择【配合】命令，在左侧控制区选择推杆顶端面和凸轮面在控制区下面选择【相切】约束，单击绘图区左上角的 ✔ 按钮，完成约束创建，如图12-211所示。

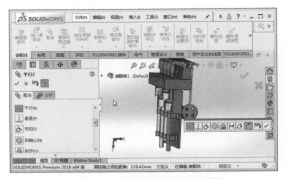
图12-210 推杆与活塞杆约束设置

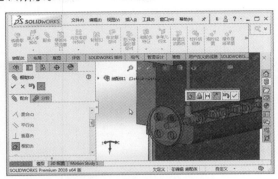
图12-211 推杆与凸轮约束设置

Step 31 根据相同的方法完成剩余7根推杆的约束创建，如图12-212所示。

Step 32 单击【特征】常用工具栏中【参考几何体】下三角按钮，在列表中选择【基准面】选项，如图12-213所示。

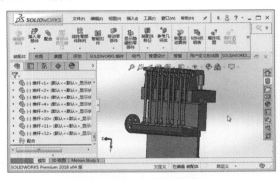
图12-212 完成推杆约束

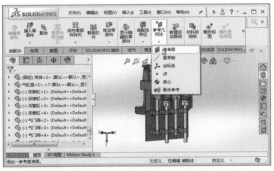
图12-213 选择【基准面】选项

Step 33 选择【壳体】的侧面，在左侧控制区【距离】数值框中输入208.42mm，单击绘图区左上角的 ✔ 按钮，创建基准面，如图12-214所示。

Step 34 然后选择【壳体】的下底面，在左侧控制区【距离】数值框中输入13.1mm，单击绘图区左上角的 ✔ 按钮，创建基准面，如图12-215所示。

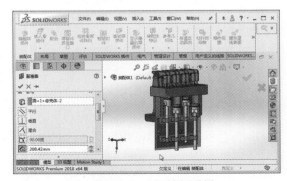
图12-214 侧面基准面创建

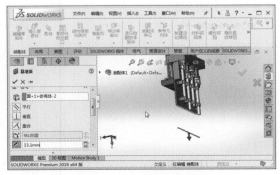
图12-215 底面基准面创建

Step 35 在【视图】菜单栏中选择【隐藏/显示（H）】子菜单中的【基准面】和【基准轴】命令，显示基准面和基准轴，如图12-216所示。

Step 36 单击【特征】常用工具栏中【参考几何体】下三角按钮，在列表中选择【基准轴】选项，如图12-217所示。

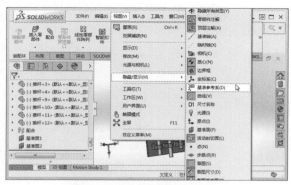

图12-216 显示基准面与基准轴

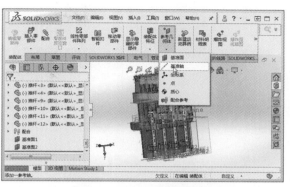

图12-217 选择【基准轴】选项

Step 37 选择建立的基准面1和基准面2，在左侧控制区选择【两平面】选项，单击绘图区左上角的 ✔ 按钮，创建基准轴，如图12-218所示。

Step 38 选择【插入零部件】命令，在弹出的窗口中选择【发动机曲轴】零部件，利用【移动零部件】和【旋转零部件】命令将【发动机曲轴】零件体旋转移动到合适的位置和姿态，如图12-219所示。

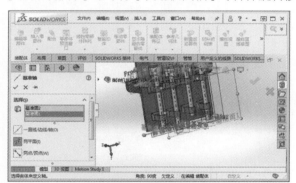

图12-218 创建基准轴

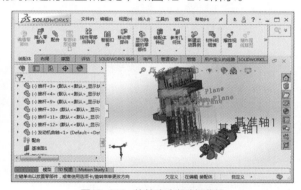

图12-219 旋转移动发动机曲轴

Step 39 选择【配合】命令，在左侧控制区选择发动机曲轴圆柱面和建立的基准轴1在控制区下面选择【同轴心】约束，单击绘图区左上角的 ✔ 按钮，完成约束创建，如图12-220所示。

Step 40 选择【插入零部件】命令，弹出的窗口中选择【曲柄连杆】零部件，利用【移动零部件】和【旋转零部件】命令，将【曲柄连杆】零件体旋转移动到合适的位置和姿态，如图12-221所示。

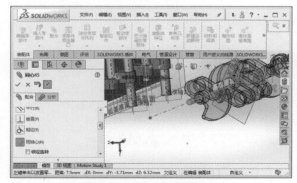

图12-220 发动机曲轴与基准轴约束

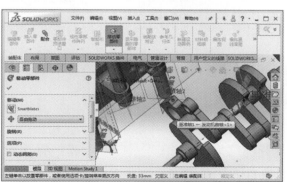

图12-221 旋转移动曲柄连杆

Step 41 选择【配合】命令，在左侧控制区选择发动机曲轴圆柱面和曲柄连杆孔圆柱面控制区选择【同轴心】约束，单击绘图区左上角的 ✓ 按钮，完成约束创建，如图12-222所示。

Step 42 单击选择【配合】命令，在左侧控制区选择发动机曲轴侧面和曲柄连杆侧面控制区【距离】数值框中输入6mm，单击绘图区左上角的 ✓ 按钮，完成约束创建，如图12-223所示。

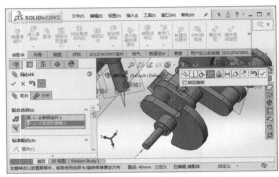

图12-222 圆柱面约束

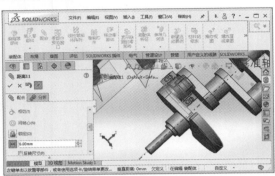

图12-223 距离约束

Step 43 选择【插入零部件】命令，在弹出的窗口中选择【连杆】零部件，利用【移动零部件】和【旋转零部件】命令，将【连杆】零件体旋转移动到合适的位置和姿态，如图12-224所示。

Step 44 选择【配合】命令，在左侧控制区选择曲柄连杆圆柱面和连杆圆柱面，在控制区选择【同轴心】约束，单击绘图区左上角的 ✓ 按钮，完成约束创建，如图12-225所示。

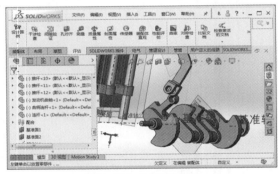

图12-224 旋转移动连杆

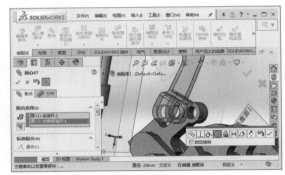

图12-225 圆柱面约束

Step 45 在左侧控制区选择活塞杆圆柱面和连杆圆柱面，在控制区中选择【同轴心】约束，单击绘图区左上角的 ✓ 按钮，完成约束创建，如图12-226所示。

Step 46 根据相同的方法定义其他3个曲柄连杆和连杆，效果如图12-227所示。

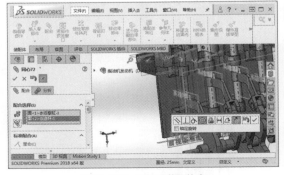

图12-226 圆柱面装配约束

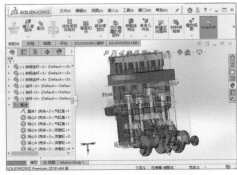

图12-227 完成其他零部件装配设置

Step 47 在【视图】菜单栏中选择【隐藏/显示（H）】子菜单中的【基准面】和【基准轴】，隐藏基准面和基准轴，隐藏基准面和基准轴后的三维图如图12-228所示。

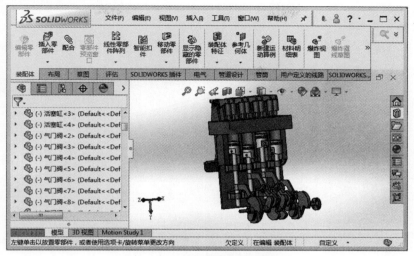

图12-228　隐藏基准面基准轴后图形

12.5　绘制电脑机箱电源盒

　　下面将介绍电脑机箱电源盒的绘制过程，将用到的SolidWorks功能包括草图绘制，钣金功能中的基体法兰、边线法兰、褶边、转折、绘制的折弯以及成型工具功能，具体操作步骤如下。

Step 01 执行【文件>新建】命令，在打开的【新建SolidWorks文件】对话框中新建一个零件文件，如图12-229所示。

Step 02 单击【草图绘制】按钮，选择【上视基准面】，执行【边角矩形】命令，绘制草图1，效果如图12-230所示。

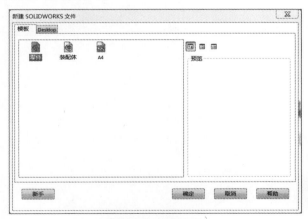

图12-229　新建文件

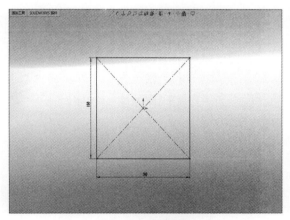
图12-230　绘制矩形

Step 03 在【钣金】选项中选择【基体法兰】命令，选择草图1，【厚度】参数中输入0.5mm，【K因子】参数中输入0.35，如图12-231所示。

Step 04 在【钣金】选项中选择【边线法兰】命令，选择边线1、边线2，在【法兰长度】参数中输入95mm，在【法兰位置】参数中选择【折弯在内】，如图12-232所示。

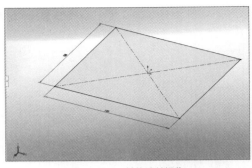

图12-231　基体法兰操作

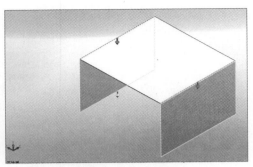

图12-232　边线法兰操作

Step 05 单击【草图绘制】按钮，选择基体法兰1的上表面，执行【直线】【点】命令，绘制草图4，如图12-233所示。

Step 06 接下来绘制钣金原件-面状成型模具。新建SolidWorks文件，执行【文件>新建】命令，在打开的【新建SolidWorks文件】对话框中新建一个零件文件，如图12-234所示。

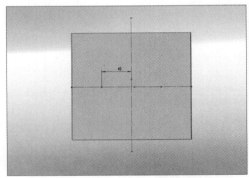

图12-233　绘制草图

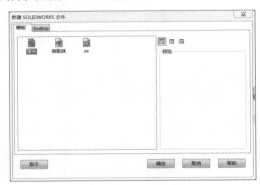

图12-234　新建文件

Step 07 单击【草图绘制】按钮，选择【上视基准面】，执行【边角矩形】命令，绘制草图1，如图12-235所示。

Step 08 在【特征】工具栏中选择【凸台拉伸】命令，选择草图1，在【深度】参数中输入10mm，注意拉伸方向，得到凸台拉伸1，如图12-236所示。

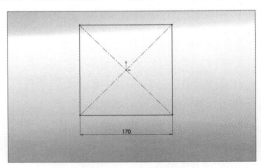

图12-235　绘制矩形

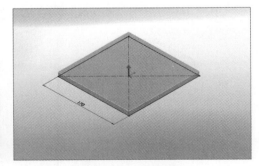

图12-236　凸台拉伸

Step 09 单击【草图绘制】按钮，选择凸台拉伸1的上表面，执行【边角矩形】命令，绘制草图2，如图12-237所示。

Step 10 在【特征】工具栏中选择【凸台拉伸】命令，选择草图2，在【深度】参数中输入1.6mm，注意拉伸方向，勾选【合并结果】复选框，得到凸台拉伸2，如图12-238所示。

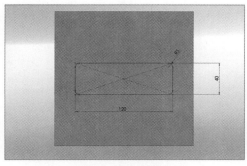

图12-237 绘制矩形

图12-238 凸台拉伸

Step 11 在【特征】工具栏中选择【圆角】命令，选择凸台拉伸2与凸台拉伸1的接触面边线，在【半径】参数中输入2.0mm，得到圆角1，如图12-239所示。

Step 12 在【特征】工具栏中选择【圆角】命令，选择凸台拉伸2上表面边线，在【半径】参数中输入1.0mm，得到圆角2，如图12-240所示。

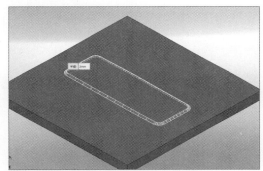

图12-239 圆角操作

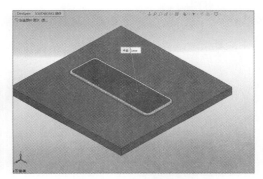

图12-240 圆角操作

Step 13 单击【草图绘制】按钮，选择凸台拉伸1的侧面，执行【转化实体引用】命令，绘制草图3，如图12-241所示。

Step 14 在【特征】工具栏中选择【拉伸切除】命令，在【方向】选项区域中选择【完全贯穿】，在【所选轮廓】选项中选择草图3，如图12-242所示。

图12-241 转化实体引用

图12-242 拉伸切除

Step 15 在【钣金】工具栏中选择【成型工具】命令，在【停止面】选项区域中选择实体的下表面，得到钣金原件-面状成型工具，如图12-243示。

Step 16 钣金原件-面状成型工具效果，如图12-244所示。

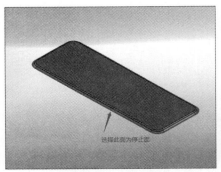

图12-243 成型工具

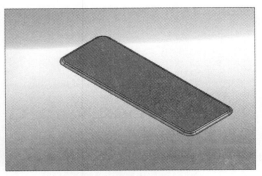

图12-244 查看效果

Step 17 接下来绘制钣金原件-条状成型模具。新建SolidWorks文件，执行【文件>新建】命令，在打开的【新建SolidWorks文件】对话框中新建一个零件文件，如图12-245所示。

Step 18 单击【草图绘制】按钮，选择【上视基准面】，执行【边角矩形】命令，绘制草图1，如图12-246所示。

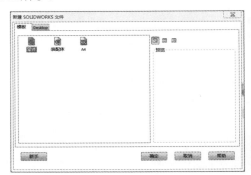

图12-245 新建模具

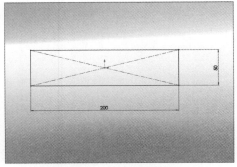

图12-246 绘制矩形

Step 19 在【特征】工具栏中选择【凸台拉伸】命令，选择草图1，在【深度】参数中输入10mm，注意拉伸方向，得到凸台拉伸1，如图12-247所示。

Step 20 单击【草图绘制】按钮，选择凸台拉伸1的上表面，执行【直槽口】命令，绘制草图2，如图12-248所示。

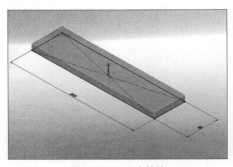

图12-247 凸台拉伸

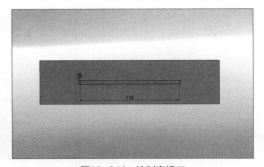

图12-248 绘制直槽口

Step 21 在【特征】工具栏中选择【凸台拉伸】命令，选择草图2，在【深度】参数中输入2mm，注意拉伸方向，勾选【合并结果】复选框，得到凸台拉伸2，如图12-249所示。

Step 22 在【特征】工具栏中选择【圆角】命令，选择凸台拉伸2与凸台拉伸1的接触面边线，在【半径】参数中输入1.25mm，得到圆角1，如图12-250所示。

图12-249　凸台拉伸

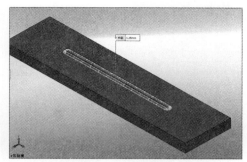

图12-250　圆角操作

Step 23 在【特征】工具栏中选择【圆角】命令，选择凸台拉伸2上表面边线，在【半径】参数中输入0.75mm，得到圆角2，如图12-251所示。

Step 24 单击【草图绘制】按钮，选择凸台拉伸1的如图一面，执行【转化实体引用】命令，绘制草图3，如图12-252所示。

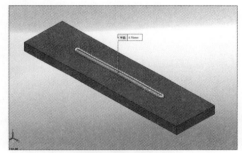

图12-251　圆角操作

图12-252　转化为实体引用

Step 25 在【特征】工具栏中选择【拉伸切除】命令，在【方向】选项中选择【完全贯穿】，在【所选轮廓】选项中选择草图3，如图12-253所示。

Step 26 在【钣金】工具栏中选择【成型工具】命令，在【停止面】选项中选择实体的下表面，在【要移除的面】选项中选择实体的上表面，得到钣金原件-条状成型工具，如图12-254所示。

图12-253　拉伸切除

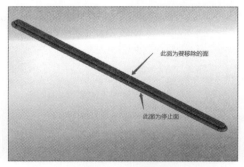

图12-254　成型工具

Step 27 钣金原件-条状成型工具效果，如图12-255所示。

Step 28 把制作好的成型模具导入【设计库】的成型模具中。桌面新建【电源盒成型模具】文件夹，把制作好的成型模具保存在【电源盒成型模具】文件夹，单击SolidWorks界面右侧【设计库】，单击选择【Design Library】，右键【forming tools】选择【添加现有文件夹】，单击【确定】添加文件夹，如图12-256所示。

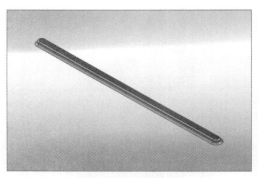

图12-255　查看效果

图12-256　添加模具

Step 29 单击打开设计库的【电源盒成型模具】文件夹，拖动面状成型模具，放置在下图钣金表面，如图12-257所示。

Step 30 选择【成型工具特征】的【位置】选项，移动面状的原点使其与草图4的点相重合，得到钣金原件-面状1成型效果，如图12-258所示。

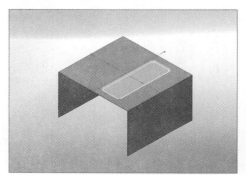

图12-257　放置面状成型模具

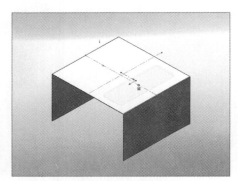

图12-258　移动模具

Step 31 重复上一步，效果如图12-259所示。

Step 32 单击【草图绘制】按钮，选择成型效果的上表面，执行【直线】【圆角】命令，绘制草图9，如图12-260所示。

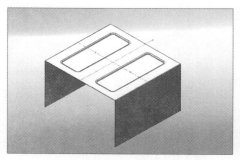

图12-259　放置面状成型模具

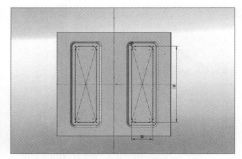

图12-260　绘制草图

Step 33 在【特征】工具栏中选择【拉伸切除】命令，在【方向】选项区域中选择【给定深度】，勾选【与厚度相等】复选框，在【所选轮廓】选项中选择草图9，如图12-261所示。

Step 34 单击打开设计库的【电源盒成型模具】文件夹，拖动条状成型模具，放置在下图钣金表面，选择【成型工具特征】的【位置】选项，移动面状的原点使其与草图4的点相重合，得到钣金原件-条状1成型效果，如图12-262所示。

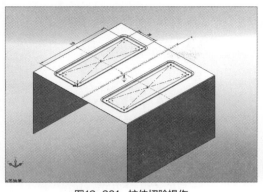

图12-261 拉伸切除操作

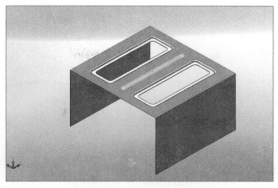

图12-262 置入条状成型模具

Step 35 由于条状成型添加了【要移除的面】，造型中间直接由成型模具直接切除，如图12-263所示。

Step 36 用同样方法制作左右边线法兰的造型，如图12-264所示。

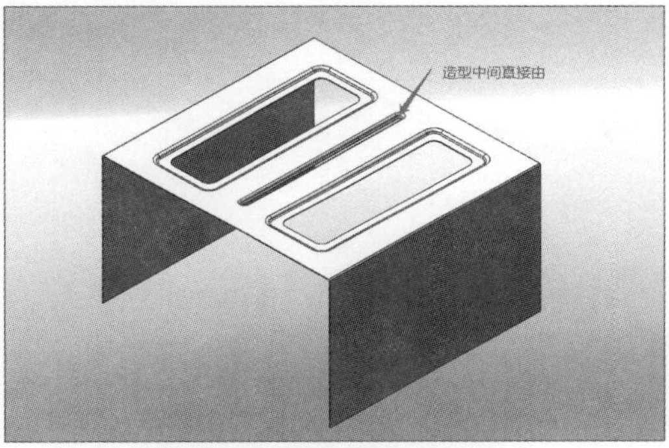

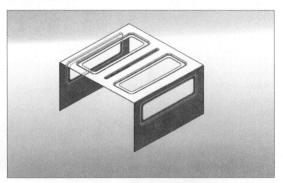

图12-263 查看效果

图12-264 制作左右边线法兰

Step 37 在【钣金】工具栏中选择【边线法兰】命令，选择图12-265边所示的边线1、边线2，在【法兰长度】参数中输入5mm，在【法兰位置】参数中选择【折弯在内】，注意法兰方向。

Step 38 在【钣金】工具栏中选择【边线法兰】命令，选择图12-266所示的边线1、边线2，在【法兰长度】参数中输入5mm，在【法兰位置】参数中选择【折弯在内】，注意法兰方向。

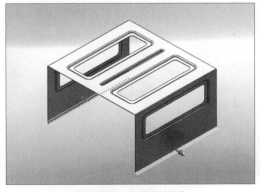

图12-265 边线法兰操作

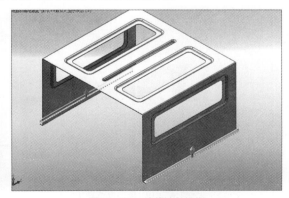

图12-266 边线法兰操作

Step 39 在【钣金】工具栏中选择【边线法兰】命令，选择图12-267所示边线1、边线2，在【法兰长度】参数中输入2mm，在【法兰位置】参数中选择【折弯在内】，注意法兰方向。

Step 40 单击【草图绘制】按钮，选择侧边法兰的面，执行【直线】命令，绘制草图37，如图12-268所示。

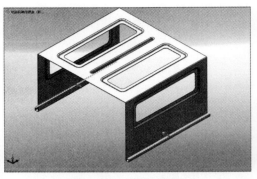

图12-267 边线法兰操作

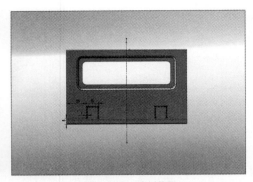

图12-268 绘制草图

Step 41 在【特征】工具栏中选择【拉伸切除】命令，在【方向】选项中选择【完全贯穿–两者】，在【所选轮廓】选项中选择草图37，如图12-269所示。

Step 42 在【钣金】选项中选择【绘制的折弯】命令，选择法兰里面为面，执行【直线】命令，绘制草图38，如图12-270所示。

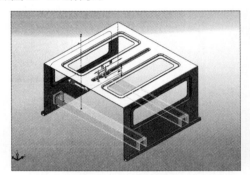

图12-269 绘制草图

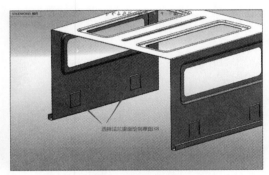

图12-270 绘制草图

Step 43 退出草图，选择图12-271所示面为【固定面】，在【折弯位置】选项中选择【折弯在外】，得到绘制的折弯1。

Step 44 在【钣金】工具栏中选择【绘制的折弯】命令，选择法兰表面为面，执行【直线】命令，绘制草图39，如图12-272所示。

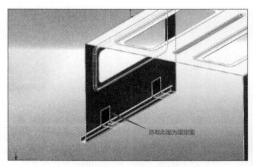

图12-271 绘制折弯

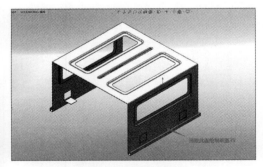

图12-272 绘制草图

Step 45 退出草图，选择下左图所示的面为【固定面】，在【折弯位置】选项中选择【折弯在外】，得到绘制的折弯2，如图12-273所示。

Step 46 在【特征】工具栏中选择【圆角】命令，选择如图12-274所示要圆角化的边线，在圆角【半径】参数中输入2mm。

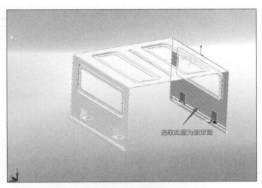

图12-273 绘制折弯

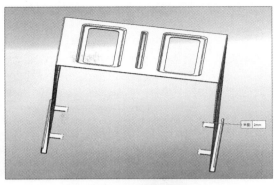

图12-274 圆角操作

Step 47 单击【草图绘制】按钮，选择基体法兰的上表面，执行【边角矩形】命令，绘制草图40，如图12-275所示。

Step 48 在【钣金】工具栏中选择【基体法兰】命令，选择草图40，勾选【合并结果】复选框，如图12-276所示。

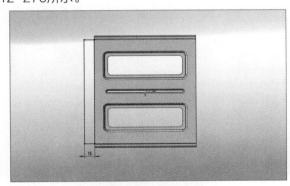

图12-275 绘制草图

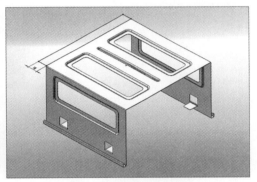

图12-276 基体法兰操作

Step 49 在【钣金】工具栏中选择【边线法兰】命令，选择边线1，在【法兰长度】参数中输入140mm，在【法兰位置】选项区域中单击【材料在外】按钮，注意法兰方向，如图12-277所示。

Step 50 单击【草图绘制】按钮，选择基体法兰的表面，执行【直线】【边角矩形】命令，绘制草图46，如图12-278所示。

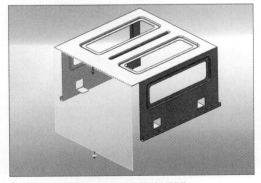

图12-277 边线法兰操作

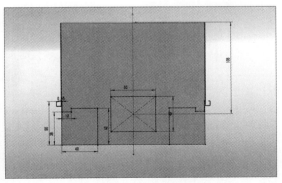

图12-278 绘制草图

Step 51 在【特征】工具栏中选择【拉伸切除】命令，在【方向】选项中选择【给定深度】，勾选【与厚度相等】复选框，在【所选轮廓】选项中选择草图46的三个轮廓，如图12-279所示。

Step 52 在【钣金】选项中选择【绘制的折弯】命令，选择法兰表面为面，执行【直线】命令，绘制草图47，如图12-280所示。

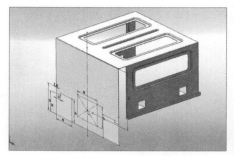

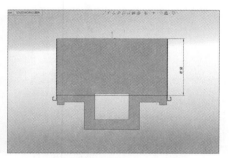

图12-279 拉伸切除　　　　　　　　　　　图12-280 绘制草图

Step 53 退出草图，选择图12-281所示面为【固定面】，在【折弯位置】选项中选择【折弯在外】，得到绘制的折弯3，注意折弯方向。

Step 54 单击【草图绘制】按钮，选择边线法兰的表面，执行【边角矩形】命令，绘制草图48，如图12-282所示。

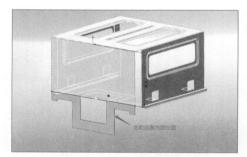

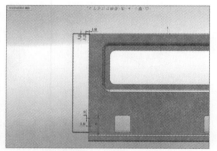

图12-281 绘制折弯　　　　　　　　　　　图12-282 绘制矩形

Step 55 在【特征】工具栏中选择【拉伸切除】命令，在【方向】选项中选择【完全贯穿-两者】，在【所选轮廓】选项中选择草图48，如图12-283所示。

Step 56 单击【草图绘制】按钮，选择边线法兰的表面，执行【边角矩形】命令，绘制草图49，如图12-284所示。

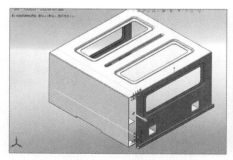

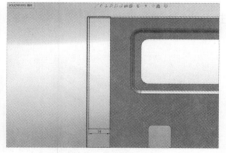

图12-283 拉伸切除　　　　　　　　　　　图12-284 绘制矩形

Step 57 在【钣金】工具栏中选择【基体法兰】命令，选择草图49，勾选【合并结果】复选框，如图12-285所示。

Step 58 单击【草图绘制】按钮，选择边线法兰的表面，执行【直线】命令，绘制草图50，如图12-286所示。

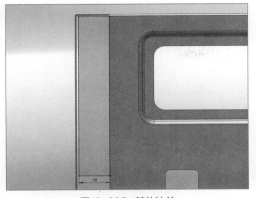

图12-285 基体法兰

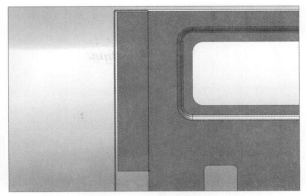

图12-286 绘制直线

Step 59 在【钣金】工具栏中选择【转折】命令，选择如图12-287所示法兰表面为【固定面】，【折弯半径】为0.1mm，在【方向】选项中选择【给定深度】，【等距距离】为0.1mm，在【尺寸位置】选项中选择【内部等距】，勾选【固定投影长度】复选框，在【转折位置】选项中选择【折弯中心线】。

Step 60 单击【草图绘制】按钮，选择边线法兰的表面，执行【边角矩形】命令，绘制草图51，如图12-288所示。

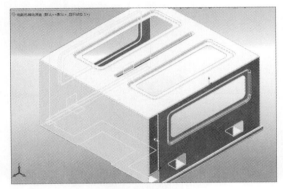

图12-287 转折

图12-288 绘制直线

Step 61 在【特征】工具栏中选择【拉伸切除】命令，在【方向】选项中选择【完全贯穿-两者】，在【所选轮廓】选项中选择草图51，如图12-289所示。

Step 62 单击【草图绘制】按钮，选择边线法兰的表面，执行【边角矩形】命令，绘制草图52，如图2-290所示。

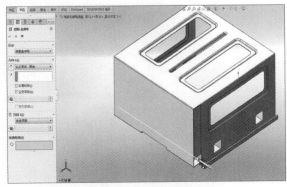

图12-289 拉伸切除操作

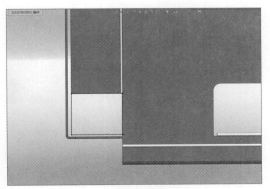

图12-290 绘制矩形

Step 63 在【钣金】工具栏中选择【基体法兰】命令，选择草图52，勾选【合并结果】复选框，如图12-291所示。

Step 64 单击【草图绘制】按钮，选择边线法兰的表面，执行【直线】命令，绘制草图53，如图12-292所示。

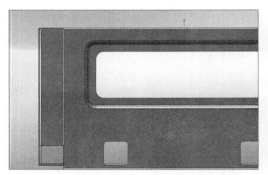

图12-291 基体法兰操作

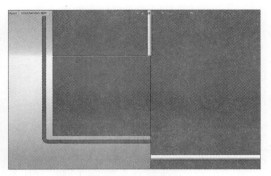

图12-292 绘制直线

Step 65 在【钣金】工具栏中选择【转折】命令，选择如图12-293所示法兰表面为【固定面】，【折弯半径】为0.1mm，在【方向】选项中选择【给定深度】，【等距距离】为0.6mm，在【尺寸位置】选项中选择【内部等距】，勾选【固定投影长度】复选框，在【转折位置】选项中选择【材料在内】。

Step 66 重复上面10步骤，绘制左侧边线法兰转折特征，如图12-294所示。

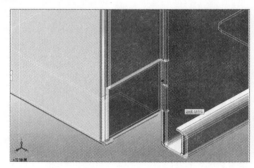

图12-293 转折操作

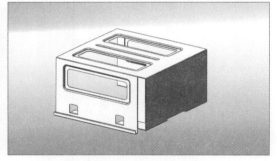

图12-294 绘制左侧边线法兰转折

Step 67 在【钣金】工具栏中选择【边线法兰】命令，选择如图12-295所示边线1、边线2，在【法兰长度】数值框中输入12mm，在【法兰位置】参数中选择【材料在外】，注意法兰方向。

Step 68 在【钣金】选项中选择【边线法兰】命令，选择如图12-296所示边线1、边线2，在【法兰长度】数值框中输入15mm，在【法兰位置】参数中选择【材料在外】，注意法兰方向。

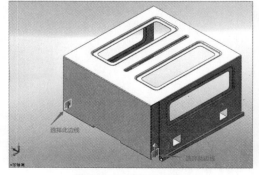

图12-295 边线法兰操作

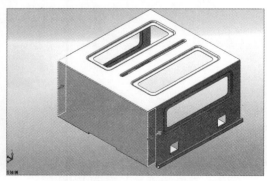

图12-296 边线法兰操作

Step 69 在【特征】工具栏中选择【圆角】命令，选择如图要圆角化的边线，在圆角【半径】参数中输入5mm，如图12-297所示。

Step 70 单击【草图绘制】按钮，选择边线法兰的表面，执行【直线】【边角矩形】【直槽口】命令，绘制草图72，如图12-298所示。

图12-297 圆角操作

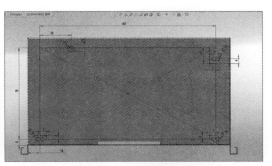

图12-298 绘制草图

Step 71 在【特征】工具栏中选择【拉伸切除】命令，在【方向】选项中选择【给定深度】，勾选【与厚度相等】复选框，在【所选轮廓】选项中选择草图72，如图12-299所示。

Step 72 在【特征】工具栏中选择【圆角】命令，选择如图要圆角化的边线，在圆角【半径】参数中输入1mm，如图12-300所示。

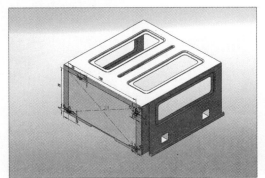

图12-299 拉伸切除

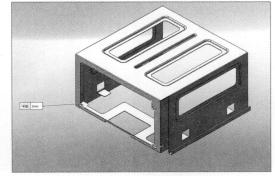

图12-300 圆角操作

Step 73 单击【草图绘制】按钮，选择边线法兰的表面，执行【边角矩形】命令，绘制草图73，如图12-301所示。

Step 74 在【钣金】工具栏中选择【基体法兰】命令，选择草图73，勾选【合并结果】复选框，如图12-302所示。

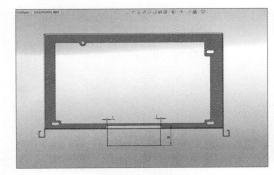

图12-301 绘制矩形

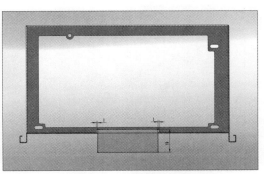

图12-302 基体法兰操作

Step 75 在【钣金】工具栏中选择【边线法兰】命令，选择如图12-303所示边线1，在【法兰长度】数值框中输入10mm，在【法兰位置】参数中选择【材料在外】，注意法兰方向。

Step 76 在【钣金】工具栏中选择【褶边】命令，选择如图12-304所示边线1，在【边线】选项中选择【材料在外】，在【类型和大小】选项中选择【滚轧】，在【角度】数值框中输入285度，在【半径】参数中输入0.2mm，注意法兰方向。

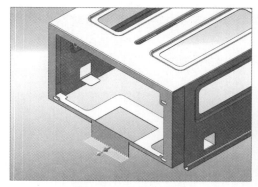

图12-303 边线法兰操作

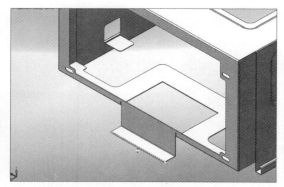

图12-304 褶边操作

Step 77 分别在图12-305和图12-306所示位置绘制草图，然后进行【拉伸切除】命令，得到工艺孔3个，效果如下所示。

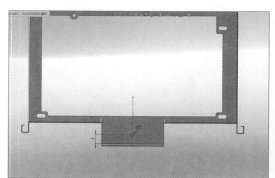

图12-305 制作工艺孔

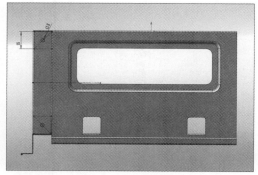

图12-306 制作工艺孔

Step 78 到此，电脑机箱电源盒制作完成，效果如图12-307所示。

Step 79 在【钣金】工具栏中选择【展开】命令，查看展开效果，如图12-308所示。

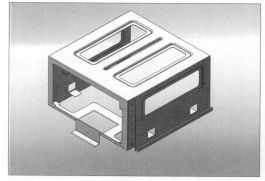

图12-307 成品效果

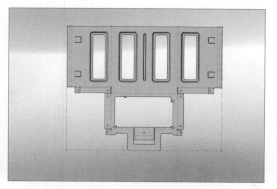

图12-308 展开效果

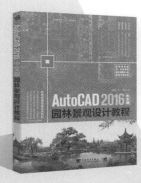

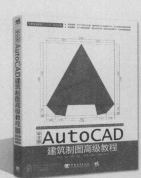

中青雄狮

计算机辅助设计／三维设计热销精品图书推荐

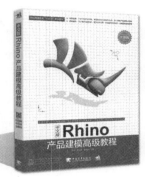

定价：
49.90 元

9 787515 340838

定价：
79.90 元

9 787515 348025

定价：
59.90 元

9 787515 347875

定价：
79.90 元

9 787515 347004

定价：
49.80 元

9 787515 340531

定价：
79.90 元

9 787515 339238